Spring Boot 3+React全栈开发：

利用Java、React和TypeScript构建现代Web应用程序（第4版）

【芬】尤哈·辛库拉（Juha Hinkula）著
沈泽刚 译

清华大学出版社
北京

内容简介

本书介绍使用 Spring Boot 后端和 React 前端进行全栈开发的相关技术。全书分为三部分，共 17 章。第一部分介绍 Spring Boot 后端编程，包括环境构建、依赖注入、使用 JPA 访问数据库、创建 RESTful Web 服务、后端的安全性与测试等。第二部分介绍使用 React 进行前端编程，包括前端环境构建、React 和 TypeScript 简介、在 React 中使用 REST API 以及实用的第三方组件库。第三部分讨论 Spring Boot＋React 全栈开发，包括为 REST Web 服务设置前端、为项目实现 CRUD 功能、用 MUI 设置前端样式、测试和保护 React 应用以及应用程序的部署等。

本书适合想成为全栈开发人员的读者学习，也可供对全栈开发感兴趣的技术人员参考。

图书在版编目(CIP)数据

Spring Boot 3＋React 全栈开发：利用 Java、React 和 TypeScript 构建现代 Web 应用程序：第 4 版/(芬)尤哈·辛库拉著；沈泽刚译. -- 北京：清华大学出版社，2025. 3. -- ISBN 978-7-302-68547-0

Ⅰ. TP312.8

中国国家版本馆 CIP 数据核字第 20250C40J5 号

责任编辑：薛　杨
封面设计：刘　键
责任校对：韩天竹
责任印制：刘海龙

出版发行：清华大学出版社

网　　址：https://www.tup.com.cn，https://www.wqxuetang.com
地　　址：北京清华大学学研大厦 A 座　　**邮　　编**：100084
社 总 机：010-83470000　　**邮　　购**：010-62786544
投稿与读者服务：010-62776969，c-service@tup.tsinghua.edu.cn
质量反馈：010-62772015，zhiliang@tup.tsinghua.edu.cn
课件下载：https://www.tup.com.cn，010-83470236

印 装 者：保定市中画美凯印刷有限公司
经　　销：全国新华书店
开　　本：185mm×260mm　　**印　张**：19.5　　**字　　数**：493 千字
版　　次：2025 年 4 月第 1 版　　**印　　次**：2025 年 4 月第1 次印刷
定　　价：88.00 元

产品编号：105513-01

作者介绍

尤哈·辛库拉(Juha Hinkula)是芬兰哈格-哈里亚应用科学大学的一名软件开发教师。他拥有赫尔辛基大学计算机科学硕士学位,在软件开发方面拥有超过17年的行业经验。在过去的几年中,他一直专注于现代全栈开发。他也是一位充满激情的移动开发者,精通Android原生技术以及React Native移动开发框架。

译者序

随着全栈开发在现代软件开发中的广泛应用，越来越多的开发者开始关注如何掌握前后端技术的结合，并通过这一技能来提升自身的竞争力。本书正是这样一本能够引领读者走入全栈开发世界的实用书籍。作为本书的译者，我深知在当前的技术环境下，掌握 Spring Boot 和 React 的结合应用，将为开发者们带来无限的可能性。

在决定翻译这本书之前，我注意到，随着 Java 在企业级应用中的普及，越来越多的 Java 开发者希望能够拓展自己的技术领域，成为能够驾驭全栈开发的专业人才。同时，React 作为现代前端开发的主流框架，已经成为许多前端开发人员的首选。而将 Spring Boot 与 React 结合，不仅可以实现更为流畅的前后端交互，还能大幅提高开发效率和应用性能。

本书的内容结构清晰，从后端开发到前端编程，再到全栈应用程序的实际部署，每一部分都涵盖了全栈开发中的关键技术点。第一部分深入讲解了如何使用 Spring Boot 构建健壮的后端，包括依赖注入、数据库访问、RESTful API 的创建，以及后端的安全性和测试等内容；第二部分则引导读者进入 React 的世界，详细介绍了 TypeScript 在 React 开发中的应用、前后端交互的实现方式以及 MUI 等第三方组件的使用；第三部分结合前后端，讲解了如何实现完整的 CRUD 功能，并将应用程序成功部署到云服务器上。

本书通过一个完整的汽车销售示例，循序渐进地讲述全栈开发的各个环节。读者按照作者给出的步骤，可以快速学习如何从零开始构建一个完整的全栈应用程序。这种实用性极强的示范方式，能够帮助读者在实际开发中快速上手，并且理解背后的技术原理。

我衷心希望，本书的中文译本能够帮助更多的开发者掌握全栈开发的核心技能，开启他们在软件开发领域的新篇章。无论你是刚刚接触全栈开发的 Java 开发者，还是希望深入了解 React 的前端工程师，我相信这本书都会成为你提升技术能力的理想指南。

在本书的翻译过程中，清华大学出版社给予了大力支持，我对他们高效的工作态度、高度的敬业精神和精湛的专业知识表示敬佩与感谢。

在翻译过程中，译者虽竭力准确表达原作者的思想，但由于水平有限，难免存在不足之处，敬请广大读者不吝指教。

译　者

2025 年 1 月

前言

欢迎学习 Spring Boot 3＋React 全栈开发。本书讨论以 Spring Boot 3 作为后端，以 React 作为前端的全栈开发技术。本书的前半部分主要关注后端开发，后半部分主要关注前端开发和全栈开发。如果读者是一名 Java 开发者，想要进入全栈开发领域或者打算掌握一种新的 React 前端框架，本书是一本理想的教程。

本书由三部分组成，带领读者创建一个健壮的 Spring Boot 后端和一个 React 前端，然后将它们部署到云服务器上。本书中，后端框架采用 Spring Boot 3，包含了关于安全性和测试的扩展内容。本书还使用了受业界欢迎的 TypeScript 开发 React 应用。

在本书中，读者将学习 RESTful API 的开发以及测试、保护应用程序和部署应用程序所需的核心知识，了解 React 的钩子(Hook)使用、第三方组件以及 MUI 组件等内容。

学习本书内容后，读者将能够使用最新的现代工具和最佳实践构建一个完整的全栈应用程序。

读者对象

本书适用于对 Spring Boot 有基本了解，希望构建全栈应用程序却不知如何开始的 Java 开发人员。HTML 和 JavaScript 的前续知识将对读者掌握本书内容有所帮助。

读者如果是具有 JavaScript 基础知识并希望学习全栈开发的前端开发人员，或者是具有其他技术栈经验且希望学习新技术的全栈开发人员，那么也会从本书中受益。

本书内容

第一部分　使用 Spring Boot 进行后端编程

第 1 章　后端环境构建与工具，介绍如何构建后端开发环境和使用的工具软件，以及如何创建一个 Spring Boot 应用程序。

第 2 章　理解依赖注入，介绍依赖注入的基本概念，以及在 Spring Boot 中是如何实现依赖注入的。

第 3 章　用 JPA 创建和访问数据库，介绍 JPA，并讨论如何使用 Spring Boot 创建和访问数据库。

第 4 章　创建 RESTful Web 服务，解释如何使用 Spring Data REST 创建 RESTful Web 服务。

第 5 章　保护后端，讨论如何使用 Spring Security 和 JWT 保护后端应用程序。

第 6 章　后端测试，讨论 Spring Boot 中的测试。本章将为后端创建一些单元和集成测试，并了解测试驱动开发。

第二部分　使用 React 进行前端编程

第 7 章　前端环境构建与工具，介绍如何构建前端开发的环境和使用的工具软件。

第 8 章　React 基础入门，介绍 React 库的基础知识。

第 9 章　TypeScript 简介，介绍 TypeScript 的基础知识以及如何使用它来创建 React 应用程序。

第 10 章　在 React 中使用 REST API，讨论如何利用 Fetch API 在 React 中使用 REST API。

第 11 章　第三方 React 组件，介绍一些将在前端开发中使用的有用的第三方组件。

第三部分　Spring Boot＋React 全栈开发

第 12 章　为 Spring Boot RESTful Web 服务开发前端，介绍如何为前端开发设置 React 应用和 Spring Boot 后端。

第 13 章　实现 CRUD 功能，介绍如何在 React 前端实现 CRUD 功能。

第 14 章　用 MUI 设置前端样式，介绍如何使用 React MUI 组件库来设计用户界面样式。

第 15 章　测试 React 应用，介绍 React 前端测试的基础知识。

第 16 章　保护应用程序，介绍如何使用 JWT 保护前端。

第 17 章　部署应用程序，介绍如何使用 AWS 和 Netlify 部署应用程序，以及如何使用 Docker 容器。

环境与示例代码

本书需要 Spring Boot 3 或以上版本。所有的代码示例都是在 Windows 上使用 Spring Boot 3 和 React 18 进行测试过的。在安装 React 库时，读者需要从文档中查看最新的安装命令，并了解是否有与本书中使用的版本不一致的重大更改。

读者可以扫描目录上方的二维码下载本书全部源代码。

软件下载链接

本书使用多种软件。读者可以扫描目录上方的二维码下载这些软件。

目录

第一部分

使用 Spring Boot 进行后端编程

第 1 章
后端环境构建与工具

第 2 章
理解依赖注入

第 3 章
用 JPA 创建和访问数据库

第 4 章

创建 RESTful Web 服务

第 5 章

保护后端

第 6 章

后端测试

第二部分

使用 React 进行前端编程

第 7 章

前端环境构建与工具

第 8 章
React 基础入门

第 9 章
TypeScript 简介

第 10 章
在 React 中使用 REST API

第 11 章

第三方 React 组件

第三部分

Spring Boot+React 全栈开发

第 12 章

为 RESTful Web 服务开发前端

第 13 章

实现 CRUD 功能

第 14 章 用 MUI 设置前端样式

第 15 章 测试 React 应用

第 16 章 保护应用程序

第 17 章 部署应用程序

第一部分
使用 Spring Boot 进行后端编程

第 1 章　后端环境构建与工具
第 2 章　理解依赖注入
第 3 章　用 JPA 创建和访问数据库
第 4 章　创建 RESTful Web 服务
第 5 章　保护后端
第 6 章　后端测试

第1章 后端环境构建与工具

本章首先介绍使用 Spring Boot 进行后端编程所需的环境和工具。Spring Boot 是一个基于 Java 的现代后端框架，使用 Spring Boot 的开发速度比传统的基于 Java 的框架更快。使用 Spring Boot 可以创建独立的 Web 应用程序，它自带一个嵌入式的应用服务器。

很多不同的**集成开发环境**（IDE）工具可以用于开发 Spring Boot 应用程序。本书使用 Eclipse，它是一个可用于多种编程语言的开源 IDE。本书使用 Spring Initializr 初始化 Spring Boot 项目，然后将项目导入 Eclipse 并执行。在开发 Spring Boot 应用程序时，阅读控制台日志是一项重要的技能，本章也将介绍这一点。

本章研究如下主题：

- 安装 Eclipse IDE；
- 理解 Gradle 工具；
- 使用 Spring Initializr；
- 安装 MariaDB 数据库。

1.1 安装 Eclipse IDE

Eclipse 是由 Eclipse 基金会开发的开源编程 IDE。Eclipse 适用于 Windows、Linux 和 macOS 等操作系统。可从 https://www.eclipse.org/downloads 下载安装程序。

读者可以下载 Eclipse 的压缩 ZIP 包，也可以下载执行安装向导的安装包。在安装程序中，选择 Eclipse IDE for Enterprise Java and Web Developers，如图 1.1 所示。

如果使用 ZIP 包安装，只需要将软件包解压到本地磁盘，在解压目录中包含一个可执行的 eclipse.exe 文件，双击该文件即可启动 Eclipse。同样，读者应该下载 Eclipse IDE for Enterprise Java and Web Developers 包。

Eclipse IDE 支持多种编程语言，如 Java、C++ 和 Python。Eclipse 包含了不同的透视图，以满足用户的需要，它们是 Eclipse 工作台中的一组视图和编辑器。图 1.2 给出了 Java 开发常用的透视图。

窗口左侧的 Project Explorer 是**项目管理器**，在此可以看到项目结构和资源列表。在项目管理器中可以通过双击打开文件。文件将在工作台中间的编辑器中打开。工作台的下方是**控制台**（Console）视图，这个视图非常重要，它显示应用程序运行的日志消息。

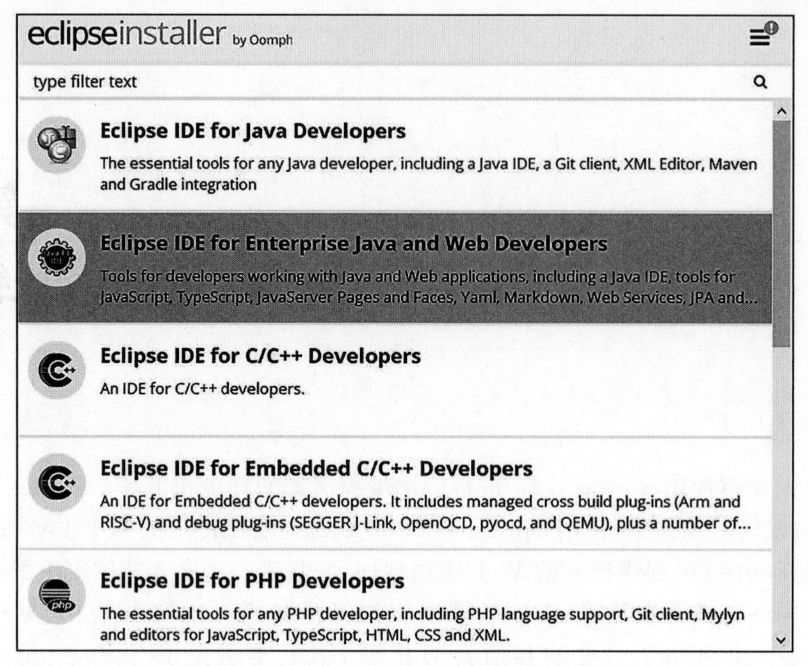

图 1.1　Eclipse 安装程序

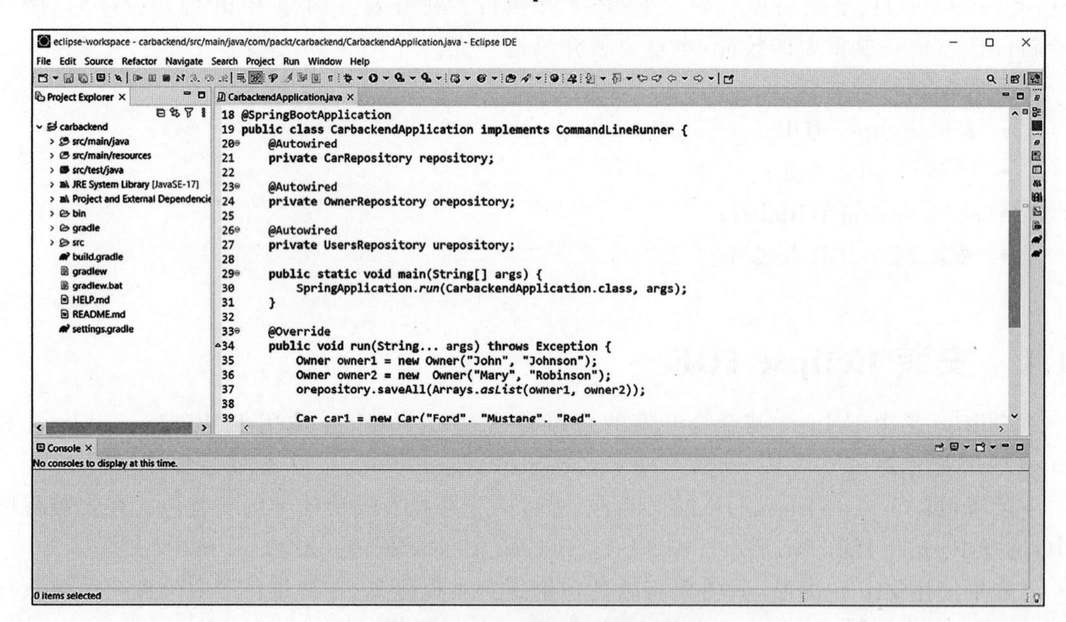

图 1.2　Java 开发常用的透视图

> 如果需要，读者也可以使用 STS(Spring Tool Suite)开发工具，但本书中不打算使用它，因为简单的 Eclipse 就足以满足要求。STS 是一组使 Spring 应用程序开发变得简单的插件，可以到 https://spring.io/tools 了解更多信息。

现在我们安装了 Eclipse IDE，下面快速浏览 Gradle 工具，了解它在程序开发中的作用。

1.2　理解 Gradle 工具

Gradle 是一个自动化构建工具，它使软件开发过程变得更简单，并统一了开发过程。它管理项目依赖关系并处理构建过程。

Spring Boot 开发中也可以使用 Maven 项目管理工具，但本书重点介绍 Gradle 工具，因为它比 Maven 更快、更灵活。

在 Spring Boot 项目中使用 Gradle 不需要任何安装，因为在初始化项目时使用了 Gradle 包装器。

Gradle 使用 build.gradle 文件配置项目。可以对该文件进行定制以适应项目的特定需求，并可将其用于自动执行诸如构建、测试和软件部署等任务。build.gradle 文件是 Gradle 构建系统的重要组成部分，用于配置和管理软件项目的构建过程。build.gradle 文件通常包含有关项目依赖项的信息，例如项目编译所需的外部库和框架。可以使用 Kotlin 或 Groovy 编程语言来编写 build.gradle 文件，本书使用 Groovy。下面是 build.gradle 文件的一个示例。

```
plugins {
    id 'java'
    id 'org.springframework.boot' version '3.1.0'
    id 'io.spring.dependency-management' version '1.1.0'
}

group = 'com.packt'
version = '0.0.1-SNAPSHOT'
sourceCompatibility = '17'

repositories {
    mavenCentral()
}

dependencies {
    implementation 'org.springframework.boot:spring-boot-starter-web'
    developmentOnly 'org.springframework.boot:spring-boot-devtools'
    testImplementation 'org.springframework.boot:spring-boot-starter-test'
}

tasks.named('test') {
    useJUnitPlatform()
}
```

build.gradle 文件通常包含以下部分。

（1）插件：plugins 块定义了项目中使用的 Gradle 插件，在这个模块中，可以定义 Spring Boot 的版本。

（2）存储库：repositories 块定义了用于解析依赖关系的依赖库。这里使用 Maven 中央存储库，Gradle 从中提取依赖项。

(3) 依赖项：dependencies 块指定项目中使用的依赖项。

(4) 任务：tasks 块定义了作为构建过程一部分的任务,例如测试。

通常在命令行中使用 Gradle,但这里使用 Gradle 包装器和 Eclipse,后者处理需要的所有 Gradle 操作。包装器是一个调用 Gradle 声明版本的脚本,它将项目标准化为给定的 Gradle 版本。因此,这里不关注 Gradle 命令行用法。最重要的是理解 build.gradle 文件的结构,以及如何添加新依赖项。1.3 节将介绍如何使用 Spring Initializr 添加依赖项。本书后面还将手动向 build.gradle 文件中添加新的依赖项。

1.3 节将带领读者创建第一个 Spring Boot 项目,并介绍如何使用 Eclipse IDE 运行它。

1.3　使用 Spring Initializr

Spring Initializr 是一个基于 Web 的工具,用于初始化 Spring Boot 项目,读者需要使用它创建后端项目框架。然后,本节介绍如何使用 Eclipse IDE 运行 Spring Boot 项目。在本节的最后,还将介绍如何使用 Spring Boot 日志记录。

1.3.1　创建一个项目

使用 Spring Initializr 创建项目,需要按以下步骤操作。

(1) 打开 Web 浏览器,在地址栏中输入 https://start.spring.io,打开 Spring Initializr 页面,如图 1.3 所示。

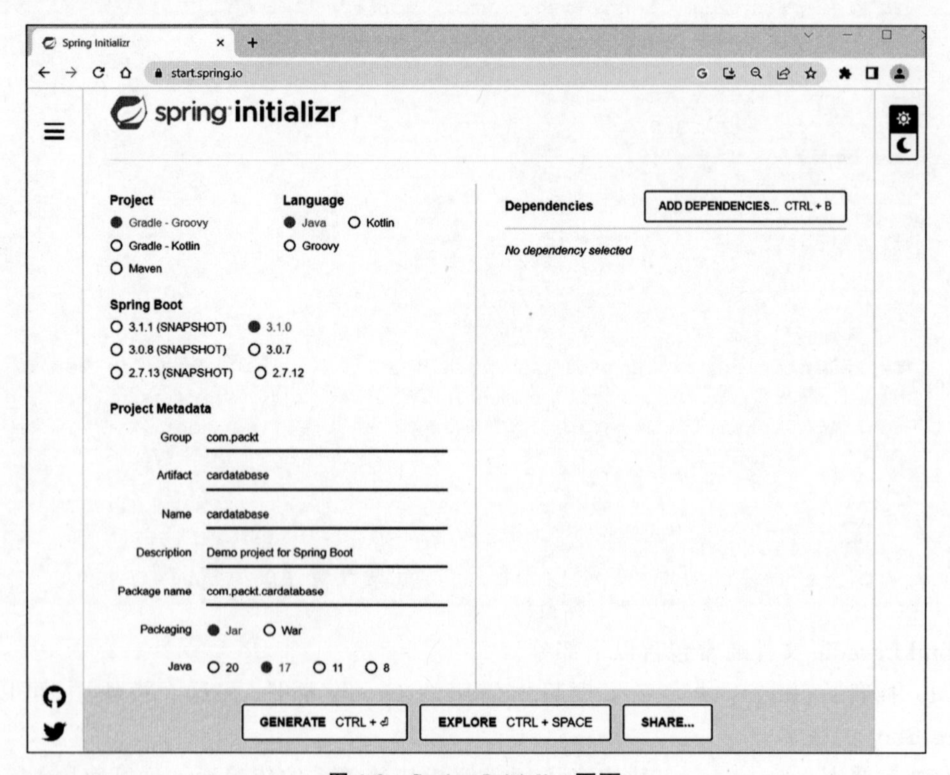

图 1.3　Spring Initializr 页面

（2）使用 Java 和最新稳定的 Spring Boot 3.2.x 版本生成 Gradle-Groovy 项目。如果使用的是较新的版本，则应该查看发布说明，了解更改的内容。在 Group 字段中，定义组 ID com.packt，它也将作为 Java 项目中的基础包。在 Artifact 字段中，定义一个工件 ID cardatabase，这也是在 Eclipse 中指定的项目名称。

在 Spring Initializr 中选择正确的 Java 版本，本书使用 Java 17。在 Spring Boot 3 中，需要使用 Java 17。

（3）单击 ADD DEPENDENCIES 按钮，选择项目中需要的**启动器**（starter）和依赖项。Spring Boot 提供了简化 Gradle 配置的启动器包。Spring Boot 启动器实际上是一组可以包含在项目中的依赖项。单击 ADD DEPENDENCIES 按钮添加依赖项。这里选择两个依赖项——Spring Web 和 Spring Boot DevTools。可以在搜索字段中输入依赖项来查找依赖项，或者从列表中选择依赖项，如图 1.4 所示。

图 1.4　添加依赖项

Spring Boot DevTools 启动器提供 Spring Boot 开发人员工具，它提供项目自动重启功能。项目更改保存后会自动重新启动应用程序，因此使开发速度更快。

Spring Web 启动器是全栈开发的基础，它提供一个嵌入式 Tomcat 服务器。添加这两个依赖项后，Spring Initializr 中的 Dependencies（依赖项）部分如图 1.5 所示。

（4）最后，单击 GENERATE 按钮，Spring Initializr 生成一个项目启动程序的 ZIP 压缩包，并下载到本地机。

接下来学习如何使用 Eclipse IDE 运行 Spring Boot 项目。

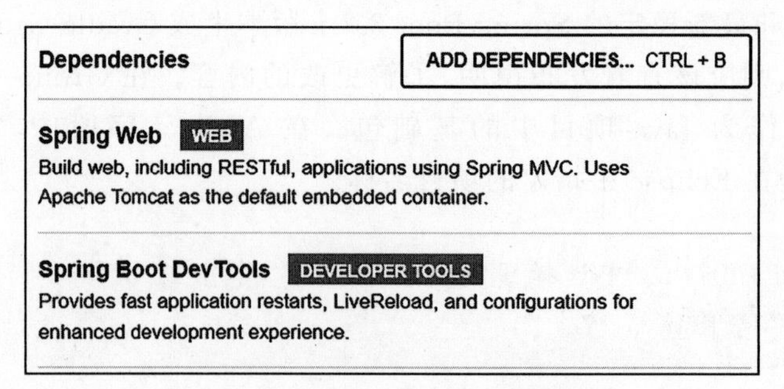

图 1.5　Spring Initializr 依赖项

1.3.2　运行项目

执行以下步骤,以在 Eclipse IDE 中运行 Gradle 项目。

(1) 将 1.3.1 节创建的项目 ZIP 压缩包文件 cardatabase.zip 解压到一个目录中。

(2) 启动 Eclipse IDE,将项目导入 Eclipse 中。在 Eclipse 中,选择 File→Import 菜单,打开导入向导,如图 1.6 所示。

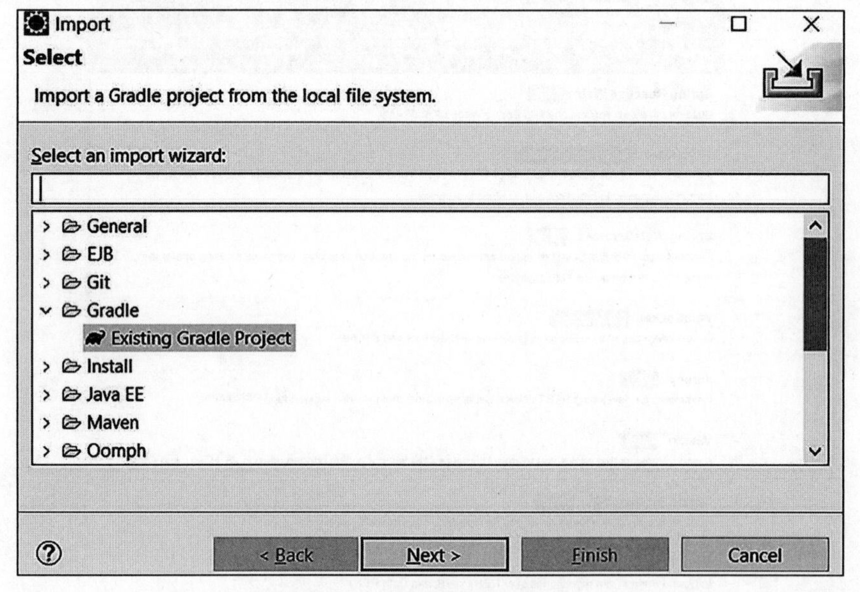

图 1.6　导入向导(第 1 步)

(3) 从 Gradle 文件夹列表中选择 Existing Gradle Project,单击 Next 按钮,进入 Import Gradle Project(导入 Gradle 项目)页面,如图 1.7 所示。

(4) 单击 Browse 按钮并选择解压的项目文件夹。

(5) 单击 Finish 按钮以完成导入。如果一切正常,在 Eclipse IDE 的项目管理器中可看到 cardatabase 项目。在项目准备好之前需要一段时间,因为 Gradle 将下载所有的依赖项。在 Eclipse 的右下角可以看到依赖项下载的进度。图 1.8 显示了项目成功导入后的 Eclipse IDE 的项目管理器窗口。

(6) 在项目管理器中显示了项目的包结构。开始只有一个 com.pack.cardatabase 包。其中的 CardatabaseApplication.java 是应用程序主类。

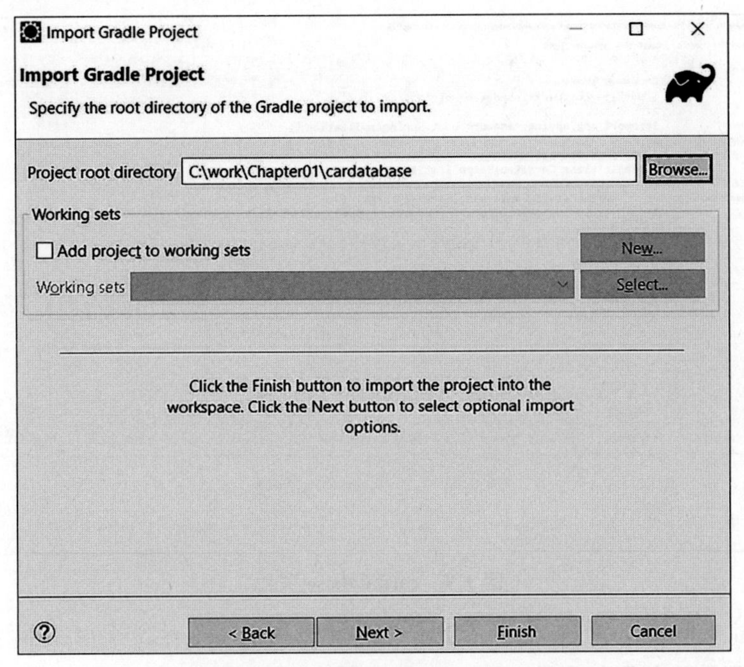

图 1.7　导入向导(第 2 步)

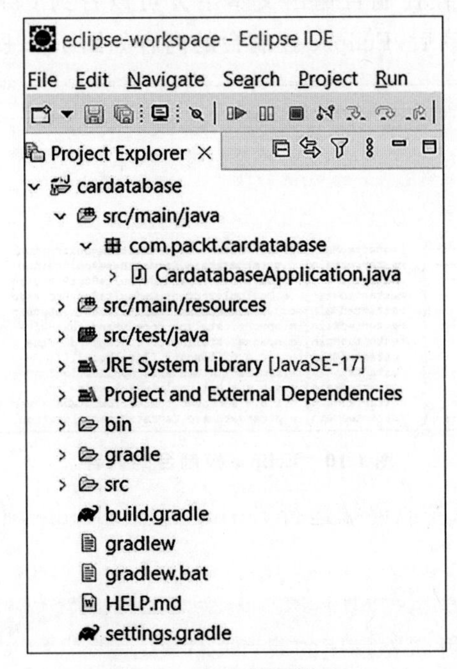

图 1.8　项目管理器窗口

(7) 目前,应用程序中没有任何功能,但也可以运行它并查看是否一切正常。要运行项目,双击主类在编辑窗口打开它,如图 1.9 所示。单击 Eclipse 工具栏中的 Run 按钮,或者,选择 Run 菜单并选择 Run as→Java Application 命令。

程序运行后,在 Eclipse 打开的 Console(控制台)视图中,可以看到有关项目执行的重

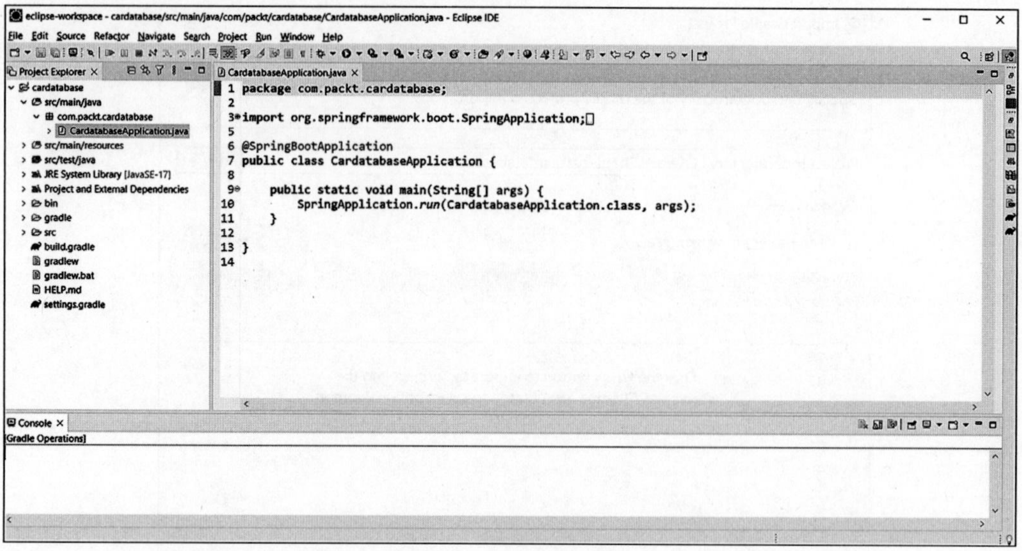

图 1.9　cardatabase 项目

要信息。正如前面所讨论的，所有日志文本和错误消息都出现在这个视图中，因此在出现问题时查看该视图的内容非常重要。

如果项目被正确启动，在控制台输出文本下方可以看到 CardatabaseApplication 类已启动。Spring Boot 项目启动后，Eclipse 控制台的内容如图 1.10 所示。

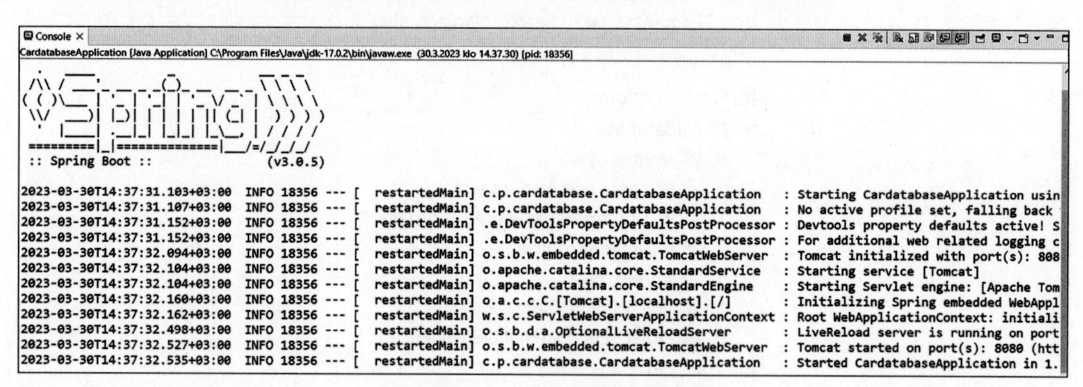

图 1.10　Eclipse 控制台的内容

读者也可以从命令提示符或终端运行 Spring Boot Gradle 项目，在项目文件夹中执行下面命令。

```
gradlew bootRun
```

在项目的根目录中，有一个 build.gradle 文件，它是 Gradle 项目的配置文件。如果查看文件中的依赖项，可以看到里面包含在 Spring Initializr 页面上选择的两个依赖项。还有一个自动包含的测试依赖项，如下面的代码所示。

```
dependencies {
    implementation 'org.springframework.boot:spring-boot-starter-web'
```

```
    developmentOnly 'org.springframework.boot:spring-boot-devtools'
    testImplementation 'org.springframework.boot:spring-boots-tarter-test'
}
```

在后面的章节中，我们将为应用程序添加更多的功能，之后将手动向 build.gradle 文件中添加更多的依赖项。

接下来我们仔细分析下面所示的 Spring Boot 主类。

```
package com.packt.cardatabase;

import org.springframework.boot.SpringApplication;
import org.springframework.boot.autoconfigure.SpringBootApplication;

@SpringBootApplication
public class CardatabaseApplication {
    public static void main(String[] args) {
        SpringApplication.run(CardatabaseApplication.class, args);
    }
}
```

在类定义的开始，有一个@SpringBootApplication 注解，它实际上是多个注解的组合，如表 1.1 所示。

表 1.1 @SpringBootApplication 注解

注 解 名	说 明
@EnableAutoConfiguration	启用 Spring Boot 自动配置。Spring Boot 会根据依赖关系自动配置项目。例如，如果项目包含 spring-boot-starter-web 依赖项，Spring Boot 会假设正在开发一个 Web 应用程序，并相应地配置应用程序
@ComponentScan	启用 Spring Boot 组件扫描功能，以查找应用程序中的所有组件
@Configuration	指定的类可以作为 bean 使用

与标准 Java 应用程序一样，Spring Boot 应用程序的执行也是从 main 方法开始。

建议将主应用程序类存放在根包中。存放在根包及其子包的应用程序类将自动被 Spring Boot 的组件扫描覆盖。应用程序不能正常运行的一个常见原因是 Spring Boot 无法找到关键类。

1.3.3 Spring Boot 开发者工具

Spring Boot 开发者工具可简化应用程序开发过程。开发者工具最重要的特性是当类路径(classpath)上的文件被修改时，自动重新启动。如果将下列依赖项添加到 Gradle 的 build.gradle 文件中，项目将包括开发者工具。

```
developmentOnly 'org.springframework.boot:spring-boot-devtools'
```

当创建完全打包的生产版本的应用程序时，开发者工具将被禁用。可以通过在主类中添加一条注释行来测试自动重启功能,如下所示。

```
package com.packt.cardatabase;

import org.springframework.boot.SpringApplication;
import org.springframework.boot.autoconfigure.SpringBootApplication;

@SpringBootApplication
public class CardatabaseApplication {
    public static void main(String[] args) {
        // 添加该注释行后,应用程序将重启
        SpringApplication.run(CardatabaseApplication.class, args);
    }
}
```

保存文件后,可以在控制台中看到应用程序将被重新启动。

1.3.4　日志与问题解决

日志记录可用于监视应用程序运行,它是捕获程序代码中意外错误的一个好方法。Spring Boot 启动器包提供了 Logback,不需要进行任何配置就可以使用它记录日志。下面的示例代码展示了如何使用日志记录。Logback 使用 SLF4J (Simple Logging Façade for Java)作为其原生接口。

```
package com.packt.cardatabase;

import org.slf4j.Logger;
import org.slf4j.LoggerFactory;
import org.springframework.boot.SpringApplication;
import org.springframework.boot.autoconfigure.SpringBootApplication;

@SpringBootApplication
public class CardatabaseApplication {
    private static final Logger logger =LoggerFactory.getLogger(
        CardatabaseApplication.class
    );

    public static void main(String[] args) {
        SpringApplication.run(CardatabaseApplication.class, args);
        logger.info("Application started");
    }
}
```

logger.info()方法将一条日志消息打印到控制台。项目运行后,可以在控制台中看到日志消息,如图 1.11 所示。

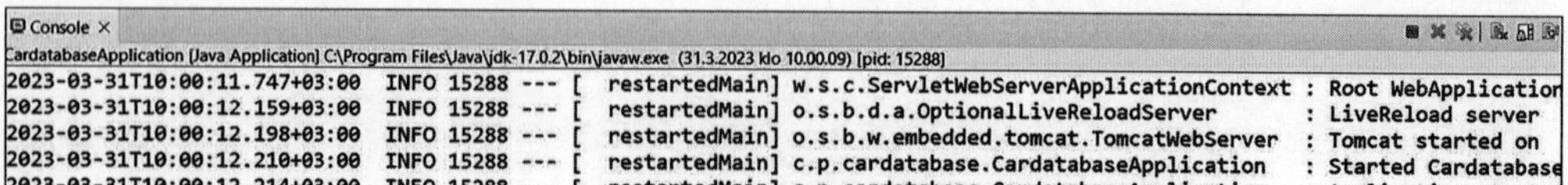

```
Console ×
CardatabaseApplication [Java Application] C:\Program Files\Java\jdk-17.0.2\bin\javaw.exe (31.3.2023 klo 10.00.09) [pid: 15288]
2023-03-31T10:00:11.747+03:00  INFO 15288 --- [  restartedMain] w.s.c.ServletWebServerApplicationContext : Root WebApplicatio
2023-03-31T10:00:12.159+03:00  INFO 15288 --- [  restartedMain] o.s.b.d.a.OptionalLiveReloadServer       : LiveReload server
2023-03-31T10:00:12.198+03:00  INFO 15288 --- [  restartedMain] o.s.b.w.embedded.tomcat.TomcatWebServer  : Tomcat started on
2023-03-31T10:00:12.210+03:00  INFO 15288 --- [  restartedMain] c.p.cardatabase.CardatabaseApplication   : Started Cardatabase
2023-03-31T10:00:12.214+03:00  INFO 15288 --- [  restartedMain] c.p.cardatabase.CardatabaseApplication   : Application started
```

图 1.11　日志消息

日志记录有 7 种不同的级别：TRACE、DEBUG、INFO、WARN、ERROR、FATAL 和 OFF。读者可以在 Spring Boot 项目的 application.properties 文件中配置日志级别。该文件可以在项目的/resources 文件夹中找到，如图 1.12 所示。

如果将日志级别设置为 DEBUG，就可以看到 DEBUG 级别或更高级别(即 DEBUG、INFO、WARN 和 ERROR)的日志消息。下面的例子中设置了根目录的日志级别，也可以将它设置为包级别。

```
logging.level.root=DEBUG
```

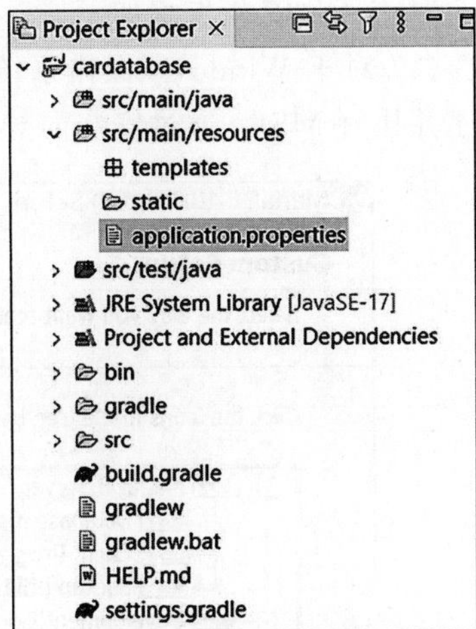

图 1.12　应用程序属性文件

现在，项目运行时将不会再看到 TRACE 级别日志消息。TRACE 级别包含应用程序的所有行为细节，除非需要全面了解应用程序正在发生的事情，否则不需要查看这么多细节。对于开发版本的应用程序，这应该是一个很好的设置。如果不作任何设置，则默认日志级别为 INFO。

在运行 Spring Boot 应用程序时，可能会遇到一个常见的错误。Spring Boot 默认使用 Apache Tomcat (http://tomcat.apache.org/)作为应用服务器，它默认运行在 8080 端口上。可以在 application.properties 文件中更改端口，下面将 Tomcat 启动端口设置为 8081。

```
server.port=8081
```

如果端口被占用，应用程序无法启动，在控制台中会看到 APPLICATION FAILED TO START 消息，如图 1.13 所示。

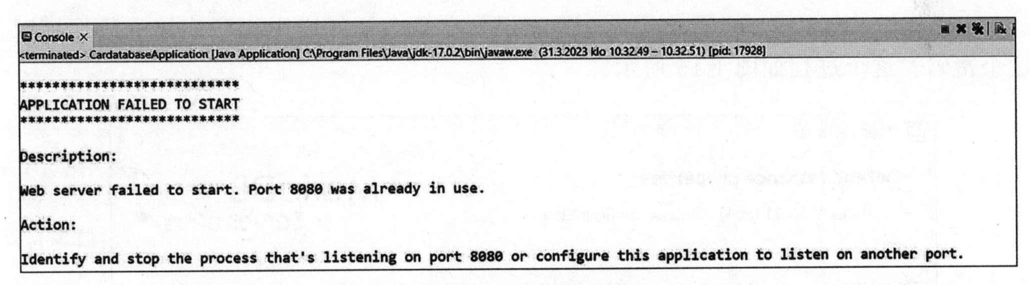

图 1.13　端口被占用

如果发生这种情况，就必须停止监听端口 8080 的进程，或者在 Spring Boot 应用程序中使用另一个端口。在运行应用程序之前单击 Eclipse 控制台中 Terminate 按钮(红色方块)可避免发生这种情况。

1.4 节将讲解 MariaDB 数据库的安装，它将作为项目后端数据库使用。

1.4　安装 MariaDB 数据库

本书第 3 章将使用 MariaDB 数据库，因此需要先在本地计算机上安装它。MariaDB 是一个广泛使用的开源关系数据库。在 Windows、Linux 和 macOS 操作系统上都可以使用

MariaDB，读者可以从 https://mariadb.com/downloads/community/下载最新的稳定社区版服务器。MariaDB 是在 GPL(GNU General Public License)许可下开发的。

MariaDB 安装步骤如下。

(1) 对于 Windows 操作系统，可以使用 Microsoft Installer(MSI)安装文件。下载安装程序并执行 MSI。通过安装向导安装所有特性，如图 1.14 所示。

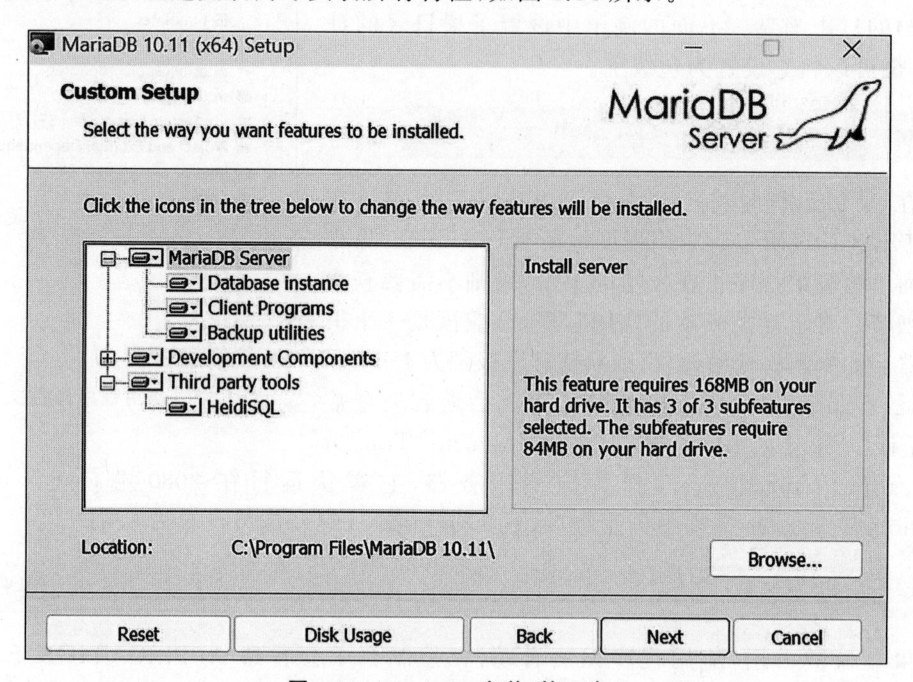

图 1.14　MariaDB 安装(第 1 步)

(2) 安装后，应该为 root 用户提供一个密码。在第 2 章将应用程序连接到数据库时需要这个密码。这个过程如图 1.15 所示。

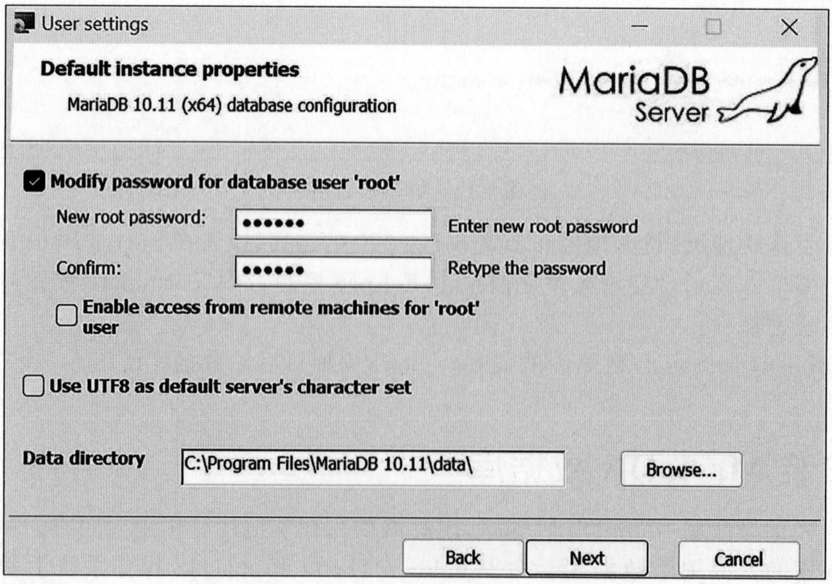

图 1.15　MariaDB 安装(第 2 步)

(3) 使用默认设置,即将 Service Name(服务名)指定为 MariaDB,TCP port(TCP 端口)指定为 3306,如图 1.16 所示。

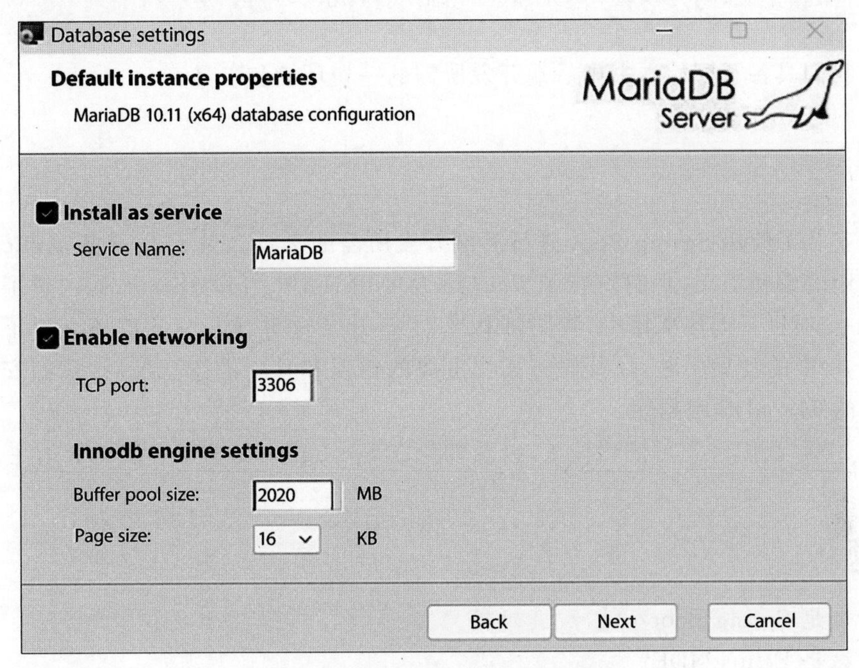

图 1.16　MariaDB 安装(第 3 步)

(4) 单击 Next 按钮开始安装,将 MariaDB 安装在本地计算机上。安装向导还将安装 HeidiSQL,这是一个易用的图形数据库客户端工具。使用它可以创建新数据库并对数据库执行查询等操作。读者也可以使用安装包自带的命令提示符工具操作数据库。

(5) 打开 HeidiSQL 并使用安装时提供的密码登录,此时可以看到如图 1.17 所示界面。

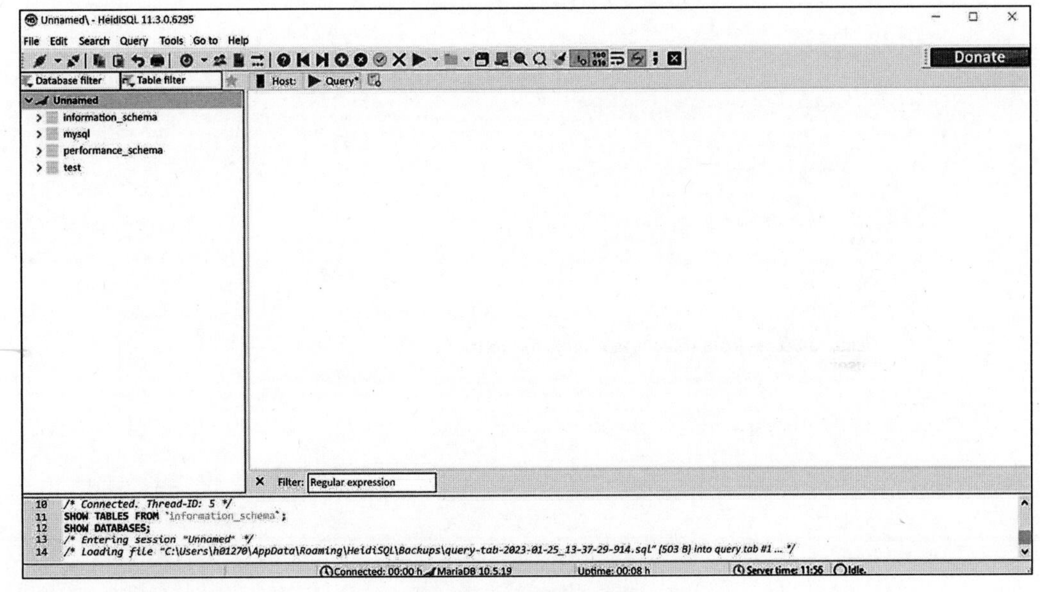

图 1.17　HeidiSQL 界面

HeidiSQL 仅适用于 Windows 操作系统。如果读者使用的是 Linux 或 macOS 操作系统，则可以使用 DBeaver(https://dbeaver.io/)代替。

现在我们具备了开始本书中后端开发所需的一切环境和工具。

小结

本章安装了使用 Spring Boot 进行后端开发所需的工具。对于 Java 开发，Eclipse 是一种广泛使用的编程 IDE，我们安装了 Eclipse 并使用 Spring Initializr 工具创建了一个新的 Spring Boot 项目。创建项目后，我们将其导入 Eclipse 中并执行。我们还学习了如何解决 Spring Boot 中的常见问题，以及如何查找重要的错误和日志消息。最后，我们安装了后面将会用到的 MariaDB 数据库。

在第 2 章，我们将学习依赖注入，以及如何在 Spring Boot 框架中使用依赖注入。

思考题

1. 什么是 Spring Boot?
2. 什么是 Eclipse IDE?
3. 什么是 Gradle?
4. 如何创建 Spring Boot 项目?
5. 如何运行 Spring Boot 项目?
6. 如何在 Spring Boot 中使用日志记录?
7. 如何在 Eclipse 中找到错误和日志消息?

第2章 理解依赖注入

在本章中，我们将学习什么是依赖注入(Dependency Injection，DI)，以及如何在Spring Boot框架中使用它。Spring Boot框架提供了DI功能，DI减少了组件依赖关系，使代码更容易测试和维护。因此，读者需要能理解DI的基础知识。

本章研究如下主题：

- 依赖注入简介；
- 在Spring Boot项目中使用DI。

2.1 依赖注入简介

依赖注入(Dependency Injection，DI)是一种软件开发技术，我们可以创建依赖其他对象的对象。DI有助于类之间的交互，但同时又能保持类的独立性。

DI有三种类型的类。

(1) **服务**(service)是一个可以使用的类(这是依赖项)。

(2) **客户端**(client)是一个使用依赖项的类。

(3) **注入器**(injector)将依赖对象(服务)传递给被依赖对象(客户端)。

DI中涉及的三种类之间的关系如图2.1所示。

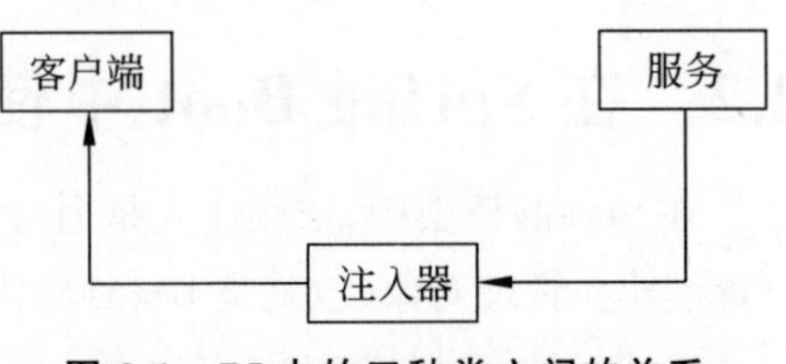

图2.1 DI中的三种类之间的关系

DI可以使类实现松散耦合。这意味着客户端依赖项的创建与客户端的行为是分离的，这会使得单元测试更容易。

下面看一个使用Java代码的简化的DI示例。下面的代码中没有使用DI，客户端Car类在构造方法中创建一个服务类Owner的对象：

```
public class Car {
    private Owner owner;

    public Car() {
        owner =new Owner();
    }
}
```

在下面的代码中，服务对象不是直接在客户端类中创建的。它作为类构造方法中的参数传递：

```
public class Car {
    private Owner owner;

    public Car(Owner owner) {
        this.owner =owner;
    }
}
```

服务类也可以是一个抽象类，然后，我们可以在客户端类中使用它的任何实现，并在测试时使用模拟(mock)对象。

依赖注入有多种类型，下面是其中常用的两种。

(1) 构造方法注入：依赖项被传递给客户端类的构造方法。前面的 Car 代码中展示的就是构造方法注入的示例。

(2) setter 注入：依赖项通过客户端类的 setter 方法提供。下面的示例代码展示了 setter 注入的示例。

```
public class Car {
    private Owner owner;

    public void setOwner(Owner owner) {
        this.owner =owner;
    }
}
```

这里，依赖项作为 setter 方法的参数传递给客户类。setter 注入更加灵活，因为可以在不依赖对象的情况下创建对象。这种方法允许可选的依赖关系。

DI 减少了代码中的依赖，使代码更易于复用，它还有助于提高代码的可测试性。现在我们已经了解了 DI 的基础知识。接下来，我们来看在 Spring Boot 项目中如何使用 DI。

2.2　在 Spring Boot 中使用 DI

在 Spring 框架中，依赖注入是通过 Spring 的 ApplicationContext 实现的。ApplicationContext 负责创建和管理对象(也就是 bean)及其依赖项。

Spring Boot 扫描应用程序类，并将带有特定注解(@Service、@Repository、@Controller 等)的类注册为 Spring bean。然后可以使用依赖项注入这些 bean。

Spring Boot 支持多种依赖注入机制，最常见的有构造方法注入、setter 注入和字段注入。下面分别讨论这几种依赖注入。

1. 构造方法注入

这种方法使用构造方法注入依赖项。这是推荐的方法，因为这种方法可保证在创建对象时所需的依赖项都可用。当我们需要进行某些操作访问数据库时，这是一种常见的情况。在 Spring Boot 中，常使用存储库类来实现这一点。在这种情况下，可以使用构造方法注入存储库类，并使用它的方法，如下面的代码所示。

```
// 构造方法注入
public class Car {
    private final CarRepository carRepository;
    public Car(CarRepository carRepository) {
        this.carRepository = carRepository;
    }

    // 从数据库查询所有汽车信息
    carRepository.findAll();
}
```

如果一个类有多个构造方法，则必须使用@Autowired注解来定义哪个构造方法用于依赖注入，如下所示。

```
// 用于依赖注入的构造方法
@Autowired
public Car(CarRepository carRepository) {
    this.carRepository = carRepository;
}
```

2. setter 注入

这种方法使用类字段的setter方法注入依赖项。如果依赖项是可选的，或者用户想在运行时修改依赖项，setter注入很有用。

下面是使用setter注入的一个例子。

```
// setter 注入
@Service
public class AppUserService {
    private AppUserRepository userRepository;

    @Autowired
    public void setAppUserRepository(
        AppUserRepository userRepository) {
            this.userRepository = userRepository;
    }

    // 使用 userRepository 的其他方法
}
```

3. 字段注入

这种方法使用字段直接将依赖项注入。字段注入的优点是简单，但也有一些缺点。如果依赖项不可用，则可能导致运行时错误。对类进行测试也更加困难，因为不能模拟测试的依赖项。下面展示了一个例子。

```
// 一个服务类
@Service
public class CarDatabaseService implements CarService {
    // Car 数据库服务
}
```

下面在 CarController 类中直接使用@Autowired 注解将 CarDatabaseService 作为字段注入控制器类中。

```
// 字段注入
public class CarController {
    @Autowired
    private CarDatabaseService carDatabaseService;
    //...
}
```

读者可以从 Spring 文档中阅读更多关于 Spring Boot 依赖注入的信息。

小结

本章讲解了依赖注入的定义，以及如何在 Spring Boot 框架中使用它，我们将在后端开发中使用 Spring Boot 框架。

第 3 章将介绍如何在 Spring Boot 中使用 JPA(Jakarta Persistent API)，以及如何建立 MariaDB 数据库。我们还将介绍 CRUD 存储库的创建以及数据库表之间的一对多关系。

思考题

1. 什么是依赖注入(DI)?
2. 在 Spring Boot 中，@Autowired 注解是如何工作的?
3. 在 Spring Boot 中如何注入资源?

第3章 用JPA创建和访问数据库

本章介绍如何在Spring Boot中使用JPA,以及如何使用实体类来定义数据库。第一阶段使用H2数据库,它是一个内存中的SQL数据库,非常适合进行快速开发或演示。第二阶段从H2转向MariaDB。本章还将讨论CRUD存储库的创建以及数据库表之间的一对多连接。

本章研究如下主题:

- ORM、JPA和Hibernate简述;
- 创建实体类;
- 创建CRUD存储库;
- 在数据表之间添加关系;
- 建立MariaDB数据库。

3.1 ORM、JPA和Hibernate简述

ORM和JPA是软件开发中处理关系数据库广泛使用的技术。使用ORM和JPA,Java开发人员不需要编写复杂的SQL查询,而是可以使用对象操纵数据库,这对Java开发人员来说更加自然。通过这种方式,ORM和JPA可以减少编写和调试SQL代码所花费的时间,从而加快开发过程。许多JPA实现还可基于Java实体类自动生成数据库模式。下面简单介绍ORM、JPA和Hibernate。

(1) **对象关系映射**(Object-Relational Mapping, ORM)是一种允许使用面向对象编程范式从数据库中获取和操作数据的技术。ORM对程序员来说非常好,因为它依赖面向对象的概念,而不是数据库结构。它还大大加快了开发速度,减少了源代码的数量。ORM独立于数据库,开发人员不必担心特定供应商的SQL语句。

(2) **Jakarta Persistence API**(JPA,以前称Java Persistence API)为Java开发人员提供对象-关系映射。JPA实体是一个Java类,它与数据库表结构对应。实体类的字段对应数据库表的列。

(3) **Hibernate**是最流行的基于Java的JPA实现。Hibernate是一个成熟的产品,在大规模应用中得到了广泛的应用。Spring Boot应用中默认使用Hibernate。

3.2节中,我们将实现第一个实体类并使用H2数据库存储实体对象。

3.2　创建实体类

实体类(entity class)是一个普通的 Java 类,它使用 JPA 的@Entity 注解。实体类使用标准的 JavaBean 命名约定,并提供适当的 getter 和 setter 方法,类字段的可见性为私有(private)。

JPA 在应用程序初始化时将根据实体类创建一个数据库表,表名与类名相同。如果希望数据库表使用其他名称,则应在实体类上使用@Table 注解。

本章的开始将使用 H2 数据库(https://www.h2database.com/),它是一种嵌入式内存数据库。为了能够使用 JPA 和 H2 数据库,必须在 build.gradle 文件中添加如下面加粗代码所示的依赖项。

```
dependencies {
    implementation 'org.springframework.boot:spring-boot-starter-web'
    implementation 'org.springframework.boot:spring-boot-starter-data-jpa'
    developmentOnly 'org.springframework.boot:spring-boot-devtools'
    runtimeOnly 'com.h2database:h2'
    testImplementation 'org.springframework.boot:spring-boot-starter-test'
}
```

更新了 build.gradle 文件之后,应该刷新项目。方法是在项目管理器中选择项目并右击,在打开的上下文菜单中选择 Gradle→Refresh Gradle Project(刷新 Gradle 项目)命令,如图 3.1 所示。

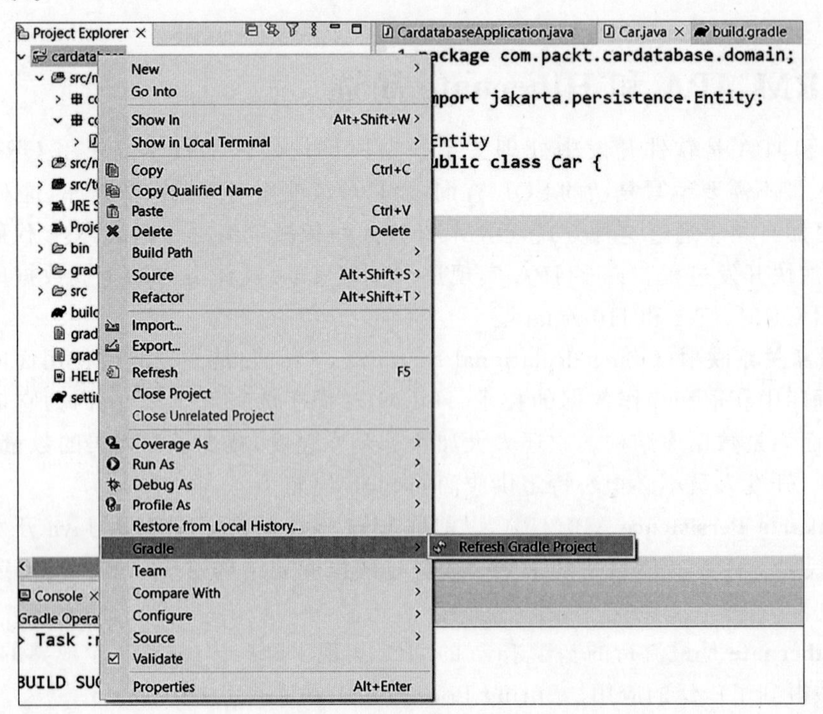

图 3.1　刷新 Gradle 项目

可以启用项目自动刷新功能，具体操作是选择 Window→Preferences 菜单，在打开的窗口左侧列表中选择 Gradle，选中右侧面板中 Automatic Project Synchronization（自动项目同步）复选框，如图 3.2 所示。之后，当对构建脚本文件进行了更新后，项目将自动同步刷新。推荐使用这种方法，这样在更新构建脚本后可以自动刷新项目，而不必手动刷新。

在项目管理器中的 Project and External Dependencies 文件夹中可以看到项目依赖项。例如，那里可以看到 spring-boot-starter-data-jpa 和 h2 依赖项，如图 3.3 所示。

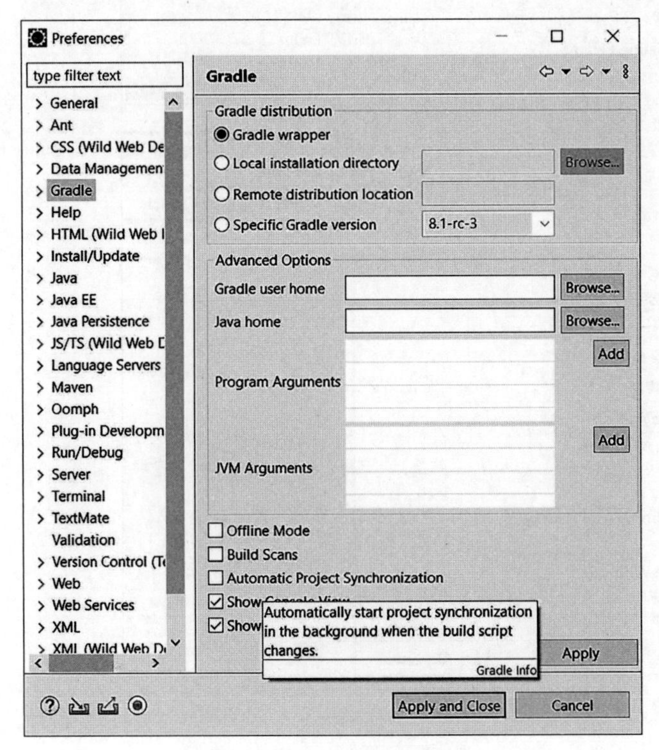

图 3.2 Gradle 包装器设置

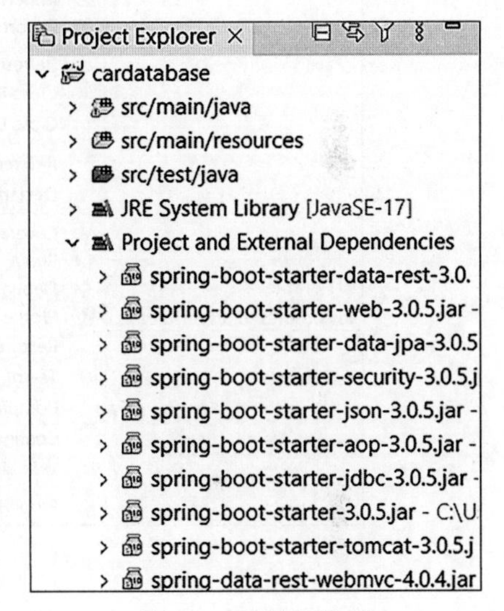

图 3.3 项目依赖项

下面是创建实体类的具体步骤。

（1）要在 Spring Boot 中创建实体类，需要在根包下为实体类创建一个包，在项目管理器中右击根包，打开上下文菜单。

（2）从上下文菜单中选择 New→Package，如图 3.4 所示。

（3）在打开的窗口中的 Name 字段中输入包名 com.packt.cardatabase.domain，如图 3.5 所示。

（4）接下来创建实体类。右键单击 com.packt.cardatabase.domain 包，然后从菜单中选择 New→Class。

（5）由于要创建一个汽车数据库表，所以将实体类名指定为 Car。在 Name 字段中输入 Car，如图 3.6 所示，然后单击 Finish 按钮。

（6）在项目管理器中双击 Car 类文件，在编辑器中打开它。为 Car 类添加@Entity 注解，代码如下面框中所示。@Entity 注解定义在 jakarta.persistence 包中。

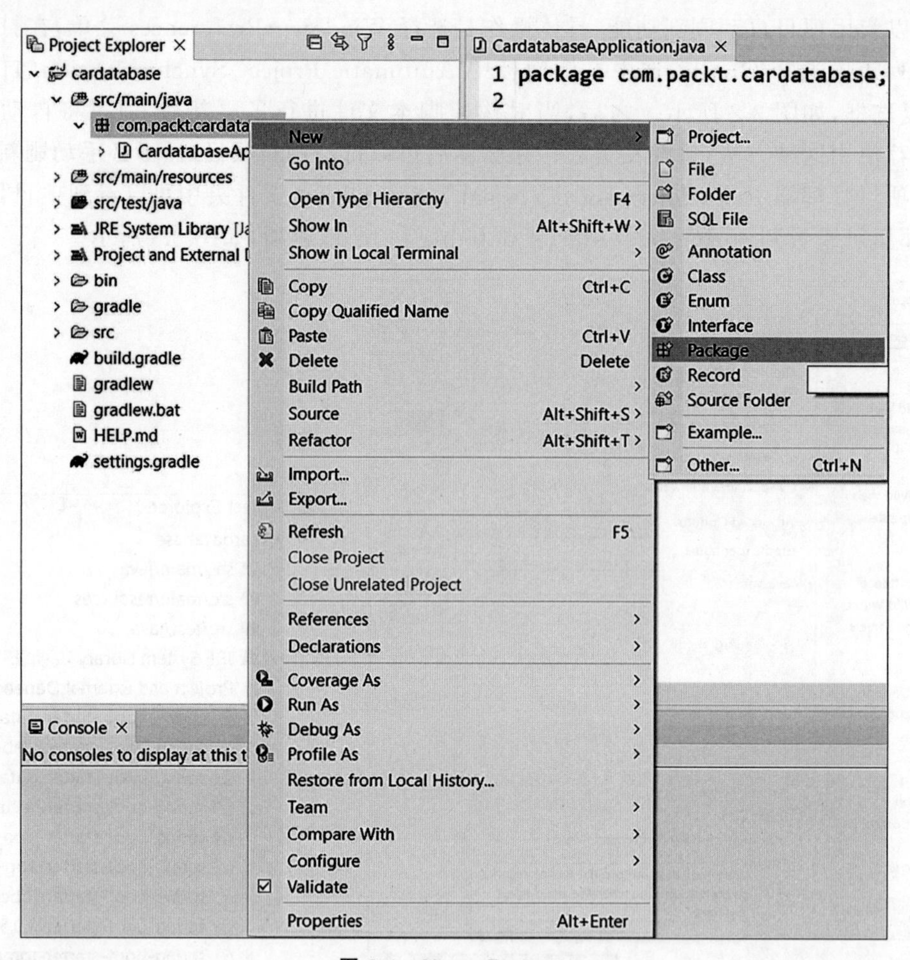

图 3.4 New→Package

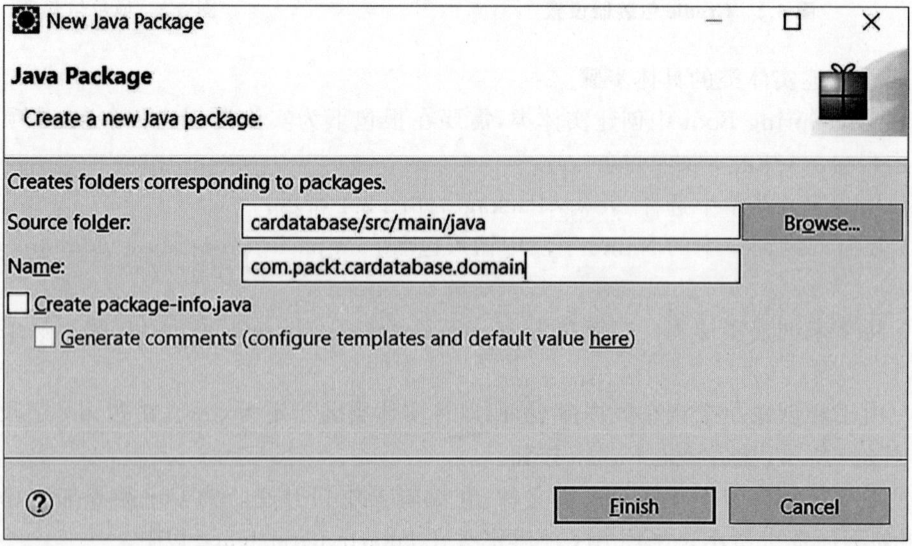

New Java Package

Java Package

Create a new Java package.

Creates folders corresponding to packages.

Source folder: cardatabase/src/main/java Browse...

Name: com.packt.cardatabase.domain

Create package-info.java

Generate comments (configure templates and default value here)

Finish Cancel

图 3.5 输入包名

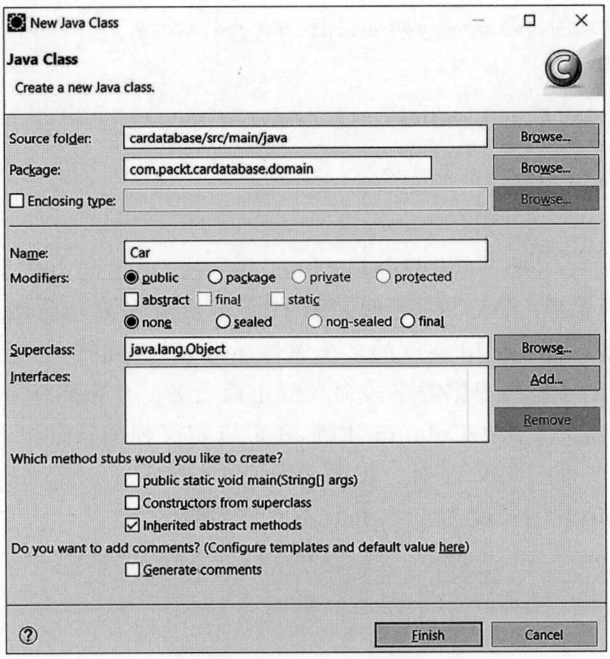

New Java Class
Java Class
Create a new Java class.
Source folder: cardatabase/src/main/java Browse...
Package: com.packt.cardatabase.domain Browse...
Enclosing type: Browse...
Name: Car
Modifiers: public package private protected
abstract final static
none sealed non-sealed final
Superclass: java.lang.Object Browse...
Interfaces: Add... Remove
Which method stubs would you like to create?
public static void main(String[] args)
Constructors from superclass
Inherited abstract methods
Do you want to add comments? (Configure templates and default value here)
Generate comments
Finish Cancel

图 3.6　新建 Java 类

```
package com.packt.cardatabase.domain;

import jakarta.persistence.Entity;

@Entity
public class Car {
}
```

可以在 Eclipse IDE 中使用 Ctrl + Shift + O 快捷键自动导入缺失的包。在某些情况下，多个包中可能含有相同的标识符，因此选择导入的类型时必须小心。例如，在下一步中，可能在多个包中找到@Id 注解，但是应该选择 jakarta.persistence.Id。

(7) 向实体类中添加字段。实体类字段映射到数据库表列。实体类还必须包含一个 ID 字段，它用作数据库表的唯一主键。

```
package com.packt.cardatabase.domain;

import jakarta.persistence.Entity;
import jakarta.persistence.GeneratedValue;
import jakarta.persistence.GenerationType;
import jakarta.persistence.Id;

@Entity
public class Car {
    @Id
```

```
    @GeneratedValue(strategy=GenerationType.AUTO)
    private Long id;

    private String brand, model, color, registrationNumber;

    private int modelYear, price;
}
```

使用@Id 注解定义主键。@GeneratedValue 注解指示主键由数据库自动生成。这里还可以定义主键生成策略。AUTO 类型表示 JPA 提供程序为特定数据库选择最佳策略，它也是默认生成类型。使用@Id 注解的多个属性还可以创建组合主键。

默认情况下，数据库表列根据类字段命名约定而命名。如果希望使用其他命名约定，可以使用@Column 注解。使用@Column 注解，还可以定义列的长度以及列是否为空。下面的代码使用@Column 注解定义表列。在下面定义中，指定 description 字段在数据库中的字段名为 explanation，列的长度为 512，并且不允许为空。

```
@Column(name="explanation", nullable=false, length=512)
private String description
```

(8) 为实体类添加默认构造方法和带参数的构造方法，以及 getter 和 setter 方法。由于自动生成 ID，在构造方法中就不需要使用 ID 字段。下面是 Car 实体类的两个构造方法的源代码。

```
// Car.java 类构造方法
public Car() {
}

public Car(String brand, String model, String color,
               String registrationNumber, int modelYear, int price) {
    super();
    this.brand =brand;
    this.model =model;
    this.color =color;
    this.registrationNumber =registrationNumber;
    this.modelYear =modelYear;
    this.price =price;
}
```

> Eclipse 提供了自动添加 getter、setter 和构造方法的功能。在要添加代码的位置右击，从弹出菜单中选择 Source→Generate Getters and Setters 或 Source→Generate Constructor using Fields 即可自动生成代码。

下面是 Car 实体类的 getter 方法和 setter 方法的源代码。

```
public Long getId() {
    return id;
}
public String getBrand() {
    return brand;
```

```
    }

    public void setBrand(String brand) {
        this.brand =brand;
    }

    public String getModel() {
        return model;
    }

    public void setModel(String model) {
        this.model =model;
    }
    // 其他 setter 和 getter 方法,详见完整源代码
```

(9) 向 application.properties 文件添加新属性。打开 application.properties 文件,添加以下两行代码。

```
spring.datasource.url=jdbc:h2:mem:testdb
spring.jpa.show-sql=true
```

第 1 行定义数据源 URL,第 2 行指定在控制台显示执行的 SQL 语句。

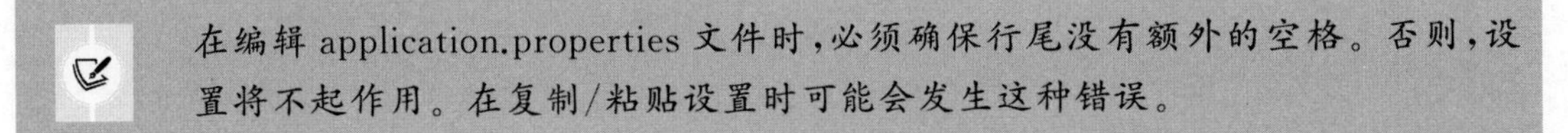

在编辑 application.properties 文件时,必须确保行尾没有额外的空格。否则,设置将不起作用。在复制/粘贴设置时可能会发生这种错误。

(10) 现在运行应用程序,这将在数据库中创建 CAR 表。此时,在控制台中可以看到创建表语句,如图 3.7 所示。

```
Console ×
CardatabaseApplication [Java Application] C:\Program Files\Java\jdk-17.0.2\bin\javaw.exe (31.3.2023 klo 14.30.53) [pid: 9964]
2023-03-31T14:30:56.873+03:00  INFO 9964 --- [  restartedMain] SQL dialect                                  : HHH000400: Using dia
Hibernate: drop table if exists car cascade
Hibernate: drop sequence if exists car_seq
Hibernate: create sequence car_seq start with 1 increment by 50
Hibernate: create table car (id bigint not null, brand varchar(255), color varchar(255), model varchar(255), model_year intege
2023-03-31T14:30:57.493+03:00  INFO 9964 --- [  restartedMain] o.h.e.t.j.p.i.JtaPlatformInitiator           : HHH000490: Using Jta
2023-03-31T14:30:57.502+03:00  INFO 9964 --- [  restartedMain] j.LocalContainerEntityManagerFactoryBean     : Initialized JPA Enti
2023-03-31T14:30:57.545+03:00  WARN 9964 --- [  restartedMain] JpaBaseConfiguration$JpaWebConfiguration     : spring.jpa.open-in-v
2023-03-31T14:30:57.844+03:00  INFO 9964 --- [  restartedMain] o.s.b.d.a.OptionalLiveReloadServer           : LiveReload server is
2023-03-31T14:30:57.870+03:00  INFO 9964 --- [  restartedMain] o.s.b.w.embedded.tomcat.TomcatWebServer      : Tomcat started on po
```

图 3.7　创建 CAR 表的 SQL 语句

如果没有在 application.properties 文件中定义 spring.datasource.url 属性,Spring Boot 将随机生成一个数据源 URL,当应用程序运行时,可以在控制台中看到该 URL。

(11) H2 数据库提供一个基于 Web 的控制台,可用于浏览数据库和执行 SQL 语句。要启用控制台,必须在 application.properties 文件中添加下面两行。第 1 行设置启用 H2 控制台,第 2 行定义访问控制台的路径。

```
spring.h2.console.enabled=true
spring.h2.console.path=/h2-console
```

(12) 启动应用程序，打开 Web 浏览器，在地址栏输入 localhost:8080/h2-console 即可访问 H2 控制台。在 JDBC URL 文本框中输入 jdbc:h2:mem:testdb，并保留 Password 字段为空。单击 Connect 按钮登录控制台，界面如图 3.8 所示。

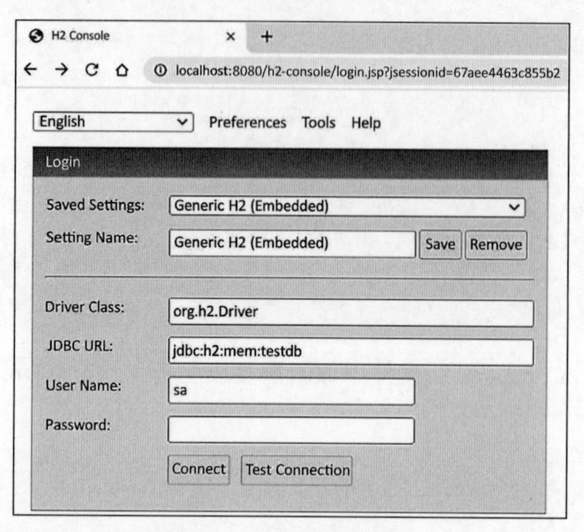

图 3.8　H2 控制台登录

可以在 application.properties 文件中使用以下设置来更改 H2 数据库的用户名和密码：spring.datasource.username 和 spring.datasource.password。

现在，在 H2 控制台可以看到数据库中的 CAR 表，如图 3.9 所示。注意，这里的字段名 MODEL_YEAR 和 REGISTRATION_NUMBER 之间有一个下画线。原因是实体类中属性名 modelYear 和 registrationNumber 采用了驼峰(camelCase)命名法，数据库表字段进行了转换。

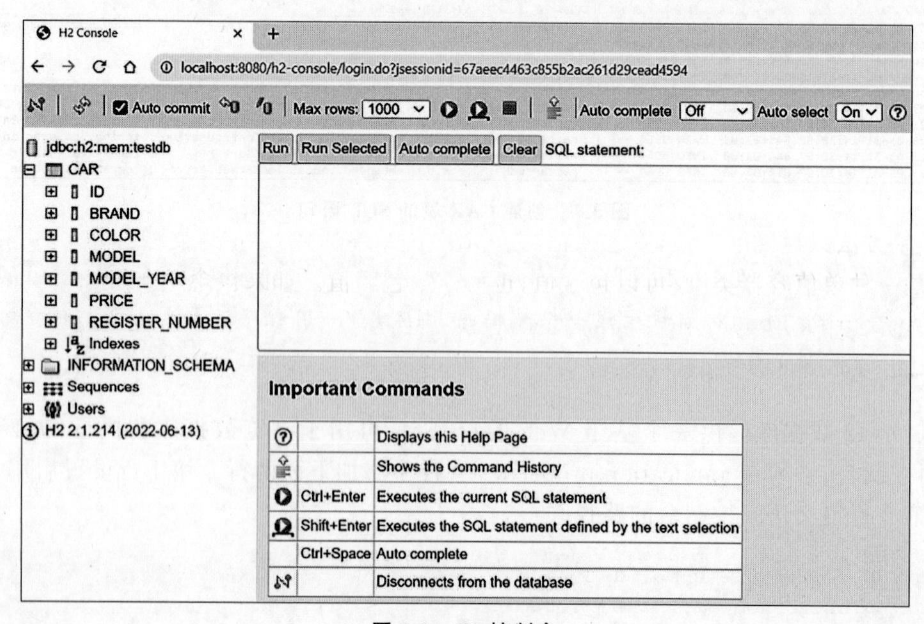

图 3.9　H2 控制台

现在，我们创建了第一个实体类，并学习了如何使用 JPA 从实体类生成数据库表。接下来，我们将创建提供 CRUD 操作的存储库类。

3.3　创建 CRUD 存储库

Spring Boot Data JPA 为创建、读取、更新和删除操作提供了一个 CrudRepository 存储库接口。它为实体类提供了 CRUD 操作功能。

下面在 domain 包中创建一个存储库，步骤如下。

(1) 在 com.pack.cardatabase.domain 包中创建名为 CarRepository 的新接口，并根据以下代码修改该文件。

```
package com.packt.cardatabase.domain;

import org.springframework.data.repository.CrudRepository;

public interface CarRepository extends CrudRepository<Car, Long> {
}
```

CarRepository 接口扩展 JPA 的 CrudRepository 接口。＜Car，Long＞类型参数定义这是 Car 实体类的存储库，ID 字段的类型是 Long。

CrudRepository 接口提供了多个 CRUD 方法，表 3.1 列出了最常用的方法。

表 3.1　CrudRepository 接口的方法

方法名	说明
long count()	返回实体的数量
Iterable＜T＞ findAll()	返回给定类型的所有项
Optional＜T＞ findById(ID Id)	根据 Id 查找一个实体
void delete(T entity)	删除一个实体
void deleteAll()	删除存储库的所有实体
＜S extends T＞ save(S entity)	保存一个实体
List＜S＞ saveAll(Iterable＜S＞ entities)	保存多个实体

如果方法只返回一个项，则返回值为 Optional＜T＞。Optional 类是 Java 8 SE 中引入的，它是一种单值容器类型，可以包含值，也可以不包含值。如果包含一个值，isPresent()方法返回 true，可以用 get()方法获取它的值。如果不包含值，isPresent()方法返回 false。使用 Optional 类型可以防止空指针异常。在 Java 程序中，空指针可能导致意想不到的且不受欢迎的行为。

添加了 CarRepository 接口后，项目结构如图 3.10 所示。

(2) 向 H2 数据库中添加演示数据。为此，使用 Spring Boot 的 CommandLineRunner 接口。该接口允许在应用程序完全启动之前执行附加的代码。因此，可以将演示数据添加到数据库中。定义 Spring Boot 应用程序主类实现 CommandLineRunner 接口，实现该接口定义的 run()方法如下面代码所示。

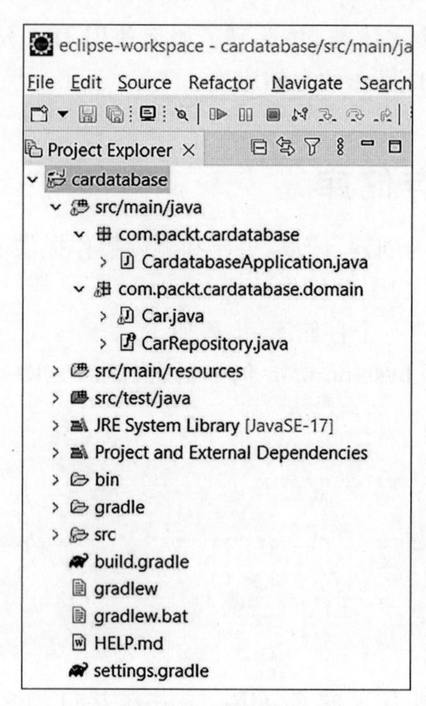

图 3.10　项目结构

```
package com.packt.cardatabase;

import org.springframework.boot.CommandLineRunner;
import org.springframework.boot.SpringApplication;
import org.springframework.boot.autoconfigure.SpringBootApplication;

@SpringBootApplication
public class CardatabaseApplication implements CommandLineRunner {
    public static void main(String[] args) {
        SpringApplication.run
            (CardatabaseApplication.class, args);
    }

    @Override
    public void run(String... args) throws Exception {
        // 这里编写代码
    }
}
```

(3) 接下来，将 CarRepository 注入主类中，以便将新的汽车对象保存到数据库中。这里使用构造方法注入 CarRepository。这里还将在主类中添加一个日志记录器(第 1 章中展示的代码)。

```
package com.packt.cardatabase;

import org.slf4j.Logger;
import org.slf4j.LoggerFactory;
import org.springframework.boot.CommandLineRunner;
```

```
import org.springframework.boot.SpringApplication;
import org.springframework.boot.autoconfigure.SpringBootApplication;
import com.packt.cardatabase.domain.Car;
import com.packt.cardatabase.domain.CarRepository;

@SpringBootApplication
public class CardatabaseApplication implements CommandLineRunner {
    private static final Logger logger =
            LoggerFactory.getLogger(CardatabaseApplication.class);
    private final CarRepository repository;

    public CardatabaseApplication(CarRepository repository) {
        this.repository = repository;
    }

    public static void main(String[] args) {
        SpringApplication.run(CardatabaseApplication.class, args);
    }

    @Override
    public void run(String... args) throws Exception {
        // 这里编写代码
    }
}
```

(4) 一旦注入了存储库类,就可以在 run()方法中使用它提供的 CRUD 方法。下面代码展示了如何使用 save()方法向数据库中插入汽车数据。该代码还使用了存储库的 findAll()方法从数据库中获取所有的汽车,并使用记录器将它们打印到控制台。

```
// CardataseApplication.java 类的 run 方法
@Override
public void run(String... args) throws Exception {
    repository.save(new Car("Ford", "Mustang", "Red",
            "ADF-1121", 2023, 59000));
    repository.save(new Car("Nissan", "Leaf", "White",
            "SSJ-3002", 2020, 29000));
    repository.save(new Car("Toyota", "Prius",
            "Silver", "KKO-0212", 2022, 39000));

    // 获取所有汽车并在控制台输出日志
    for (Car car : repository.findAll()) {
        logger.info("brand: {}, model: {}",
         car.getBrand(), car.getModel());
    }
}
```

运行应用程序,在 Eclipse 控制台中可以看到 insert 语句和 select 语句的日志记录信息,如图 3.11 所示。

在 H2 控制台中也可以查询数据库中的汽车信息,如图 3.12 所示。

可以在 Spring Data 存储库中自定义查询方法。查询方法必须以前缀开头,例如 findBy。在前缀之后,必须指定查询中使用的实体类字段。下面代码定义了 3 个简单查询方法。

```
Console ×
CardatabaseApplication [Java Application] C:\Program Files\Java\jdk-17.0.2\bin\javaw.exe (3.4.2023 klo 14.49.51) [pid: 16476]
Hibernate: insert into car (brand, color, model, model_year, price, register_number, id) values (?, ?, ?, ?, ?, ?, ?)
Hibernate: select next value for car_seq
Hibernate: insert into car (brand, color, model, model_year, price, register_number, id) values (?, ?, ?, ?, ?, ?, ?)
Hibernate: insert into car (brand, color, model, model_year, price, register_number, id) values (?, ?, ?, ?, ?, ?, ?)
Hibernate: select c1_0.id,c1_0.brand,c1_0.color,c1_0.model,c1_0.model_year,c1_0.price,c1_0.register_number from car c1_0
2023-04-03T14:49:56.199+03:00  INFO 16476 --- [  restartedMain] c.p.cardatabase.CardatabaseApplication   : Ford Mustang
2023-04-03T14:49:56.199+03:00  INFO 16476 --- [  restartedMain] c.p.cardatabase.CardatabaseApplication   : Nissan Leaf
2023-04-03T14:49:56.199+03:00  INFO 16476 --- [  restartedMain] c.p.cardatabase.CardatabaseApplication   : Toyota Prius
```

图 3.11　insert 语句和 select 语句的日志记录信息

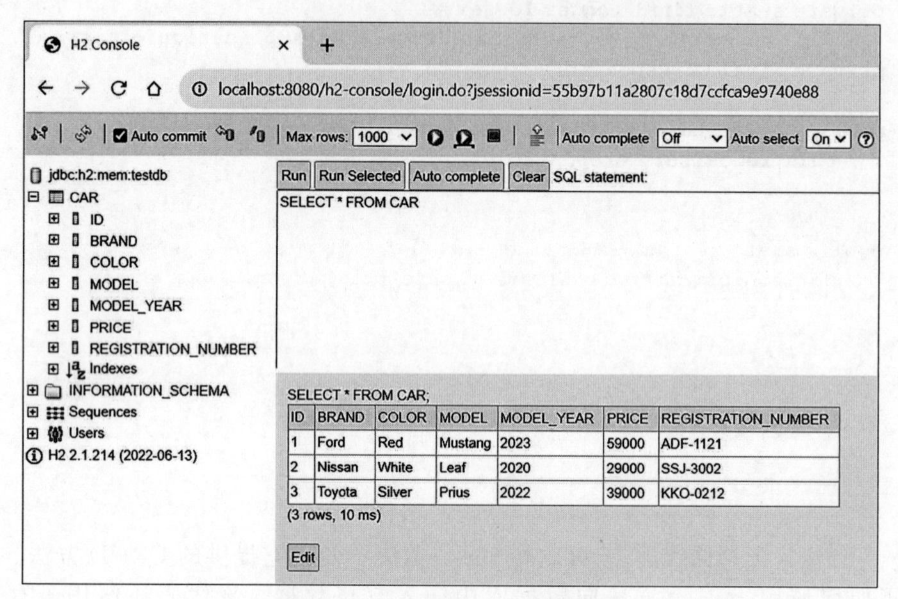

图 3.12　H2 控制台——查询汽车

```
package com.packt.cardatabase.domain;

import java.util.List;
import org.springframework.data.repository.CrudRepository;

public interface CarRepository extends CrudRepository <Car, Long>{

    // 根据品牌获取汽车
    List<Car>findByBrand(String brand);

    // 根据颜色获取汽车
    List<Car>findByColor(String color);

    // 根据型号年份获取汽车
    List<Car>findByModelYear(int modelYear);
}
```

By 关键字后面可以有多个字段，它们可以用 And 和 Or 关键字连接，如下所示。

```
package com.packt.cardatabase.domain;

import java.util.List;
import org.springframework.data.repository.CrudRepository;
```

```
public interface CarRepository extends CrudRepository <Car, Long>{
    // 根据品牌和型号获取汽车
    List<Car>findByBrandAndModel(String brand, String model);
    // 根据品牌或颜色获取汽车
    List<Car>findByBrandOrColor(String brand, String color);
}
```

可以通过在查询方法名中使用 OrderBy 关键字对查询结果进行排序，如下所示。

```
package com.packt.cardatabase.domain;

import java.util.List;
import org.springframework.data.repository.CrudRepository;

public interface CarRepository extends CrudRepository <Car, Long>{
    // 根据品牌并按型号年份排序获取汽车
    List<Car>findByBrandOrderByModelYearAsc(String brand);
}
```

还可以在 SQL 语句上使用@Query 注解创建查询。下面的例子展示了在 CrudRepository 中使用 SQL 查询。

```
package com.packt.cardatabase.domain;

import java.util.List;
import org.springframework.data.jpa.repository.Query;
import org.springframework.data.repository.CrudRepository;

public interface CarRepository extends CrudRepository <Car, Long>{
    // 使用 SQL 根据品牌获取汽车
    @Query("select c from Car c where c.brand =?1")
    List<Car>findByBrand(String brand);
}
```

使用@Query 注解，就可以使用更高级的 SQL 表达式，例如，可以使用 like 短语。下面的例子展示了 CrudRepository 中 like 短语的用法。

```
package com.packt.cardatabase.domain;

import java.util.List;
import org.springframework.data.jpa.repository.Query;
import org.springframework.data.repository.CrudRepository;

public interface CarRepository extends CrudRepository <Car, Long>{
    // 使用 SQL 根据品牌获取汽车
    @Query("select c from Car c where c.brand like %?1")
    List<Car>findByBrandEndsWith(String brand);
}
```

默认情况下，可以使用 JPQL(Java 持久化查询语言)，使用 JPQL 根据特定条件从数据库中选择实体(本书的示例是 JPQL)。如果要使用 SQL，则必须将 nativeQuery 属性值设置为 true，如下面代码所示。

```
@Query(value ="SELECT * FROM USERS u WHERE id =1", nativeQuery =true)
```

如果在代码中使用@Query 注解编写 SQL 查询，那么可能会降低应用程序在不同数据库系统之间的可移植性。

Spring Data JPA 还提供了 PagingAndSortingRepository，它扩展了 Repository。该接口提供了对获取实体分页和排序的方法。如果处理的数据量大，这不失为一个很好的选择，因为不必返回结果集中的所有行。结果数据还可以按某种顺序排序。PagingAndSortingRepository 的创建方式与 CrudRepository 的创建方式类似，如下面代码所示。

```
package com.packt.cardatabase.domain;

import org.springframework.data.repository.PagingAndSortingRepository;

public interface CarRepository extends PagingAndSortingRepository <Car, Long> {
}
```

在这种情况下，就可以使用存储库提供的两个新方法，如表 3.2 所示。

表 3.2　存储库提供的两个新方法

方　法　名	说　　明
Iterable<T> findAll(Sort sort)	根据给定选项返回排序后的所有实体
Page<T> findAll(Pageable pageable)	根据给定的分页选项返回所有实体

至此，就完成了第一个数据库表，接下来建立多个数据表之间的关系。

3.4　在数据表之间添加关系

本节创建一个 owner 表用于存储车主，它与 car 表具有一对多关系。这里，一对多关系指一个车主可以拥有多辆车，但一辆车只能属于一个车主。

可以使用 UML(统一建模语言)图描述两个表之间的一对多关系，如图 3.13 所示。

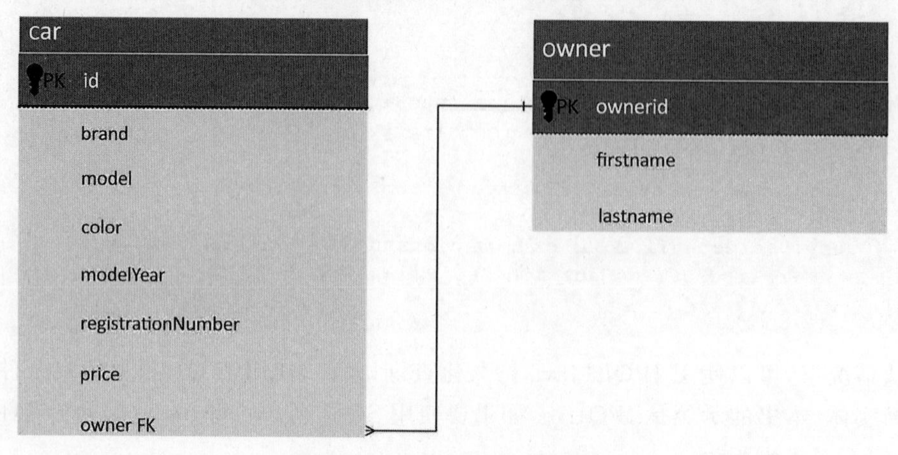

图 3.13　表之间的一对多关系

创建新表的步骤如下。

(1) 在 com. pack. cardatabase. domain 包中创建 Owner 实体类和存储库类。创建 Owner 实体类和存储库类与创建 Car 类相似。下面是 Owner 实体类的源代码。

```
// Owner.java
package com.packt.cardatabase.domain;

import jakarta.persistence.Entity;
import jakarta.persistence.GeneratedValue;
import jakarta.persistence.GenerationType;
import jakarta.persistence.Id;

@Entity
public class Owner {
    @Id
    @GeneratedValue(strategy =GenerationType.AUTO)
    private Long ownerid;
    private String firstname, lastname;

    public Owner() {
    }

    public Owner(String firstname, String lastname) {
        super();
        this.firstname =firstname;
        this.lastname =lastname;
    }

    public Long getOwnerid() {
        return ownerid;
    }

    public String getFirstname() {
        return firstname;
    }

    public void setFirstname(String firstname) {
        this.firstname =firstname;
    }

    public String getLastname() {
        return lastname;
    }

    public void setLastname(String lastname) {
        this.lastname =lastname;
    }
}
```

下面是 OwnerRepository 接口的源代码。

```
// OwnerRepository.java
package com.packt.cardatabase.domain;
```

```
import org.springframework.data.repository.CrudRepository;
public interface OwnerRepository extends CrudRepository<Owner, Long>{
}
```

(2) 检查实体类和存储库类是否正常。运行项目并检查两个数据库表是否都已创建，并且控制台中没有错误输出。图 3.14 显示了创建表时控制台的消息。

```
Console ×
CardatabaseApplication [Java Application] C:\Program Files\Java\jdk-17.0.2\bin\javaw.exe (4.4.2023 klo 9.26.39) [pid: 4140]
Hibernate: create sequence car_seq start with 1 increment by 50
Hibernate: create sequence owner_seq start with 1 increment by 50
Hibernate: create table car (id bigint not null, brand varchar(255), color varcha
Hibernate: create table owner (ownerid bigint not null, firstname varchar(255), l
2023-04-04T09:48:22.787+03:00  INFO 4140 --- [  restartedMain] o.h.e.t.j.p.i.JtaP
2023-04-04T09:48:22.788+03:00  INFO 4140 --- [  restartedMain] j.LocalContainerEn
2023-04-04T09:48:22.809+03:00  WARN 4140 --- [  restartedMain] ocalVariableTableP
2023-04-04T09:48:22.820+03:00  WARN 4140 --- [  restartedMain] JpaBaseConfigurati
2023-04-04T09:48:22.870+03:00  INFO 4140 --- [  restartedMain] o.s.b.d.a.Optional
```

图 3.14　创建表时控制台的消息

现在，domain 包中有两个实体类和两个存储库类，如图 3.15 所示。

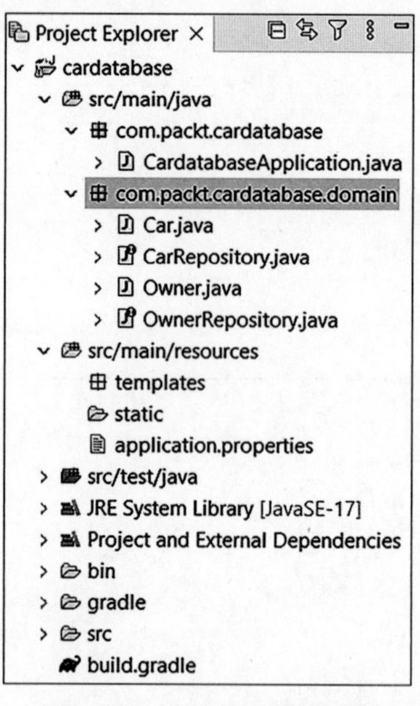

图 3.15　domain 包中的类

(3) 可以使用@OneToMany 和@ManyToOne 注解添加一对多关系。在包含外键的 Car 实体类中，必须使用@ManyToOne 注解定义关系。另外，还应该为 owner 字段添加 getter 和 setter 方法。建议所有关联都使用 FetchType.LAZY。对于 toMany 关系，这是默认值，但是对于 toOne 关系，应该对其进行定义。FetchType 定义了从数据库中获取数据的策略，取值为 EAGER 或 LAZY。在本示例中，LAZY 策略表示从数据库中获取车主时，在需要时取出与该车主关联的汽车。EAGER 则表示取出车主后会立即取出汽车。下面的源代码展示了如何在 Car 类中定义一对多关系。

```
// Car.java
```

```
@ManyToOne(fetch=FetchType.LAZY)
@JoinColumn(name="owner")
private Owner owner;

// getter 和 setter 方法
public Owner getOwner() {
    return owner;
}

public void setOwner(Owner owner) {
    this.owner =owner;
}
```

(4) 在 Owner 实体一端,应该用@OneToMany 注解定义关系。cars 字段的类型是 List＜Car＞,因为一个车主可能拥有多辆车。为 cars 字段添加 getter 和 setter 方法,代码如下所示。

```
// Owner.java
@OneToMany(cascade=CascadeType.ALL, mappedBy="owner")
private List<Car>cars;
public List<Car>getCars() {
    return cars;
}

public void setCars(List<Car>cars) {
    this.cars =cars;
}
```

在@OneToMany 注解上使用了两个属性。cascade 属性定义在删除或更新的情况下,级联如何影响实体。ALL 属性表示所有操作都是级联的。例如,如果删除了车主,那么连接到该车主的汽车也会被删除。mappedBy="owner"属性表示 Car 类具有 owner 字段,这是此关系的外键。

运行项目,此时查看控制台将看到关系已经创建,如图 3.16 所示。

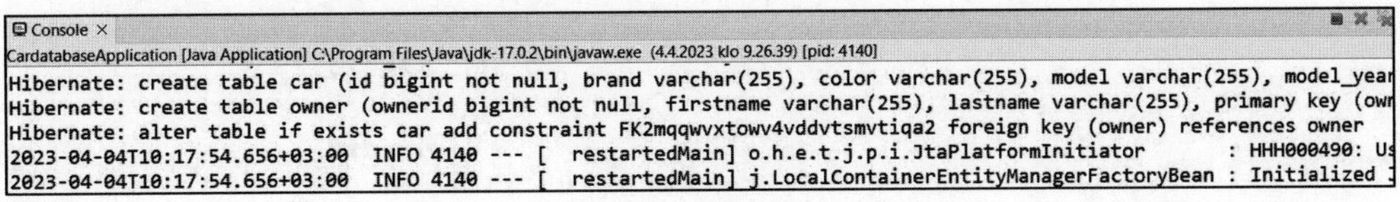

```
Console ×
CardatabaseApplication [Java Application] C:\Program Files\Java\jdk-17.0.2\bin\javaw.exe (4.4.2023 klo 9.26.39) [pid: 4140]
Hibernate: create table car (id bigint not null, brand varchar(255), color varchar(255), model varchar(255), model_year
Hibernate: create table owner (ownerid bigint not null, firstname varchar(255), lastname varchar(255), primary key (own
Hibernate: alter table if exists car add constraint FK2mqqwvxtowv4vddvtsmvtiqa2 foreign key (owner) references owner
2023-04-04T10:17:54.656+03:00  INFO 4140 --- [  restartedMain] o.h.e.t.j.p.i.JtaPlatformInitiator       : HHH000490: Us
2023-04-04T10:17:54.656+03:00  INFO 4140 --- [  restartedMain] j.LocalContainerEntityManagerFactoryBean : Initialized J
```

图 3.16　控制台消息

(5) 使用 CommandLineRunner 向数据库添加一些车主记录。修改 Car 实体类的构造方法,在其中添加一个 owner 对象,如下所示。

```
// Car.java 类构造方法
public Car(String brand, String model, String color,
        String registrationNumber, int modelYear, int price,Owner owner) {
    super();
    this.brand =brand;
    this.model =model;
```

```
        this.color =color;
        this.registrationNumber =registrationNumber;
        this.modelYear =modelYear;
        this.price =price;
        this.owner =owner;
    }
```

(6) 创建两个车主对象,并使用存储库的 saveAll()方法将它们保存到数据库中,使用该方法可以一次保存多个实体。为了保存车主,需要将 OwnerRepository 注入主类中。然后,使用 Car 构造方法将车主连接到汽车。首先,在 CardatabaseApplication 类中添加以下导入语句。

```
// CardatabaseApplication.java
import com.packt.cardatabase.domain.Owner;
import com.packt.cardatabase.domain.OwnerRepository;
```

(7) 使用构造方法注入将 OwnerRepository 注入 CardatabaseApplication 类中。

```
private final CarRepository repository;
private final OwnerRepository orepository;
public CardatabaseApplication(CarRepository repository,
                              OwnerRepository orepository)
{
    this.repository =repository;
    this.orepository =orepository;
}
```

(8) 修改 run()方法以保存车主,并建立车主和车之间的关系,代码如下所示。

```
@Override
public void run(String... args) throws Exception {
    // 添加车主对象并保存到数据库中
    Owner owner1 =new Owner("John" , "Johnson");
    Owner owner2 =new Owner("Mary" , "Robinson");
    orepository.saveAll(Arrays.asList(owner1, owner2));

    repository.save(new Car("Ford", "Mustang", "Red",
                    "ADF-1121", 2023, 59000, owner1));
    repository.save(new Car("Nissan", "Leaf", "White",
                    "SSJ-3002", 2020, 29000, owner2));
    repository.save(new Car("Toyota", "Prius", "Silver",
                    "KKO-0212", 2022, 39000, owner2));
    // 取出所有汽车并在控制台输出日志
    for (Car car : repository.findAll())
    {
        logger.info("brand: {}, model: {}", car.getBrand(),
        car.getModel());
    }
}
```

(9) 运行应用程序并从数据库中查询汽车,将看到车主现在连接到的汽车,如图 3.17 所示。

要创建多对多关系,应该使用@ManyToMany 注解。对于车主与车而言,多对多关系

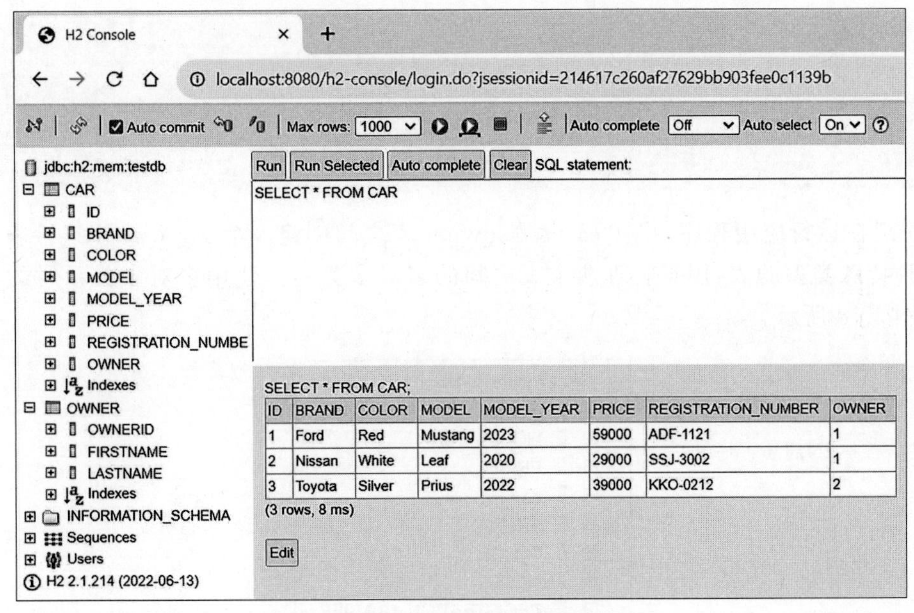

图 3.17　车主与车的一对多关系

表示一个车主可以有多辆车，而一辆车可以有多个车主。在示例应用程序中，使用一对多关系，这里完成的代码在第 4 章还会用到。

接下来学习如何将关系更改为多对多。在一个多对多的关系中，建议使用 Set(集合)代替 List(列表)。

(1) 在 Car 实体类的多对多关系中，用以下方式定义 getter 和 setter 方法。

```
// Car.java
@ManyToMany(mappedBy="cars")
private Set<Owner>owners =new HashSet<Owner>();

public Set<Owner>getOwners() {
    return owners;
}

public void setOwners(Set<Owner>owners) {
    this.owners =owners;
}
```

(2) 在 Owner 实体类中，多对多关系定义如下。连接表使用@JoinTable 注解定义。使用这个注解，可以设置连接表和连接列的名称。

```
// Owner.java
@ManyToMany(cascade=CascadeType.PERSIST)
@JoinTable(name="car_owner",joinColumns ={ @JoinColumn(name="ownerid") },
        inverseJoinColumns ={ @JoinColumn(name="id") }
)
private Set<Car>cars =new HashSet<Car>();

public Set<Car>getCars() {
    return cars;
```

```
}

public void setCars(Set<Car>cars) {
    this.cars =cars;
}
```

(3) 现在运行应用程序，将在 car 表和 owner 表之间创建一个 car_owner 连接表。连接表是一种特殊类型的表，用于管理两个表之间的多对多关系。使用多对多关系时的数据库结构如图 3.18 所示。

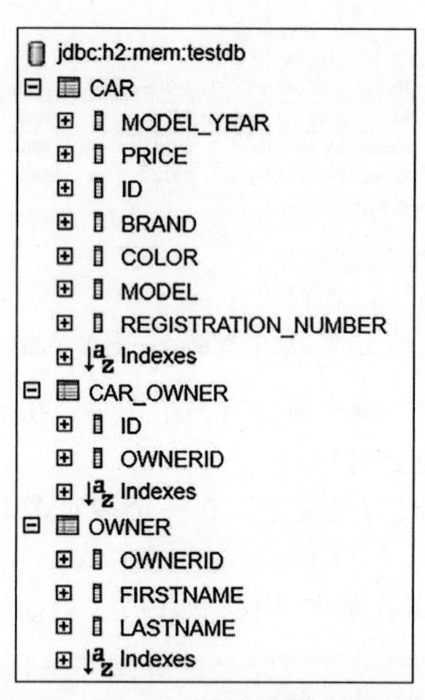

图 3.18　多对多关系时的数据库结构

现在，数据库 UML 图如图 3.19 所示。

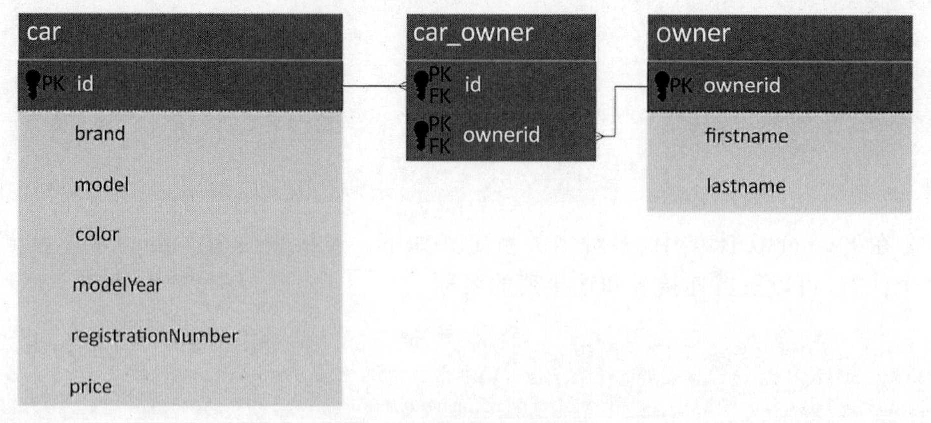

图 3.19　数据库 UML 图

到目前为止，我们在本章中使用了内存中的 H2 数据库。3.5 节将使用一对多关系，因此，如果按照前面的多对多示例完成了操作，请将代码更改回一对多关系。

接下来，我们来看如何使用 MariaDB 数据库。

3.5 建立 MariaDB 数据库

下面将使用的数据库从 H2 切换到 MariaDB。H2 数据库非常适合用于测试和演示，但是当应用程序需要性能、可靠性和可伸缩性时，MariaDB 是适合生产数据库的更好选择。

本书使用 MariaDB 数据库。数据库表仍由 JPA 自动创建。但是，在运行应用程序之前，必须为它创建一个数据库。

在本节中，我们将使用 3.4 节中建立的一对多关系。

数据库可以使用 HeidiSQL（如果读者使用的是 Linux 或 macOS 操作系统，可以使用 DBeaver）创建。打开 HeidiSQL 并执行以下步骤。

（1）右击顶部数据库连接名称 Unnamed。

（2）在弹出菜单中选择 Create new→Database 新建数据库，如图 3.20 所示。

（3）将数据库命名为 cardb。单击 OK 按钮后，在数据库列表中可以看到新的 cardb 数据库，如图 3.21 所示。

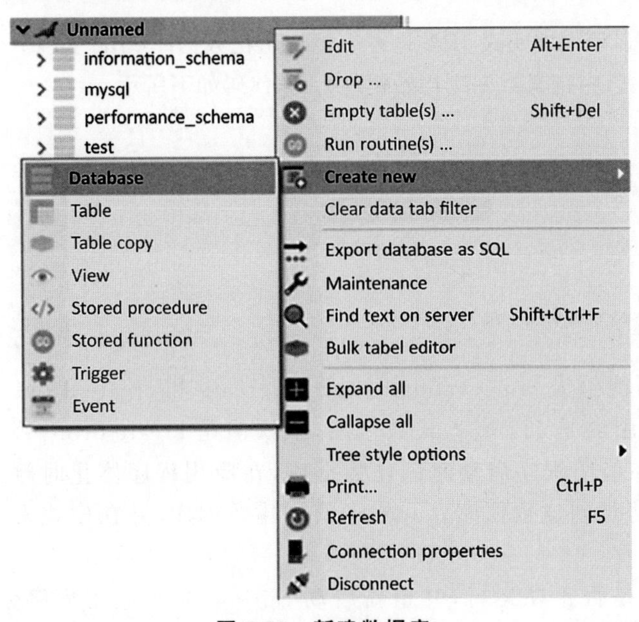

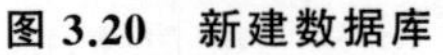
图 3.20 新建数据库

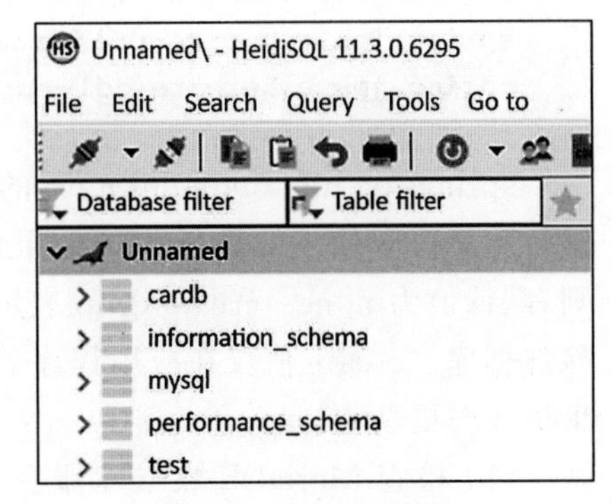

图 3.21 cardb 数据库

（4）在 Spring Boot 项目中，向 build.gradle 文件中添加一个 MariaDB 客户端依赖项。由于不再需要 H2，删除 H2 依赖项。修改 build.gradle 文件后，记得刷新 Gradle 项目。

```
dependencies {
    implementation 'org.springframework.boot:spring-boot-starter-web'
    implementation 'org.springframework.boot:spring-boot-starterdata-jpa'
    developmentOnly 'org.springframework.boot:spring-boot-devtools'
    runtimeOnly 'org.mariadb.jdbc:mariadb-java-client'
    testImplementation 'org.springframework.boot:spring-bootstarter-test'
}
```

(5) 在 application.properties 文件中为 MariaDB 定义数据库连接参数。在这一步中，还应删除原先 H2 的数据库配置。这里，必须定义数据库的 URL、用户名、密码(在第 1 章安装时指定的)和数据库驱动程序类，如下所示。

```
spring.datasource.url=jdbc:mariadb://localhost:3306/cardb
spring.datasource.username=root
spring.datasource.password=YOUR_PASSWORD
spring.datasource.driver-class-name=org.mariadb.jdbc.Driver
```

本例中使用的数据库用户是 root，但是在生产环境中，应该为数据库创建一个不具有所有 root 数据库权限的用户。

(6) 添加 spring.jpa.generate-ddl 设置，该设置定义 JPA 是否应该初始化数据库(true/false)。同时添加 spring.jpa.hibernate.ddl-auto 设置，它定义数据库初始化的行为，代码如下所示。

```
spring.datasource.url=jdbc:mariadb://localhost:3306/cardb
spring.datasource.username=root
spring.datasource.password=YOUR_PASSWORD
spring.datasource.driver-class-name=org.mariadb.jdbc.Driver
spring.jpa.generate-ddl=true
spring.jpa.hibernate.ddl-auto=create-drop
```

spring.jpa.hibernate.ddl-auto 的可能值为 none、validate、update、create 和 create-drop。默认值取决于使用的数据库。如果使用的是 H2 嵌入式数据库，默认值是 create-drop；否则，默认值为 none。create-drop 表示在应用程序启动时创建数据库，在应用程序停止时删除数据库。create 值仅在应用程序启动时创建数据库。update 值创建数据库，并在模式发生更改时更新它。

(7) 检查 MariaDB 数据库服务器是否正在运行，并重新启动 Spring Boot 应用程序。运行应用程序后，在 MariaDB 中就应该可以看到这些表。可以先按下 F5 键来刷新 HeidiSQL 的数据库树。创建数据库后的 HeidiSQL 用户界面如图 3.22 所示。

在 HeidiSQL 中，可以使用 SQL 操作数据库。现在，应用程序已准备就绪，可以访问 MariaDB 数据库了。

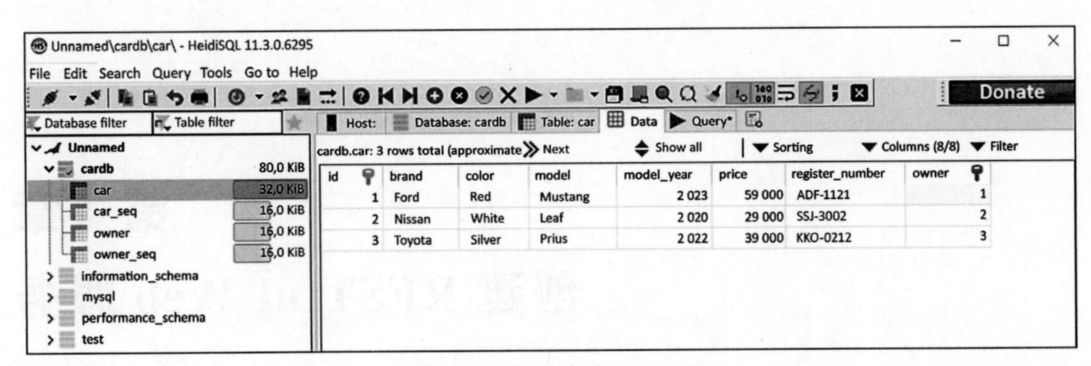

图 3.22　HeidiSQL 用户界面

小结

本章介绍了使用 JPA 创建 Spring Boot 应用程序数据库。首先，本章介绍了实体类的创建，它们映射到数据库表。然后，为实体类创建了一个 CrudRepository，它为实体提供了 CRUD 操作。之后，通过使用 CommandLineRunner 将演示数据添加到数据库中。本章还介绍了在两个实体之间创建一对多关系。本章首先使用 H2 内存数据库，之后使用 MariaDB 数据库。

第 4 章将讨论如何为后端创建 RESTful Web 服务。还将讨论使用 Postman GUI 测试 RESTful Web 服务。

思考题

1. 什么是 ORM、JPA 和 Hibernate?
2. 如何创建实体类?
3. 如何创建 CrudRepository?
4. CrudRepository 会为应用程序提供什么?
5. 如何在表之间创建一对多关系?
6. 如何使用 Spring Boot 将演示数据添加到数据库中?
7. 如何访问 H2 控制台?
8. 如何将 Spring Boot 应用程序连接到 MariaDB?

第4章
创建 RESTful Web 服务

Web 服务是使用 HTTP 在因特网上进行通信的应用程序。Web 服务体系结构有多种类型,但所有的设计思想是相同的。本书将创建当今非常流行的 RESTful Web 服务。

本章首先使用控制器类创建 RESTful Web 服务。然后,使用 Spring Data REST 创建 RESTful Web 服务,它也自动提供所有 CRUD 功能,并使用 OpenAPI 3 为之生成文档。在为应用程序创建了 RESTful API 之后,可以使用 JavaScript 库(如 React)实现前端。这里将使用第 3 章创建的数据库应用程序作为起点。

本章研究如下主题:

- REST 概述;
- 创建 RESTful Web 服务;
- 使用 Spring Data REST;
- 生成 RESTful API 文档。

4.1 REST 概述

REST(Representational State Transfer,表示状态传输)是一种用于创建 Web 服务的架构风格。REST 不是标准,但它定义了 Roy Fielding 提出的以下 6 个约束条件。

(1) 无状态:服务器不保存任何关于客户端的状态信息。

(2) 客户端-服务器独立性:客户端和服务器独立运行。如果没有客户机的请求,服务器不会发送任何信息。

(3) 可缓存:许多客户端经常请求相同的资源,因此缓存响应以提高性能是很有用的。

(4) 统一接口:来自不同客户端的请求应该是相同的。例如,客户机可以是浏览器、Java 应用程序和移动应用程序。

(5) 分层系统:REST 允许我们使用分层系统架构。

(6) 代码随需应变:这是一个可选约束。

统一接口是一个重要的约束,它定义了每个 REST 架构都应该有以下元素。

(1) 资源标识:有些资源具有唯一标识符,例如,基于 Web 的 REST 服务中的 URI。REST 资源应该公开容易理解的目录结构 URI。因此,一个好的资源命名策略是非常重要的。

(2) 通过表示进行资源操作:当向资源发出请求时,服务器会用该资源的表示进行响应。通常，表示的格式是 JSON 或 XML。

(3) 自描述消息：消息应该具有让服务器知道如何处理它们的相关信息。

(4) 超媒体和应用程序状态引擎(HATEOAS)：响应可以包含到其他服务区域的链接。

在下面章节中开发的 RESTful Web 服务将遵循上述 REST 体系结构原则。

4.2 创建 RESTful Web 服务

在 Spring Boot 应用中，所有 HTTP 请求都由控制器类处理。为了创建 RESTful Web 服务，必须创建一个控制器类。下面是具体步骤。

(1) 为控制器类新建一个包。在项目管理器中选择根包并右击，从菜单中选择 New→Package，将新包命名为 com.pack.cardatabase.web，如图 4.1 所示。

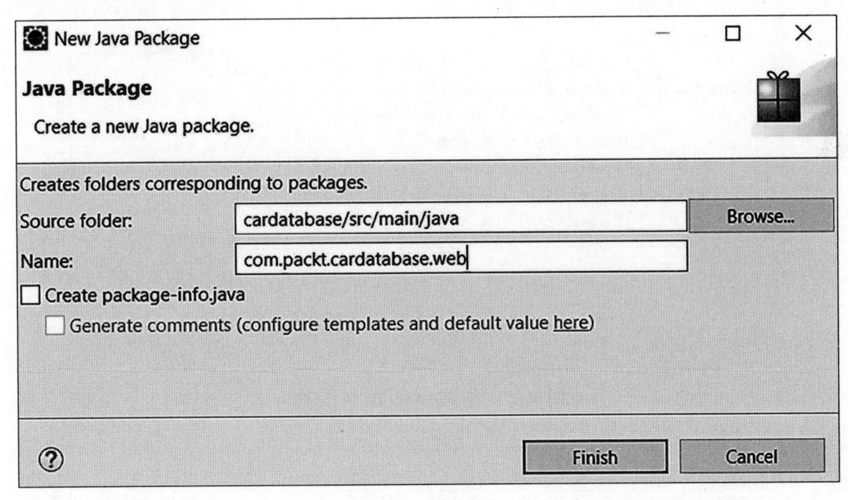

图 4.1　新建包

(2) 在新建的包中创建一个新的控制器类。右击 com.packt.cardatabase.web 包，从菜单中选择 New→Class，在 Name 字段中输入 CarController，如图 4.2 所示。

(3) 现在，项目结构如图 4.3 所示。

如果不小心在错误的包中创建了类，可以在项目管理器中的包之间拖动文件。当进行一些更改后，项目管理器视图可能无法正确呈现，此时，可以刷新项目管理器(激活项目管理器并按住 F5 键)。

(4) 在编辑窗口中打开控制器类，为类添加@RestController 注解。@RestController 注解标识这个类是 RESTful Web 服务的控制器。代码如下所示。

```
package com.packt.cardatabase.web;

import org.springframework.web.bind.annotation.RestController;

@RestController
```

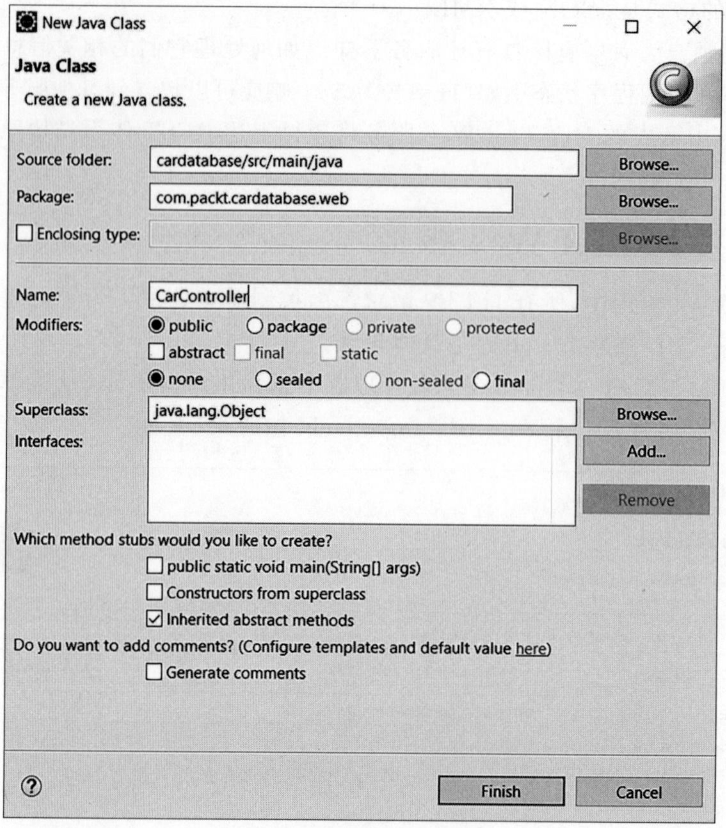

图 4.2　创建新的控制器类

```
public class CarController {
}
```

(5) 在控制器类中添加一个新方法。该方法使用@GetMapping 注解，该注解定义了该方法映射的端点。在这个例子中，当用户向"/cars"端点发出 GET 请求时，getCars()方法被执行。代码如下所示。

```
package com.packt.cardatabase.web;

import org.springframework.web.bind.annotation.GetMapping;
import org.springframework.web.bind.annotation.RestController;
import com.packt.cardatabase.domain.Car;

@RestController
public class CarController {
    @GetMapping("/cars")
    public Iterable<Car>getCars() {
        // 取出并返回所有汽车
    }
}
```

这里，getCars()方法返回所有的汽车对象，然后由 Jackson 库自动封装为 JSON 对象。

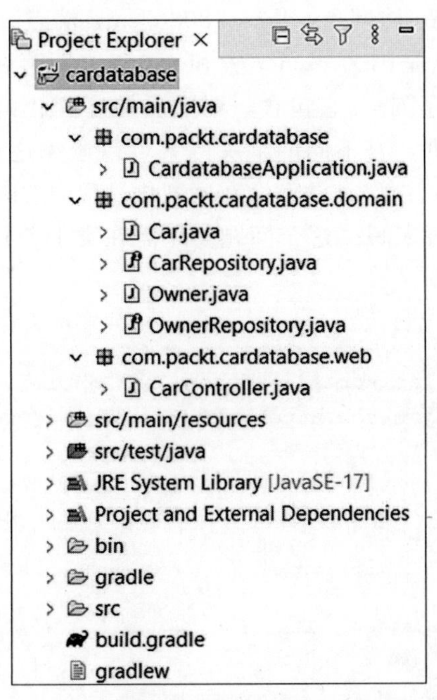

图 4.3　项目结构

由于使用的是@GetMapping 注解，所以 getCars()方法只处理对"/cars"端点的 GET 请求。对于不同的 HTTP 方法还有其他注解，例如@GetMapping、@PostMapping、@DeleteMapping 等。

(6) 为了能够从数据库返回汽车信息，必须将 CarRepository 注入控制器，然后使用存储库提供的 findAll()方法获取所有汽车。由于使用的@RestController 注解，数据在响应中被序列化为 JSON 格式。控制器代码如下所示。

```
package com.packt.cardatabase.web;

import org.springframework.web.bind.annotation.GetMapping;
import org.springframework.web.bind.annotation.RestController;
import com.packt.cardatabase.domain.Car;
import com.packt.cardatabase.domain.CarRepository;

@RestController
public class CarController {
    private final CarRepository repository;

    public CarController(CarRepository repository) {
        this.repository =repository;
    }

    @GetMapping("/cars")
    public Iterable<Car>getCars() {
        return repository.findAll();
    }
}
```

(7) 现在,运行应用程序,访问 localhost:8080/cars 端点。可以看到存在问题,应用程序似乎处于无限循环中。这是因为 owner 表和 car 表之间存在一对多关系。那么,在实践中会怎样呢？首先,汽车被序列化,它包含一个随后被序列化的车主,而这个车主又包含随后被序列化的汽车,以此类推。有不同的解决方案可以避免这种情况。一是在 Owner 类的 cars 字段上使用@JsonIgnore 注解,该注解会在序列化过程中忽略 cars 字段。如果不需要双向映射,可以通过避免双向映射来解决这个问题。还需在类上使用@JsonIgnoreProperties 注解来忽略 Hibernate 生成的字段。

```
// Owner.java
import com.fasterxml.jackson.annotation.JsonIgnore;
import com.fasterxml.jackson.annotation.JsonIgnoreProperties;

@Entity
@JsonIgnoreProperties({"hibernateLazyInitializer","handler"})
public class Owner {
    @Id
    @GeneratedValue(strategy=GenerationType.AUTO)
    private long ownerid;
    private String firstname, lastname;

    public Owner() {}

    public Owner(String firstname, String lastname) {
        super();
        this.firstname = firstname;
        this.lastname = lastname;
    }

    @JsonIgnore
    @OneToMany(cascade=CascadeType.ALL, mappedBy="owner")
    private List<Car> cars;
}
```

(8) 运行应用程序,访问 localhost:8080/cars 端点,一切都如预期那样,从数据库中返回的汽车数据以 JSON 格式显示在浏览器中,如图 4.4 所示。

由于浏览器的不同,读者的输出可能与图 4.4 有所不同。本书中使用的是 Chrome 浏览器和 JSON Viewer 扩展,这使 JSON 输出更具可读性。JSON Viewer 可以从 Chrome Web Store 免费下载。

到此,我们编写了第一个 RESTful Web 服务。利用 Spring Boot 的功能,快速实现一个返回数据库中所有汽车的服务。然而,这仅是 Spring Boot 为创建健壮且高效的 RESTful Web 服务所提供的初步功能,4.3 节中将继续探索它的其他功能。

```
// 20230404130326
// http://localhost:8080/cars

[
  {
    "id": 1,
    "brand": "Ford",
    "model": "Mustang",
    "color": "Red",
    "registerNumber": "ADF-1121",
    "modelYear": 2023,
    "price": 59000,
    "owner": {
      "ownerid": 1,
      "firstname": "John",
      "lastname": "Johnson"
    }
  },
  {
    "id": 2,
    "brand": "Nissan",
    "model": "Leaf",
    "color": "White",
    "registerNumber": "SSJ-3002",
    "modelYear": 2020,
    "price": 29000,
    "owner": {
```

图 4.4　对 http://localhost:8080/cars 的 GET 请求

4.3　使用 Spring Data REST

Spring Data REST 是 Spring Data 项目的一部分。它提供了一种使用 Spring 实现 RESTful Web 服务的简单快捷方法。Spring Data REST 提供了 HATEOAS(Hypermedia as the Engine of Application State) 支持,这是一种架构原则,允许客户端使用超媒体链接动态地访问 REST API。Spring Data REST 还提供了一些事件,用户可以利用这些事件定制 REST API 端点的业务逻辑。

读者可以在 Spring Data REST 文档中阅读更多关于事件的信息。

要使用 Spring Data REST,必须在 build.gradle 文件中添加相关依赖项,如下面加粗代码所示。

```
dependencies {
    implementation 'org.springframework.boot:spring-boot-starter-web'
    implementation 'org.springframework.boot:spring-boot-starter-data-jpa'
    implementation 'org.springframework.boot:spring-boot-starter-data-rest'
    developmentOnly 'org.springframework.boot:spring-boot-devtools'
    runtimeOnly 'org.mariadb.jdbc:mariadb-java-client'
```

```
    testImplementation 'org.springframework.boot:spring-boot-starter-test'
}
```

修改了 build.gradle 文件之后，在 Eclipse 中需要刷新 Gradle 项目。在项目管理器中选择项目并右击，打开上下文菜单。然后，选择 Gradle→Refresh Gradle Project。

默认情况下，Spring Data REST 在应用程序中查找所有公共存储库，并自动为实体类创建 RESTful Web 服务。在我们的项目中，有两个存储库：CarRepository 和 OwnerRepository，因此，Spring Data REST 会自动为这些存储库创建 RESTful Web 服务。

可以在 application.properties 文件中定义服务的端点访问路径，如下面代码所示。要使更改生效，需要重新启动应用程序。

```
spring.data.rest.basePath=/api
```

现在，可以通过 localhost:8080/api 端点访问 RESTful Web 服务。访问服务的根端点，返回系统可用的资源，如图 4.5 所示。Spring Data REST 返回**超文本应用语言**(Hypertext Application Language，HAL)格式的 JSON 数据。HAL 格式为用 JSON 表示超链接提供了一组约定，它使前端开发人员更容易使用 RESTful Web 服务。

```
// 20230404144457
// http://localhost:8080/api

{
  "_links": {
    "owners": {
      "href": "http://localhost:8080/api/owners"
    },
    "cars": {
      "href": "http://localhost:8080/api/cars"
    },
    "profile": {
      "href": "http://localhost:8080/api/profile"
    }
  }
}
```

图 4.5　Spring Data REST 资源

读者可以看到，返回的结果包含指向汽车和车主实体服务的链接。Spring Data REST 服务路径名来源于实体类名，将实体名变成全小写并使用复数形式。例如，Car 实体类的服务路径名是 cars。profile 链接由 Spring Data REST 生成，它包含特定于应用程序的元数据。如果要使用不同的路径命名，可以在存储库类中使用@RepositoryRestResource 注解，如下面代码所示。

```java
package com.packt.cardatabase.domain;
import org.springframework.data.repository.CrudRepository;
import org.springframework.data.rest.core.annotation.RepositoryRestResource;

@RepositoryRestResource(path="vehicles")
public interface CarRepository extends CrudRepository<Car, Long>{
}
```

如果现在访问 localhost:8080/api 端点，可以看到“/cars”端点变成了“/vehicles”，如图 4.6 所示。

```
localhost:8080/api
localhost:8080/api

1  // 20230406104539
2  // http://localhost:8080/api
3
4  {
5    "_links": {
6      "owners": {
7        "href": "http://localhost:8080/api/owners"
8      },
9      "cars": {
10       "href": "http://localhost:8080/api/vehicles"
11     },
12     "profile": {
13       "href": "http://localhost:8080/api/profile"
14     }
15   }
16 }
```

图 4.6　端点改变后的 Spring Data REST 资源

删除指定的路径命名，后面继续使用默认“/cars”端点名称。

下面仔细来看这些服务。有多种工具可用于测试和访问 RESTful Web 服务。在本书中，使用 **Postman** 桌面应用程序，当然，也可以使用其他熟悉的工具，如 cURL 等。Postman 可以作为桌面应用程序或作为浏览器插件使用。cURL 也可以通过 Windows Ubuntu Bash (Linux 的 Windows 子系统)在 Windows 上使用。

如果用 Web 浏览器向“/cars”端点(http://localhost:8080/api/cars)发出 GET 请求，将返回所有汽车的列表，结果如图 4.7 所示。

在 JSON 响应中，可以看到结果是一个汽车数组，每个汽车对象包含该汽车的详细信息。所有的汽车都有_links 属性，这是一个链接集合，使用这些链接，可以访问该汽车本身信息或车主信息。例如，使用路径 http://localhost:8080/api/cars/2 可访问 2 号车信息。

对 http://localhost:8080/api/cars/3/owner 的 GET 请求返回汽车 id 是 3 的车主信息。响应包含车主数据、指向车主的链接以及指向车主其他汽车的链接。

Spring Data REST 服务提供所有 CRUD 操作。表 4.1 给出了用于不同 CRUD 操作的 HTTP 方法。

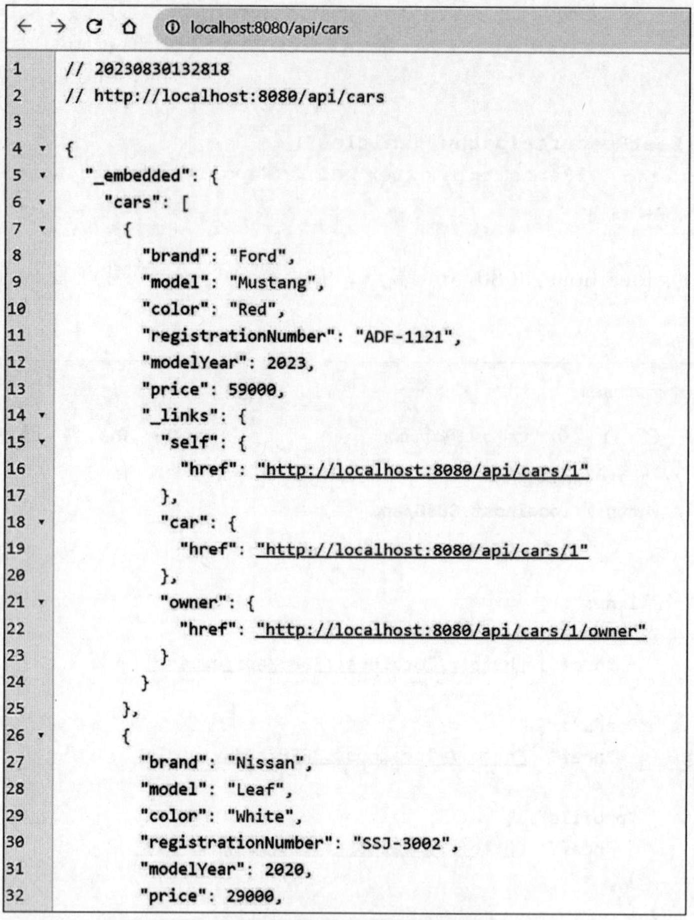

```
← → C ⌂ ⓘ localhost:8080/api/cars
1  // 20230830132818
2  // http://localhost:8080/api/cars
3
4  {
5    "_embedded": {
6      "cars": [
7        {
8          "brand": "Ford",
9          "model": "Mustang",
10         "color": "Red",
11         "registrationNumber": "ADF-1121",
12         "modelYear": 2023,
13         "price": 59000,
14         "_links": {
15           "self": {
16             "href": "http://localhost:8080/api/cars/1"
17           },
18           "car": {
19             "href": "http://localhost:8080/api/cars/1"
20           },
21           "owner": {
22             "href": "http://localhost:8080/api/cars/1/owner"
23           }
24         }
25       },
26       {
27         "brand": "Nissan",
28         "model": "Leaf",
29         "color": "White",
30         "registrationNumber": "SSJ-3002",
31         "modelYear": 2020,
32         "price": 29000,
```

图 4.7 获取所有汽车列表

表 4.1 不同 CRUD 操作的 HTTP 方法

HTTP 方 法	CRUD 操 作
GET	读取(Read)
POST	创建(Create)
PUT/PATCH	更新(Update)
DELETE	删除(Delete)

下面来看如何使用 RESTful Web 服务从数据库中删除汽车。在删除操作中，必须使用 DELETE 方法和指向要删除的汽车的链接(http://localhost:8080/api/cars/{id})。

下面演示如何使用 Postman 删除 id 为 3 的汽车。在 Postman 中，从下拉列表中选择正确的 HTTP 方法(DELETE)，输入请求 URL(http://localhost:8080/api/cars/3)，然后单击 Send 按钮，如图 4.8 所示。

如果一切正常，在 Postman 中会看到响应状态是 200 OK。在成功发出 DELETE 请求之后，如果向 http://localhost:8080/api/cars/端点发出 GET 请求，还会看到数据库中现在还剩 2 辆车。如果在 DELETE 响应中得到 404 Not Found 状态，请检查使用的汽车 id 在数

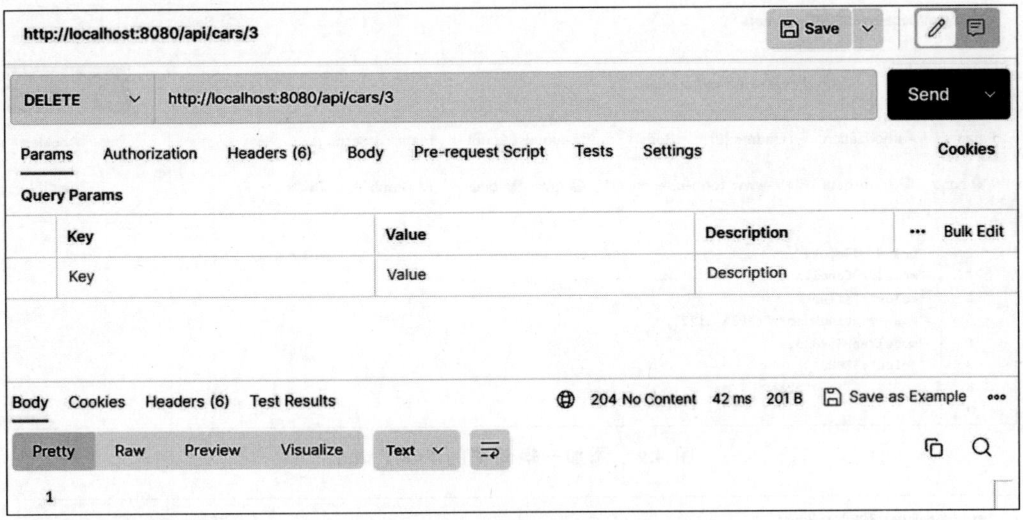

图 4.8　删除 cars 的 DELETE 请求

据库中是否存在。

如果要向数据库中添加一辆新车，必须使用 POST 方法，并将 Content-Type 报头值指定为“application/json”，请求 URL 是 http://localhost:8080/api/cars。新车对象以 JSON 格式嵌入请求正文中。

下面是一辆车的例子。

```
{
    "brand":"Toyota",
    "model":"Corolla",
    "color":"silver",
    "registrationNumber":"BBA-3122",
    "modelYear":2023,
    "price":38000
}
```

在 Postman 中单击 Body 选项卡并选择 raw，则可以在 Body 选项卡下输入新车 JSON 字符串，并且在下拉列表中选择 JSON，如图 4.9 所示。

另外，必须单击 Postman 中的 Headers 选项卡设置报头信息，如图 4.10 所示。Postman 已根据请求选择自动添加一些报头，检查列表中是否包含 Content-Type 报头，且值是否正确（application/json）。如果不存在，则应该手动添加。默认情况下，自动添加的报头可能是隐藏的，但可以单击 hidden 按钮显示这些报头。最后，单击 Send 按钮发送请求。

如果一切正常，响应将返回新创建的汽车对象，响应的状态是 201 Created。现在，如果再次向 http://localhost:8080/api/cars 发出 GET 请求，将看到数据库中多出一辆新车。

要更新实体，需要使用 PATCH 方法和想要更新的汽车链接。报头 Content-Type 字段的值必须是“application/json”，并且要修改的汽车对象的数据在请求体中给出。请求 URL 格式为 http://localhost:8080/api/cars/{id}。

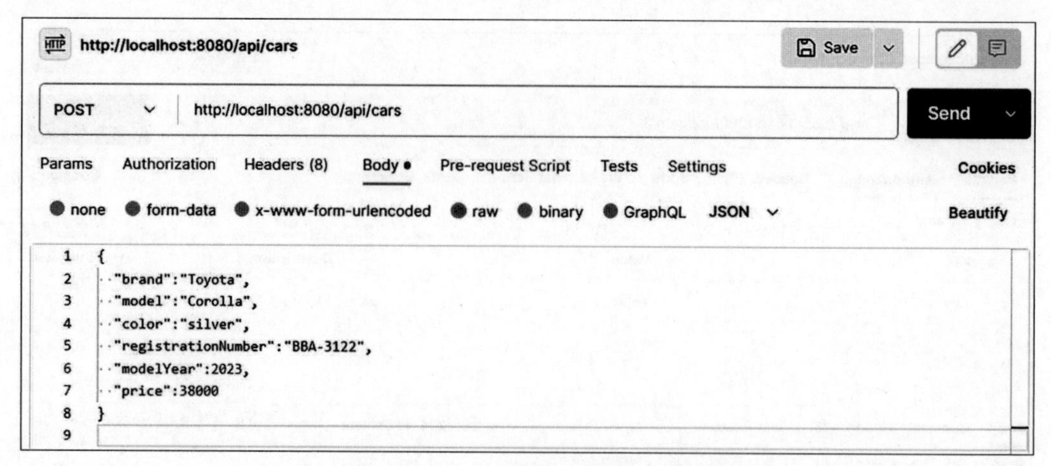

图 4.9　添加一辆新车的 POST 请求

图 4.10　设置报头

如果使用 PATCH，则必须只发送已更新的字段。如果使用 PUT，则必须在请求体中包含所有字段。

假设要修改前面刚添加的新汽车，将其颜色由银色(silver)改为白色(white)。这需要使用 PATCH 方法，所以有效数据就只包含颜色属性。

```
{
    "color": "white"
}
```

在 Postman 中选择 PATCH 请求方法，报头信息与前面例子相同，并在 URL 中使用汽车 id，如图 4.11 所示。

如果更新成功，响应状态为 200 OK。如果现在使用 GET 请求获取更新后的汽车，将会看到 4 号汽车颜色已经更新。

下面为刚创建的新车添加车主。这里使用 http://localhost:8080/api/cars/{id}/owner 路径和 PUT 方法。在本例中，新车的 id 为 4，因此路径为 http://localhost:8080/

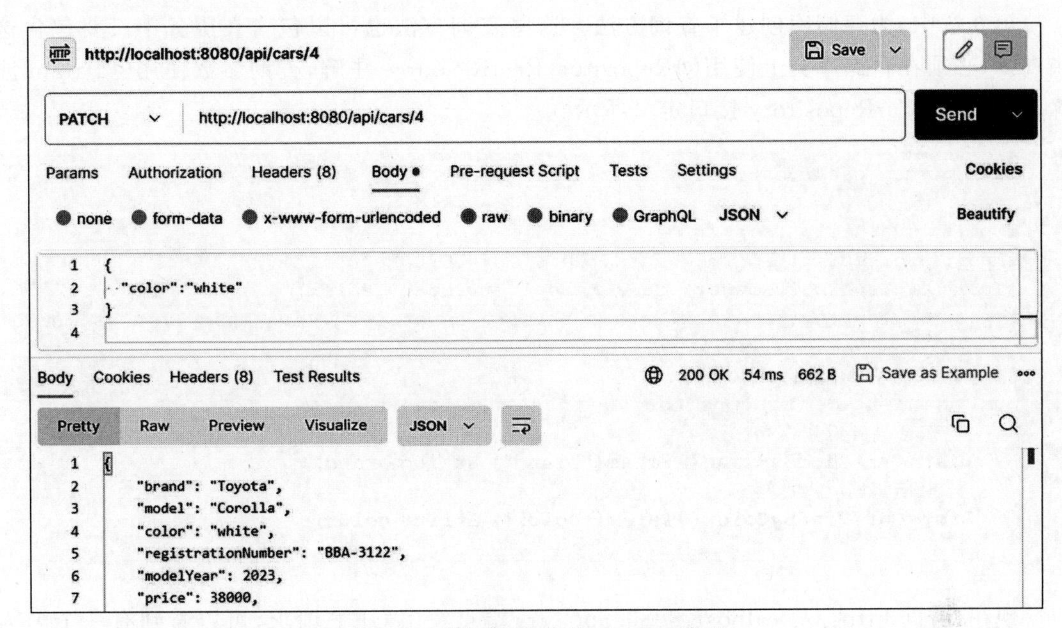

图 4.11　更新现有车的 PATCH 请求

api/cars/4/owner。Body 内容是链接到的车主路径，值为 http://localhost：8080/api/owners/1，如图 4.12 所示。

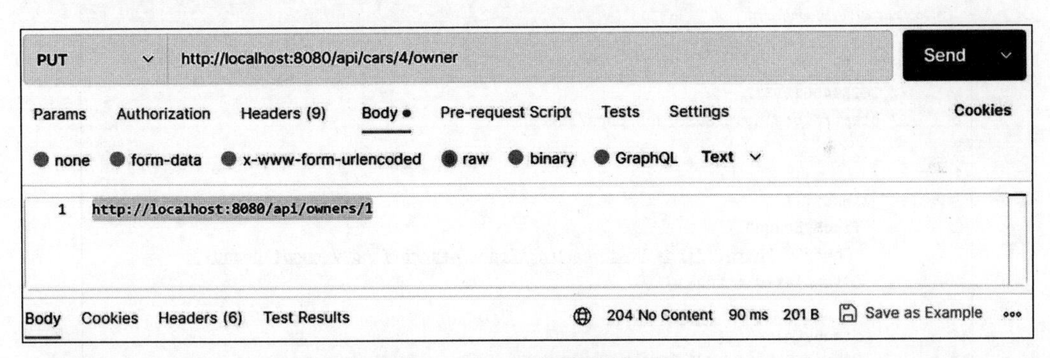

图 4.12　PUT 请求更新车主

在这个例子中，Content-Type 报头的值应该是"text/uri-list"。若该报头值不能自动修改，可以先取消选中禁用它。然后，添加一个新的报头，如图 4.13 所示，并单击 Send 按钮。

PUT　http://localhost:8080/api/cars/4/owner　Send

Params　Authorization　Headers (9)　Body　Pre-request Script　Tests　Settings　Cookies

Key	Value
Accept	*/*
Accept-Encoding	gzip, deflate, br
Connection	keep-alive
Content-Type	text/uri-list

图 4.13　添加新报头

最后，可以向汽车的车主发出一个 GET 请求，可以看到车主链接到了汽车。

第 3 章中，为存储库创建了查询方法。这些查询方法也可以包含在服务中。要包含这些查询，必须在存储库类上使用@RepositoryRestResource 注解，查询参数使用@Param 注解，如下面的 CarRepository 接口定义所示。

```
package com.packt.cardatabase.domain;

import java.util.List;
import org.springframework.data.repository.CrudRepository;
import org.springframework.data.repository.query.Param;
import org.springframework.data.rest.core.annotation.RepositoryRestResource;

@RepositoryRestResource
public interface CarRepository extends CrudRepository<Car, Long> {
    // 根据品牌取出汽车
    List<Car> findByBrand(@Param("brand") String brand);
    // 根据颜色取出汽车
    List<Car> findByColor(@Param("color") String color);
}
```

现在，若向 http://localhost:8080/api/cars 端点发出 GET 请求，可以看到有一个名为“/search”的新端点。访问 http://localhost:8080/api/cars/search，返回的响应如图 4.14 所示。

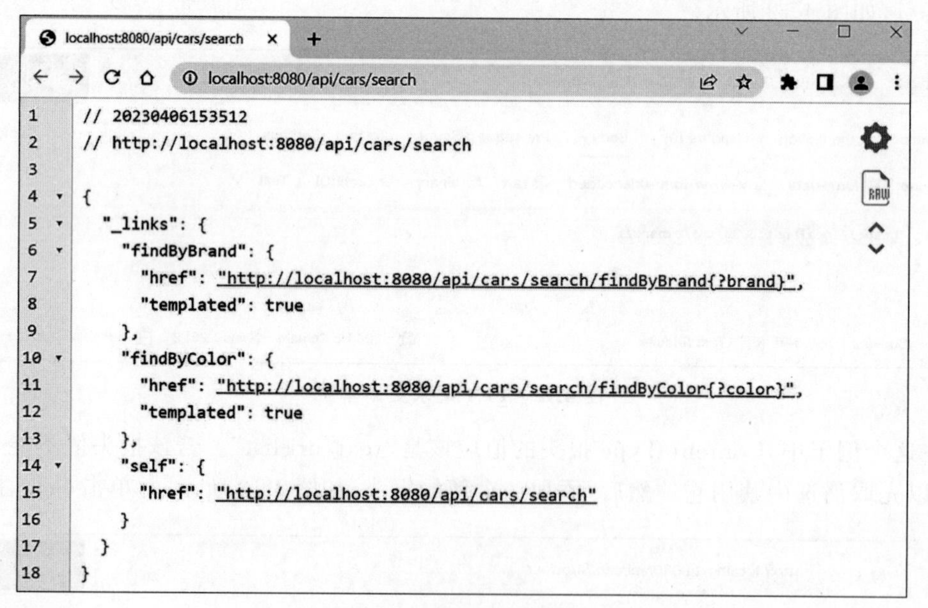

图 4.14　REST 查询

从响应中可以看到，现在两个查询都可以在服务中使用。使用下面的 URL 就可以按品牌查询汽车：http://localhost:8080/api/cars/search/findByBrand?brand=Ford。输出将只包含 Ford 牌的汽车。

本章开头介绍了 REST 原则，可以看到 RESTful API 满足 REST 规范的几方面。它是无状态的，来自不同客户端的请求看起来相同(统一接口)。响应中包含可用于在相关资源之间导航的链接。RESTful API 提供了一种 URI 结构，它反映了数据模型和资源之间的关系。

现在我们为后端创建了 RESTful API，后面章节中将在 React 前端使用这些 API。

4.4 生成 RESTful API 文档

我们应为 RESTful API 提供适当的文档，以便使用它的开发人员能够理解它的功能和行为。文档应该包括可用的端点有哪些、接受哪些数据格式，以及如何与 API 交互。

本书使用 OpenAPI 库为 Spring Boot 应用自动生成文档。

OpenAPI 规范（以前称 Swagger 规范）是 RESTful API 的一种描述格式。也可以使用其他替代方法，例如 RAML。还可以使用其他文档工具为 RESTful API 编写文档，这些工具非常灵活，但需要更多的手工操作。使用 OpenAPI 库可使这项工作自动化，用户能更专注于开发。使用 OpenAPI 为 RESTful API 生成文档的步骤如下。

（1）将 OpenAPI 库添加到 Spring Boot 应用程序，在 build.gradle 文件中添加下面依赖项。

```
implementation group: 'org.springdoc', name: 'springdoc-openapi-starter-
webmvc-ui', version: '2.0.2'
```

（2）为生成文档创建一个配置类。在 com.pack.cardatabase 包中创建一个 OpenApiConfig 新类，代码如下。在该类中可以配置 RESTful API 标题、描述信息和版本等。这需要使用 OpenAPI 的 info()方法来定义。

```
package com.packt.cardatabase;

import org.springframework.context.annotation.Bean;
import org.springframework.context.annotation.Configuration;
import io.swagger.v3.oas.models.OpenAPI;
import io.swagger.v3.oas.models.info.Info;

@Configuration
public class OpenApiConfig {

    @Bean
    public OpenAPI carDatabaseOpenAPI() {
        return new OpenAPI()
            .info(new Info()
            .title("Car REST API")
            .description("My car stock")
            .version("1.0"));
    }
}
```

（3）在 application.properties 文件中，为文档定义路径。还可以启用 Swagger UI，这是一个用户友好的工具，用于对使用 OpenAPI 规范（https://swagger.io/tools/swaggerui/）生成的文档可视化。在 application.properties 文件中添加以下设置。

```
springdoc.api-docs.path=/api-docs
springdoc.swagger-ui.path=/swagger-ui.html
springdoc.swagger-ui.enabled=true
```

(4) 运行应用程序，访问 http://localhost:8080/swagger-ui.html，将看到 Swagger UI 生成的文档，如图 4.15 所示。

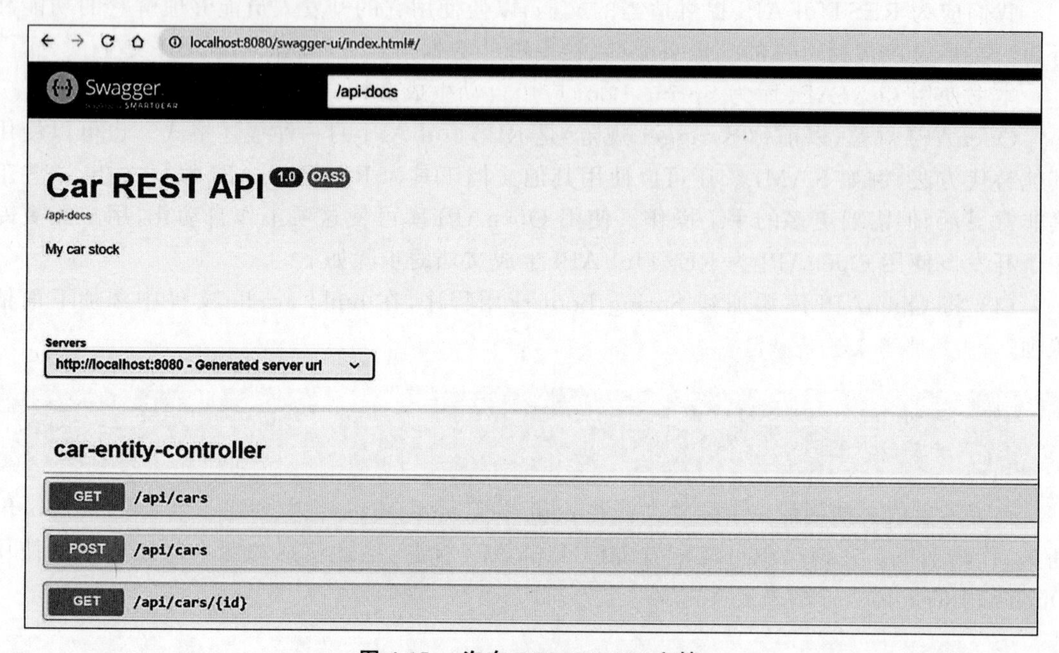

图 4.15　汽车 RESTful API 文档

文档中显示 RESTful API 中所有可用的端点。如果要展开一个端点，可以单击 Try it out 按钮来尝试访问它们。该文档也可以用 http://localhost:8080/api-docs 链接以 JSON 格式访问。

如果为 RESTful API 提供了文档，那么开发人员使用它就容易多了。

第 5 章将讨论 RESTful API 的保护，这会使 Swagger UI 不允许访问，但可以通过修改安全配置(允许"/api-docs/ ** "和"/swagger-ui/ ** "路径)再次允许访问它。也可以使用 Spring Profiles 配置，这超出了本书的讨论范围。

小结

本章使用 Spring Boot 创建了一个 RESTful Web 服务。首先，创建一个控制器和一个以 JSON 格式返回所有汽车的方法。接下来，使用 Spring Data REST 获得包含所有 CRUD 功能的全功能 Web 服务。我们讨论了使用创建的 CRUD 功能所需的不同类型的请求，还将查询方法包含在 RESTful Web 服务中。最后，我们学习了如何使用 OpenAPI 为 RESTful API 生成文档。

本书后面的前端开发中将使用这个 RESTful Web 服务，现在可以轻松地实现所需要的

RESTful API。下一章，我们将学习如何使用 Spring Security 保护后端，学习如何实现身份验证来保护数据。这样，只有经过身份验证的用户才能访问 RESTful API 资源。

思考题

1. 什么是 REST?
2. 如何使用 Spring Boot 创建 RESTful Web 服务?
3. 如何使用 RESTful Web 服务获取条目?
4. 如何使用 RESTful Web 服务删除条目?
5. 如何使用 RESTful Web 服务添加条目?
6. 如何使用 RESTful Web 服务更新条目?
7. 如何在 RESTful Web 服务中使用查询?
8. 什么是 OpenAPI 规范?
9. 什么是 Swagger UI?

第5章
保护后端

本章讨论如何保护 Spring Boot 后端。保护后端是软件开发的关键部分,这对保护敏感数据、遵守法规和防止未经授权的访问至关重要。后端通常处理用户身份验证和授权过程。正确保护这些方面可以确保只有经过授权的用户才能访问应用程序并执行特定操作。本章以第4章创建的数据库应用程序作为起点。

本章研究如下主题:

- 理解 Spring Security;
- 使用 JWT 保护后端;
- 基于角色的安全性;
- 在 Spring Boot 中使用 OAuth2。

5.1 理解 Spring Security

Spring Security 为基于 Java 的 Web 应用程序提供安全服务。Spring Security 项目始于 2003 年,之前被命名为 Acegi Security System for Spring。

默认情况下,Spring Security 具有以下特性。

(1) 有一个 AuthenticationManager bean,在内存中提供单一用户。用户名为 user,密码输出到控制台。

(2) 忽略常见静态资源位置的路径,如"/css"和"/images",对所有其他端点采用 HTTP 基本身份验证。

(3) 安全事件发布到 Spring 的 ApplicationEventPublisher 接口。

(4) 默认打开常见的低级功能,包括 HTTP 严格传输安全(HSTS),跨站点脚本(XSS)和跨站点请求伪造(CSRF)。

(5) 提供一个自动生成的默认登录页面。

要在应用程序中包含 Spring Security 功能,就要向 build.gradle 文件中添加以下突出显示的依赖项。第一个依赖项用于应用程序,第二个依赖项用于测试。

```
dependencies {
    implementation 'org.springframework.boot:spring-boot-starter-web'
    implementation 'org.springframework.boot:spring-boot-starter-data-jpa'
```

```
    implementation 'org.springframework.boot:spring-boot-starter-data-rest'
    implementation 'org.springframework.boot:spring-boot-starter-security'
    developmentOnly 'org.springframework.boot:spring-boot-devtools'
    runtimeOnly 'org.mariadb.jdbc:mariadb-java-client'
    testImplementation 'org.springframework.boot:spring-boot-starter-test'
    testImplementation 'org.springframework.security:spring-security-test'
}
```

如果还没有在 Eclipse 中启用自动刷新功能，切记在修改了 build.gradle 文件之后刷新 Gradle 项目。

当应用程序启动时，在控制台中可以看到 Spring Security 已经创建了一个名为 user 的内存用户，密码可在控制台输出看到，如图 5.1 所示。

```
Console ×
CardatabaseApplication [Java Application] C:\Program Files\Java\jdk-17.0.2\bin\javaw.exe (7.4.2023 klo 10.33.36) [pid: 3612]
2023-04-07T10:33:41.379+03:00  WARN 3612 --- [  restartedMain] JpaBaseConfigurat
2023-04-07T10:33:42.039+03:00  WARN 3612 --- [  restartedMain] .s.s.UserDetailsS

Using generated security password: 693a8aed-69bc-4ee5-8273-6ee7c27f940e

This generated password is for development use only. Your security configuration

2023-04-07T10:33:42.167+03:00  INFO 3612 --- [  restartedMain] o.s.s.web.Default
2023-04-07T10:33:42.214+03:00  INFO 3612 --- [  restartedMain] o.s.b.d.a.Optiona
2023-04-07T10:33:42.260+03:00  INFO 3612 --- [  restartedMain] o.s.b.w.embedded.
```

图 5.1　启用 Spring Security

如果控制台中没有密码，则尝试通过按控制台中红色的 Terminate 按钮重新启动项目并重新运行它。

Eclipse 控制台的输出内容有限，默认缓冲区大小为 80 000 个字符，因此在密码语句出现之前，输出可能会被截断。可以在 Window→Preferences→Run/Debug→Console 菜单更改此设置。

打开 Web 浏览器，向 REST API 根端点(http://localhost:8080/api)发出一个 GET 请求。由于应用已被保护，请求将被重定向到 Spring Security 默认登录页面，如图 5.2 所示。

要使 GET 请求成功发出，必须对用户进行身份验证。在 Username 字段中输入 user，并将生成的密码从控制台复制到 Password 字段。通过身份验证后，就可以看到响应包含我们的 API 资源，如图 5.3 所示。

为了配置 Spring Security 的行为，需要在项目中添加一个配置类。安全配置文件用于定义哪些角色或用户可以访问哪些 URL 或 URL 模式，还可以定义身份验证机制、登录过程、会话管理等。

在应用程序根包(com.pack.cardatabase)中创建一个名为 SecurityConfig 的新类。下面代码给出了安全配置类的结构。

图 5.2　REST API 已受保护

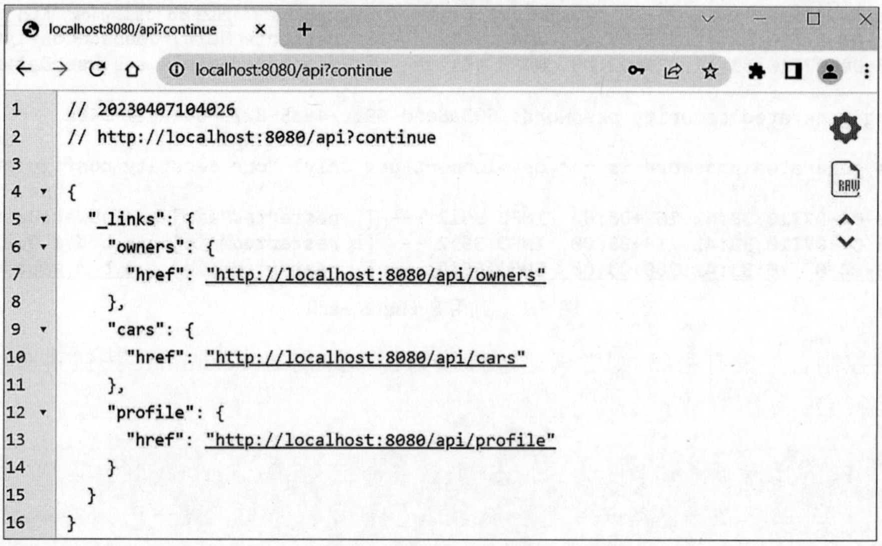

localhost:8080/api?continue

```
// 20230407104026
// http://localhost:8080/api?continue

{
  "_links": {
    "owners": {
      "href": "http://localhost:8080/api/owners"
    },
    "cars": {
      "href": "http://localhost:8080/api/cars"
    },
    "profile": {
      "href": "http://localhost:8080/api/profile"
    }
  }
}
```


图 5.3　基本身份验证

```
package com.packt.cardatabase;

import org.springframework.context.annotation.Configuration;
import org.springframework.security.config.annotation.web.configuration.
    EnableWebSecurity;

@Configuration
@EnableWebSecurity
public class SecurityConfig {
}
```

@Configuration 和@EnableWebSecurity 注解将关闭默认的 Web 安全配置，在这个类中可以定义自己的配置。在实际操作的 filterChain(HttpSecurity http)方法中，可以定义应用程序中哪些端点是安全的，哪些不是安全的。实际上不需要这个方法，因为可以使用默认设置保护所有端点。

可以使用 Spring Security 的 InMemoryUserDetailsManager(它实现了 UserDetailsService)向应用程序添加内存用户,然后使用存储在内存中的用户/密码验证身份。还可以使用 bcrypt 算法对密码进行编码。

下面代码演示如何创建一个内存用户,其用户名为 user,密码为 password,角色为 USER。

```
// SecurityConfig.java
package com.packt.cardatabase;

import org.springframework.context.annotation.Bean;
import org.springframework.context.annotation.Configuration;
import org.springframework.security.config.annotation.web.configuration.
  EnableWebSecurity;
import org.springframework.security.core.userdetails.User;
import org.springframework.security.core.userdetails.UserDetails;
import org.springframework.security.crypto.bcrypt.BCryptPasswordEncoder;
import org.springframework.security.crypto.password.PasswordEncoder;
import org.springframework.security.provisioning.InMemoryUserDetailsManager;

@Configuration
@EnableWebSecurity
public class SecurityConfig {
    @Bean
    public InMemoryUserDetailsManager userDetailsService() {
        UserDetails user =User.builder().username("user").
            password(passwordEncoder().encode("password"))
            .roles("USER").build();

        return new InMemoryUserDetailsManager(user);
    }

    @Bean
    public PasswordEncoder passwordEncoder() {
        return new BCryptPasswordEncoder();
    }
}
```

重新启动应用程序,就能使用内存用户测试身份验证。在开发阶段可以使用内存用户,但真正的应用程序应将用户保存在数据库中。

要将用户保存到数据库中,必须创建用户实体类和存储库。密码不应以明文格式被保存到数据库中。如果包含用户密码的数据库被黑客入侵,密码将以明文形式泄露。Spring Security 提供了多种哈希算法(例如 bcrypt),可以使用它们对密码进行散列。以下步骤展示了如何实现此功能。

(1) 在 com.pack.cardatabase.domain 包中创建一个名为 AppUser 的新类。右击 domain 包,从弹出菜单中选择 New→Class,并将新类命名为 AppUser。之后,项目结构如图 5.4 所示。

(2) 在 AppUser 类上使用@Entity 注解。添加 id、username、password 和 role 字段。最后,添加构造方法、getter 和 setter 方法。将所有字段设置为非空,这将保证数据库列不

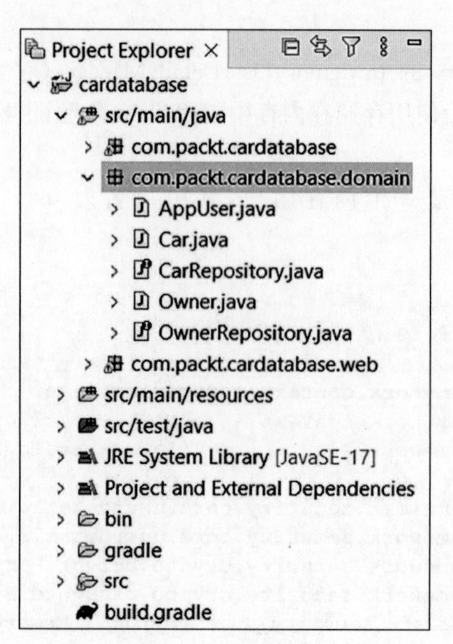

图 5.4　项目结构

能取空值。在 username 的@Column 注解中使用 unique=true 指定用户名必须唯一。AppUser.java 部分源代码如下。

```
package com.packt.cardatabase.domain;

import jakarta.persistence.Column;
import jakarta.persistence.Entity;
import jakarta.persistence.GeneratedValue;
import jakarta.persistence.GenerationType;
import jakarta.persistence.Id;

@Entity
public class AppUser {
    @Id
    @GeneratedValue(strategy=GenerationType.AUTO)
    @Column(nullable=false, updatable=false)
    private Long id;

    @Column(nullable=false, unique=true)
    private String username;

    @Column(nullable=false)
    private String password;

    @Column(nullable=false)
    private String role;

    // 构造方法,getters 和 setters 方法
}
```

下面是 AppUser.java 类构造方法的源代码。

```
public AppUser() {}

public AppUser(String username, String password, String role) {
    super();
    this.username =username;
    this.password =password;
    this.role =role;
}
```

下面是 AppUser.java 类 getter 和 setter 方法的源代码。

```
public Long getId() {
    return id;
}

public void setId(Long id) {
    this.id =id;
}

public String getUsername() {
    return username;
}

public void setUsername(String username) {
    this.username =username;
}

public String getPassword() {
    return password;
}

public void setPassword(String password) {
    this.password =password;
}

public String getRole() {
    return role;
}

public void setRole(String role) {
    this.role =role;
}
```

(3) 在 domain 包中创建 AppUserRepository 接口。右击 domain 包,从弹出菜单中选择 New→Interface 并将其命名为 AppUserRepository。

存储库类的源代码与第 4 章中的类似,但是有一个 findByUsername()查询方法,下面步骤中将执行该方法。此方法用于在身份验证时从数据库查找用户。该方法返回 Optional 以防止产生空指针异常。AppUserRepository 接口源代码如下所示。

```
package com.packt.cardatabase.domain;
```

```
import java.util.Optional;
import org.springframework.data.repository.CrudRepository;

public interface AppUserRepository extends CrudRepository
      <AppUser, Long>{
    Optional<AppUser> findByUsername(String username);
}
```

(4) 接下来，创建一个实现 UserDetailsService 接口的类。Spring Security 将其用于用户身份验证和授权。在根包中创建一个新的 service 包。右击根包，在弹出菜单中选择 New→Package，在 Name 字段中输入 com.packt.cardatabase.service，如图 5.5 所示。

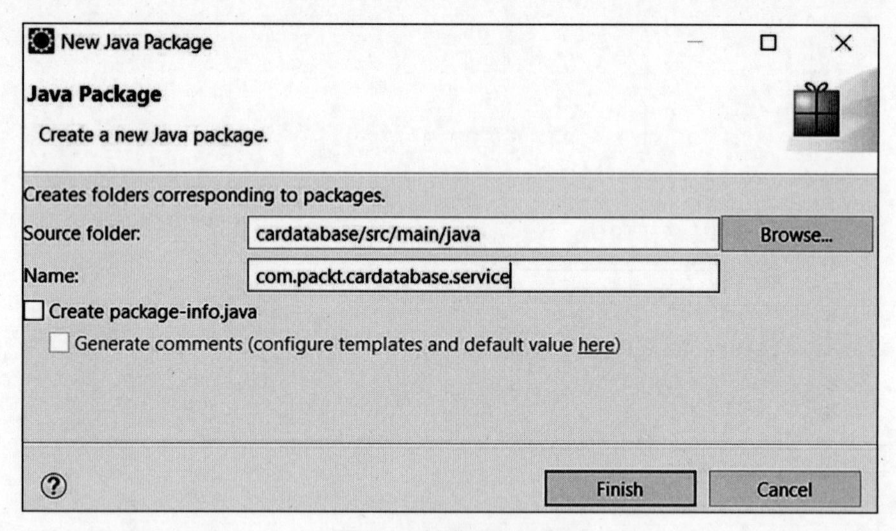

图 5.5　创建 service 包

(5) 在 service 包中创建一个名为 UserDetailsServiceImpl 的新类。现在，项目结构如图 5.6 所示(在 Eclipse 中，按 F5 刷新项目资源管理器)。

(6) Spring Security 在处理身份验证时需要从数据库获取用户，将 AppUserRepository 接口通过构造方法注入 UserDetailsServiceImpl 类中。之前实现的 findByUsername()方法返回 Optional，因此可以使用 isPresent()方法检查用户是否存在。如果用户不存在，则抛出 UsernameNotFoundException 异常。loadUserByUsername()方法返回 UserDetails 对象，这是身份验证所必需的。使用 UserBuilder 类构建用于身份验证的用户。UserDetailsServiceImpl.java 的源代码如下。

```
package com.packt.cardatabase.service;

import java.util.Optional;
import org.springframework.security.core.userdetails.User.UserBuilder;
import org.springframework.security.core.userdetails.UserDetails;
import org.springframework.security.core.userdetails.UserDetailsService;
import org.springframework.security.core.userdetails.
```

```
    UsernameNotFoundException;
import org.springframework.stereotype.Service;
import com.packt.cardatabase.domain.AppUser;
import com.packt.cardatabase.domain.AppUserRepository;

@Service
public class UserDetailsServiceImpl implements UserDetailsService {
    private final AppUserRepository repository;

    public UserDetailsServiceImpl(AppUserRepository repository) {
        this.repository = repository;
    }

    @Override
    public UserDetails loadUserByUsername(String username) throws
            UsernameNotFoundException {
        Optional<AppUser> user = repository.findByUsername(username);
        UserBuilder builder = null;
        if (user.isPresent()) {
            AppUser currentUser = user.get();
            builder = org.springframework.security.core.userdetails.
                User.withUsername(username);
            builder.password(currentUser.getPassword());
            builder.roles(currentUser.getRole());
        } else {
                throw new UsernameNotFoundException("User not found.");
        }
        return builder.build();
    }
}
```

图 5.6　项目结构

在安全配置类中，指定 Spring Security 应该使用数据库中的用户，而不是内存中的用户。删除 SecurityConfig 类中的 userDetailsService()方法可以禁用内存中的用户。添加一个新的 configureGlobal()方法可以启用来自数据库的用户。

永远不应将密码以明文形式保存到数据库中。因此，我们在 configureGlobal()方法中定义一个密码哈希算法，这里使用 bcrypt 算法。这可以通过 BCryptPasswordEncoder 类轻松实现，该类在身份验证过程中编码哈希密码。下面是 SecurityConfig.java 的源代码。

```
package com.packt.cardatabase;

import org.springframework.context.annotation.Configuration;
import org.springframework.context.annotation.Bean;
import org.springframework.security.config.annotation.
    authentication.builders.AuthenticationManagerBuilder;
import org.springframework.security.config.annotation.
    web.configuration.EnableWebSecurity;
import org.springframework.security.crypto.bcrypt.
    BCryptPasswordEncoder;
import com.packt.cardatabase.service.UserDetailsServiceImpl;
import org.springframework.security.crypto.password.PasswordEncoder;

@Configuration
@EnableWebSecurity
public class SecurityConfig {
    private final UserDetailsServiceImpl userDetailsService;

    public SecurityConfig(UserDetailsServiceImpl userDetailsService) {
        this.userDetailsService =userDetailsService;
    }

    public void configureGlobal (AuthenticationManagerBuilder auth)
        throws Exception {
        auth.userDetailsService(userDetailsService)
        .passwordEncoder(new BCryptPasswordEncoder());
    }

    @Bean
    public PasswordEncoder passwordEncoder() {
        return new BCryptPasswordEncoder();
    }
}
```

(7) 可以使用 CommandLineRunner 接口将测试用户保存到数据库中。打开 CardatabaseApplication.java 文件，将 AppUserRepository 注入主类中。

```
private final CarRepository repository;
private final OwnerRepository orepository;
private final AppUserRepository urepository;

public CardatabaseApplication(CarRepository repository,
```

```
        OwnerRepository orepository, AppUserRepository urepository) {
    this.repository = repository;
    this.orepository = orepository;
    this.urepository = urepository;
}
```

(8) 在将密码保存到数据库之前,必须使用 bcrypt 算法对其进行哈希。用 bcrypt 哈希密码将两个用户保存到数据库中。读者可以在互联网上找到加密生成器。这些生成器允许用户输入一个明文密码,然后生成对应的 bcrypt 哈希码。

```
@Override
public void run(String... args) throws Exception {
    // 添加车主对象并保存到数据库
    Owner owner1 = new Owner("John", "Johnson");
    Owner owner2 = new Owner("Mary", "Robinson");
    orepository.saveAll(Arrays.asList(owner1, owner2));

    repository.save(new Car("Ford", "Mustang", "Red", "ADF-1121",
                    2023, 59000, owner1));
    repository.save(new Car("Nissan", "Leaf", "White", "SSJ-3002",
                    2020, 29000, owner2));
    repository.save(new Car("Toyota", "Prius", "Silver", "KKO-0212",
                    2022, 39000, owner2));
    // 取出所有汽车并在控制台输出日志
    for (Car car : repository.findAll()) {
        logger.info(car.getBrand() + " " + car.getModel());
    }
    // 用户名: user, 密码: user
    urepository.save(new AppUser("user",
        "$2a$10$NVM0n8ElaRgg7zWO1CxUdei7vWoPg91Lz2aYavh9.
        f9q0e4bRadue","USER"));
    // 用户名: admin, 密码: admin
    urepository.save(new AppUser("admin",
        "$2a$10$8cjz47bjbR4Mn8GMg9IZx.vyjhLXR/SKKMSZ9.
        mP9vpMu0ssKi8GW", "ADMIN"));
}
```

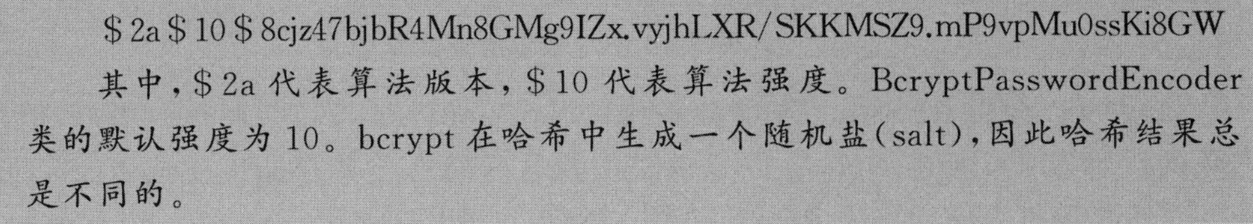

bcrypt 是一个强大的哈希函数,由 Niels Provos 和 David Mazières 设计。使用 bcrypt 算法为 admin 字符串生成的哈希如下所示:

$2a$10$8cjz47bjbR4Mn8GMg9IZx.vyjhLXR/SKKMSZ9.mP9vpMu0ssKi8GW

其中,$2a 代表算法版本,$10 代表算法强度。BcryptPasswordEncoder 类的默认强度为 10。bcrypt 在哈希中生成一个随机盐(salt),因此哈希结果总是不同的。

(9) 运行应用程序,在数据库中将创建一个 app_user 表,并且包含两条用户记录,其密码以哈希码形式保存,如图 5.7 所示。

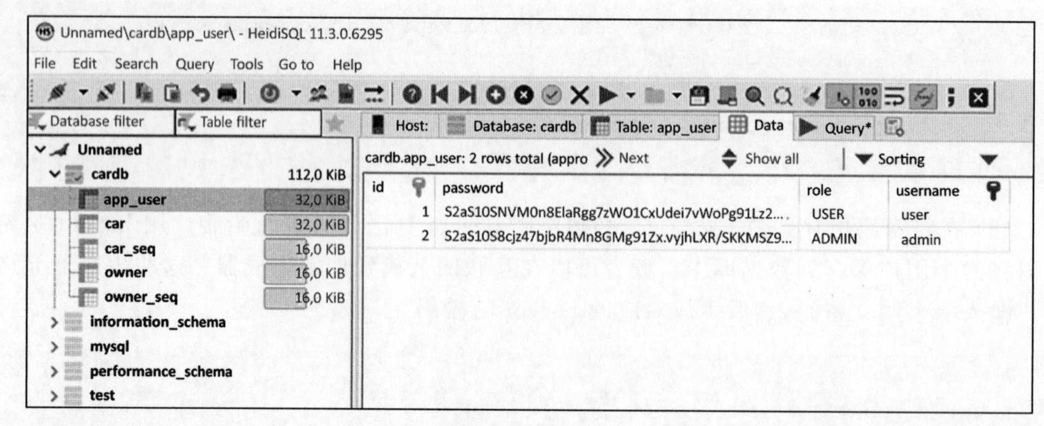

图 5.7　用户表

(10) 重新启动应用程序，尝试向 http://localhost:8080/api 路径发送 GET 请求，必须进行身份验证才能发送成功的请求。也可以使用 Postman 和基本身份验证发送一个 GET 请求，如图 5.8 所示。与前一个示例相比，不同之处在于这里使用数据库中的用户进行身份验证。

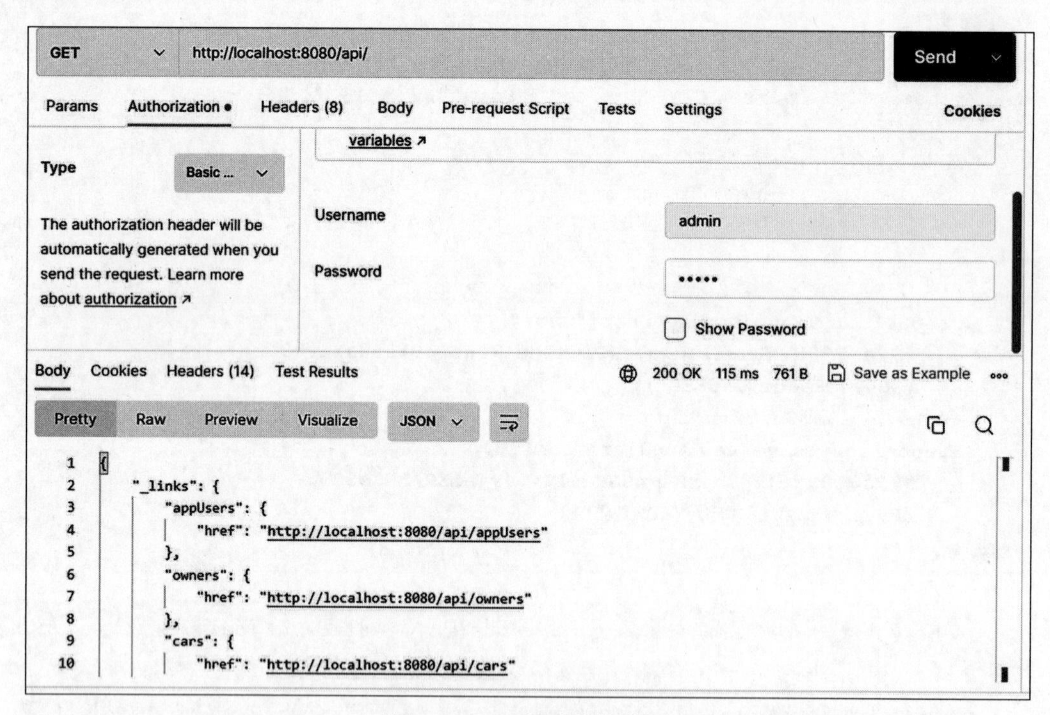

图 5.8　GET 请求身份验证

(11) 可以调用 RESTful Web 服务中的"api/appUsers"端点来获取用户，但这是需要避免的。如第 4 章所述，Spring Data REST 默认为所有公共存储库生成 RESTful Web 服务。若不希望将存储库作为 REST 资源公开，可以使用@RepositoryRestResource 注解，并将 exported 属性值设置为 false，如下所示。

```
package com.packt.cardatabase.domain;
```

```
import java.util.Optional;
import org.springframework.data.repository.CrudRepository;
import org.springframework.data.rest.core.annotation.
RepositoryRestResource;

@RepositoryRestResource(exported = false)
public interface AppUserRepository extends CrudRepository
    <AppUser, Long> {
      Optional<AppUser> findByUsername(String username);
}
```

（12）重启应用程序并向“/api”端点发送 GET 请求，现在就看不到“/appUsers”端点了。

5.2 节将讨论使用 JWT(JSON Web Token)实现身份验证。

5.2 使用 JWT 保护后端

5.1 节介绍了如何在 RESTful Web 服务中使用基本身份验证。基本身份验证不提供处理令牌或管理会话的功能。当用户登录时，每个请求都要发送凭据，这将面临会话管理挑战和潜在的安全风险。当使用 React 开发前端时，不应使用这种方法，而应该使用 **JWT** (JSON Web Token)身份验证。这也会让读者了解如何更详细地配置 Spring Security。

保护 RESTful Web 服务的另一选择是使用 OAuth 2。OAuth 2 是授权的行业标准，可以很容易地在 Spring Boot 应用程序中使用。后面将介绍如何在应用程序中使用它的基本概念。

JWT 通常在 RESTful API 中用于身份验证和授权。它是现代 Web 应用程序中实现身份验证的一种简洁方式。JWT 很小，因此可以在 URL 中、POST 参数中或在报头中发送。它还包含有关用户的所有必要信息，例如用户名和角色。

JWT 包含用点分隔的三个不同的部分：xxxxx.yyyyy.zzzzz。这些组成分解如下。

- 第 1 部分(xxxxx)是**报头**(header)，它定义了令牌的类型和哈希算法。
- 第 2 部分(yyyyy)是**有效负载**(payload)，通常，在身份验证的情况下，它包含用户信息。
- 第 3 部分(zzzzz)是**签名**(signature)，用于验证令牌在传输过程中未被更改。

下面是一个 JWT 的例子。

```
eyJhbGciOiJIUzI1NiIsInR5cCI6IkpXVCJ9.
eyJzdWIiOiIxMjM0NTY3ODtZSI6IkpvaG4gRG9lIiwiaWF0IjoxNTE2MjM5MDIyfQ.
SflKxwRJSMeKKF2QT4fwpMeJf36POk6yJV_adQssw5c
```

图 5.9 给出了使用 JWT 的身份验证简化的过程。

如果用户身份验证成功，服务器将创建一个 JWT 并发送给客户，客户端之后发送的请求就总是包含身份验证中收到的 JWT。

本书使用 jjwt(https://github.com/jwtk/jjwt)库，它是 Java 和 Android 用于创建和解

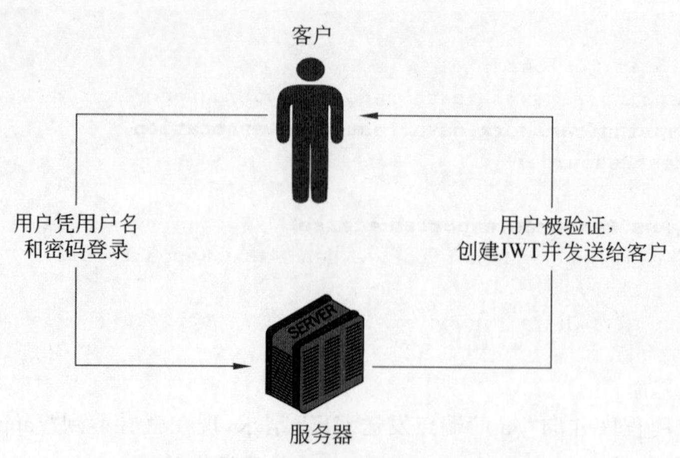

图 5.9　JWT 身份验证简化的过程

析 JWT 的库。因此，需要在 build.gradle 文件中添加 jjwt 依赖项，如下面加粗代码所示。

```
dependencies {
    implementation 'org.springframework.boot:spring-boot-starter-web'
    implementation 'org.springframework.boot:spring-boot-starter-data-jpa'
    implementation 'org.springframework.boot:spring-boot-starter-data-rest'
    implementation 'org.springframework.boot:spring-boot-starter-security'
    implementation 'io.jsonwebtoken:jjwt-api:0.11.5'
    runtimeOnly 'io.jsonwebtoken:jjwt-impl:0.11.5', 'io.jsonwebtoken:jjwt-
      jackson:0.11.5'
    developmentOnly 'org.springframework.boot:spring-boot-devtools'
    runtimeOnly 'org.mariadb.jdbc:mariadb-java-client'
    testImplementation 'org.springframework.boot:spring-boot-starter-test'
    testImplementation 'org.springframework.security:spring-security-test'
}
```

在 Eclipse 中修改了依赖项后，记得刷新 Gradle 项目。

5.2.1　登录安全

下面步骤演示如何在后端启用 JWT 身份验证，这里将从登录功能开始。

(1) 创建一个类用于生成并验证签名的 JWT。在 com.packt.cardatabase.service 包中创建 JwtService 类。在类的开头定义几个常量：EXPIRATIONTIME 定义令牌的过期时间(单位为毫秒)，PREFIX 定义令牌的前缀，通常使用 Bearer 模式。使用 Bearer 模式时，JWT 将在 Authorization 报头中发送，Bearer 头的内容如下所示。

```
Authorization: Bearer <token>
```

JwtService 类的源代码如下所示。

```
package com.packt.cardatabase.service;

import org.springframework.stereotype.Component;

@Component
public class JwtService {
    static final long EXPIRATIONTIME = 86400000;
    // 1天的毫秒数,在产品环境应该定义更短一些
    static final String PREFIX = "Bearer";
}
```

(2) 使用 jjwt 库的 Keys.secretKeyFor()方法生成一个密钥。这里只用于演示,在生产环境中,应该从应用程序配置中读取密钥。然后使用 getToken()方法生成并返回令牌。getAuthUser()方法从响应 Authorization 报头获取令牌。之后,使用 jjwt 库提供的 Jwts.parserBuilder()方法创建一个 JwtParserBuilder 实例。setSigningKey()方法用于指定令牌验证的密钥。parseClaimsJws()方法从 Authorization 报头中删除 Bearer 前缀。最后,使用 getSubject()方法获取用户名。JwtService 类的完整代码如下。

```
package com.packt.cardatabase.service;

import io.jsonwebtoken.Jwts;
import io.jsonwebtoken.SignatureAlgorithm;
import io.jsonwebtoken.security.Keys;
import java.security.Key;
import org.springframework.http.HttpHeaders;
import org.springframework.stereotype.Component;
import jakarta.servlet.http.HttpServletRequest;
import java.util.Date;

@Component
public class JwtService {
    static final long EXPIRATIONTIME = 86400000;
    // 1天的毫秒数,在产品环境应该定义更短一些
    static final String PREFIX = "Bearer";
    // 生成密钥,这里仅用于展示目的
    // 在产品环境中,应该从应用配置中读取
    static final Key key = Keys.secretKeyFor(SignatureAlgorithm.HS256);

    // 生成签名的 JWT 令牌
    public String getToken(String username) {
        String token = Jwts.builder()
        .setSubject(username)
        .setExpiration(new Date(System.currentTimeMillis() +
                                    EXPIRATIONTIME))
        .signWith(key)
        .compact();
```

```
        return token;
    }
    // 从请求的 Authorization 报头得到令牌,验证令牌并得到用户名。
    public String getAuthUser(HttpServletRequest request) {
        String token = request.getHeader(HttpHeaders.AUTHORIZATION);
        if (token != null) {
            String user = Jwts.parserBuilder()
            .setSigningKey(key)
            .build()
            .parseClaimsJws(token.replace(PREFIX, ""))
            .getBody()
            .getSubject();
            if (user != null)
                return user;
        }
        return null;
    }
}
```

(3) 接下来,添加一个新类存储身份验证的凭据。这里使用 Java 记录类型,它是 Java 14 引入的。如果一个类只用于保存数据,记录类型是一个不错的选择,这可以避免编写大量的样板代码。在 com.packt.cardatabase.domain 包中创建名为 AccountCredentials 的记录类型(选择 New→Record),如图 5.10 所示。

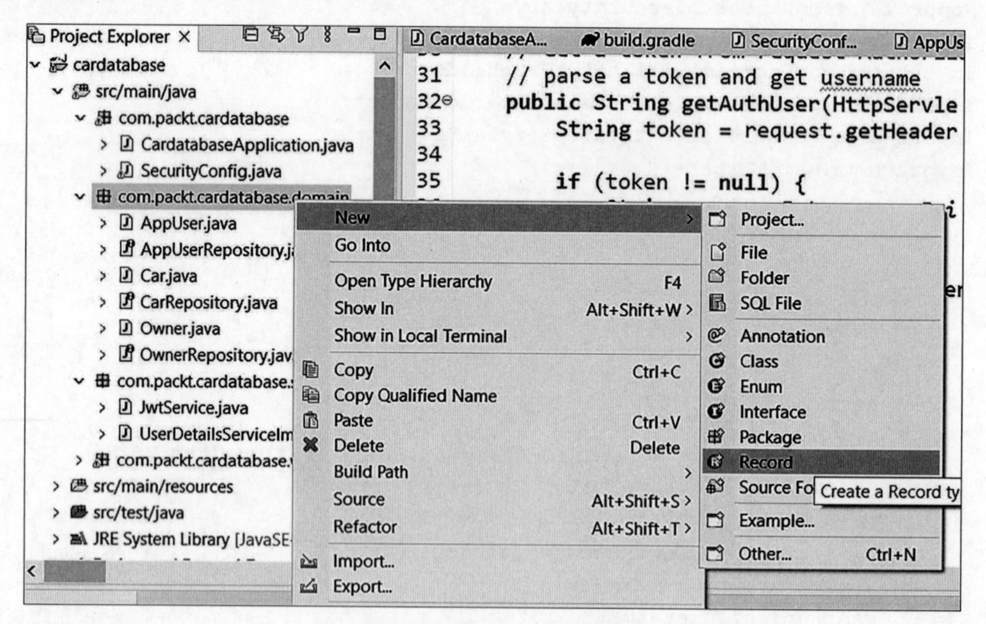

图 5.10　创建一个新记录

该记录有两个字段: username 和 password。下面是该记录的源代码。显而易见,使用记录不需要编写 getter 和 setter 方法。

```
package com.packt.cardatabase.domain;
```

```
public record AccountCredentials(String username, String password)
{}
```

(4) 下面实现用于登录的控制器类。登录是使用 POST 方法访问“/login”端点并在请求体中发送用户名和密码来完成的。在 com.packt.cardatabase.web 包中创建一个名为 LoginController 的类。将 JwtService 实例注入控制器类中，它用于在成功登录的情况下生成一个签名的 JWT。代码如下所示。

```
package com.packt.cardatabase.web;

import org.springframework.http.HttpHeaders;
import org.springframework.http.ResponseEntity;
import org.springframework.security.authentication.
    AuthenticationManager;
import org.springframework.security.authentication.
    UsernamePasswordAuthenticationToken;
import org.springframework.security.core.Authentication;
import org.springframework.web.bind.annotation.RequestBody;
import org.springframework.web.bind.annotation.PostMapping;
import org.springframework.web.bind.annotation.RestController;
import com.packt.cardatabase.domain.AccountCredentials;
import com.packt.cardatabase.service.JwtService;

@RestController
public class LoginController {
    private final JwtService jwtService;
    private final AuthenticationManager authenticationManager;
    public LoginController(JwtService jwtService,
      AuthenticationManager authenticationManager) {
        this.jwtService = jwtService;
        this.authenticationManager = authenticationManager;
    }

    @PostMapping("/login")
    public ResponseEntity<?> getToken(@RequestBody
        AccountCredentials credentials) {
        // 生成令牌并在响应的 Authorization 报头中发送令牌
    }
}
```

(5) 下面实现处理登录功能的 getToken()方法。从请求体中获得一个 JSON 对象，其中包含用户名和密码。AuthenticationManager 用于执行身份验证，它使用从请求中获得的凭据。然后，使用 JwtService 类的 getToken()方法来生成一个 JWT。最后，构建一个 HTTP 响应，在 Authorization 报头中包含生成的 JWT。

```
// LoginController.java
@PostMapping("/login")
public ResponseEntity<?> getToken(@RequestBody AccountCredentials
```

```
credentials) {
    UsernamePasswordAuthenticationToken creds =new
        UsernamePasswordAuthenticationToken(credentials.username(),
                credentials.password());
    Authentication auth =authenticationManager.authenticate(creds);

    // 生成令牌
    String jwts =jwtService.getToken(auth.getName());

    // 使用生成的令牌构建响应
    return ResponseEntity.ok().header(HttpHeaders.AUTHORIZATION,
                          "Bearer" +jwts).header(HttpHeaders.
                            ACCESS_CONTROL_EXPOSE_HEADERS,
                            "Authorization").build();
}
```

(6) 将 AuthenticationManager 注入 LoginController 类中,将以下加粗显示的代码添加到 SecurityConfig 类中。

```
package com.packt.cardatabase;

import org.springframework.context.annotation.Bean;
import org.springframework.context.annotation.Configuration;
import org.springframework.security.authentication.AuthenticationManager;
import org.springframework.security.config.annotation.
  authentication.configuration.AuthenticationConfiguration;
import org.springframework.security.config.annotation.
  authentication.builders.AuthenticationManagerBuilder;
import org.springframework.security.config.annotation.
  authentication.configuration.AuthenticationConfiguration;
import org.springframework.security.config.annotation.web.
  configuration.EnableWebSecurity;
import org.springframework.security.crypto.bcrypt.
  BCryptPasswordEncoder;
import com.packt.cardatabase.service.UserDetailsServiceImpl;

@Configuration
@EnableWebSecurity
public class SecurityConfig {
    private final UserDetailsServiceImpl userDetailsService;

    public SecurityConfig(UserDetailsServiceImpl userDetailsService) {
        this.userDetailsService =userDetailsService;
    }

    public void configureGlobal(AuthenticationManagerBuilder auth)
        throws Exception {
        auth.userDetailsService(userDetailsService)
          .passwordEncoder(new BCryptPasswordEncoder());
    }

    @Bean
    public PasswordEncoder passwordEncoder() {
```

```
        return new BCryptPasswordEncoder();
    }

    @Bean
    public AuthenticationManager uthenticationManager(
        AuthenticationConfiguration authConfig) throws Exception {
          return authConfig.getAuthenticationManager();
    }
}
```

(7) 下面需要配置 Spring Security 功能。Spring Security 使用 SecurityFilterChain bean 定义哪些路径是安全的,哪些不是。将以下 filterChain()方法添加到 SecurityConfig 类中。该方法定义允许对"/login"端点的 POST 请求不需要身份验证,而对所有其他端点的请求都需要身份验证。我们还将定义 Spring Security 永远不会创建会话,因此可以禁用跨站点请求伪造(CSRF)。JWT 被设计为无状态的,这降低了会话存在相关漏洞的风险。在 HTTP 安全配置中使用了 Lambda 表达式。

在其他一些编程语言中,Lambda 表达式被称为匿名函数(anonymous function)。Lambda 表达式的使用使代码更具可读性,并减少了样板代码。

```
// SecurityConfig.java
// 添加下面的 import 语句
import org.springframework.security.web.SecurityFilterChain;

// 添加 filterChain 方法
@Bean
public SecurityFilterChain filterChain(HttpSecurity http)
            throws Exception {
    http.csrf((csrf) -> csrf.disable())
        .sessionManagement((sessionManagement) -> sessionManagement.
            sessionCreationPolicy(SessionCreationPolicy.STATELESS))
        .authorizeHttpRequests((authorizeHttpRequests) ->
            authorizeHttpRequests.requestMatchers(HttpMethod.POST,
        "/login").permitAll().anyRequest().authenticated());

      return http.build();
}
```

(8) 测试登录功能。使用 Postman 向 http://localhost:8080/login 发出 POST 请求。在请求体中指定一个有效的用户,例如,{"username":"user","password":"user"},并在下拉列表中选择 JSON。Postman 会自动将 Content-Type 报头设置为 application/json。从 Headers 选项卡中可以检查 Content-Type 报头是否设置正确。单击 Send 按钮发送请求,在响应中会看到在 Authorization 报头中包含签名 JWT,如图 5.11 所示。

读者也可以使用错误的密码来测试登录,并查看响应是否包含 Authorization 报头。

5.2.2 保护其他请求

现在完成了登录步骤,下面继续处理其余传入请求的身份验证。在身份验证过程中,将

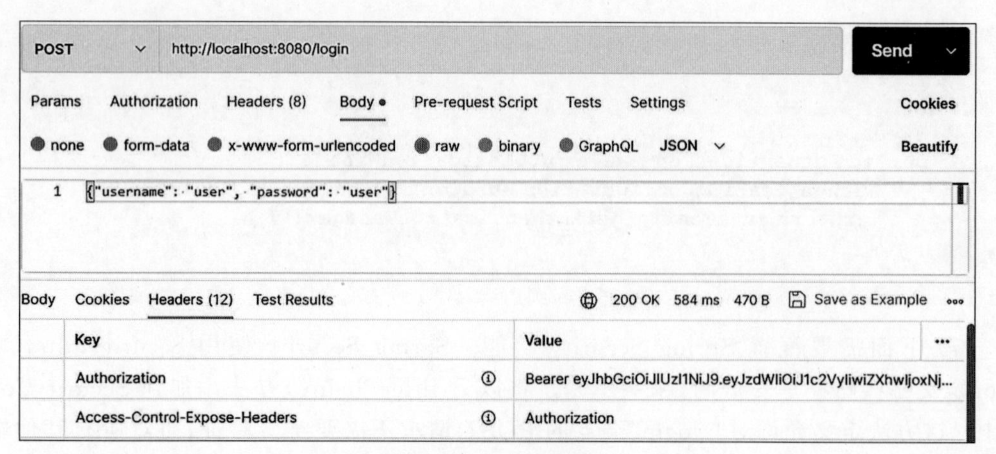

图 5.11　登录请求

使用**过滤器**(filters)，它允许在请求发送到控制器或响应发送到客户端之前执行某些操作。

以下步骤演示身份验证过程的其余部分。

(1) 这里将使用过滤器类验证所有其他传入的请求。在根包中创建 AuthenticationFilter 类。该类扩展 OncePerRequestFilter 类，提供一个 doFilterInternal()方法，在该方法中实现身份验证。由于需要 JwtService 验证请求中的令牌，因此把它注入过滤器类中。SecurityContextHolder 用于存储经过身份验证的用户详细信息。过滤器类代码如下所示。

```
package com.packt.cardatabase;

import org.springframework.http.HttpHeaders;
import org.springframework.security.authentication.
    UsernamePasswordAuthenticationToken;
import org.springframework.security.core.Authentication;
import org.springframework.security.core.context.
    SecurityContextHolder;
import org.springframework.stereotype.Component;
import org.springframework.web.filter.OncePerRequestFilter;

import com.packt.cardatabase.service.JwtService;

import jakarta.servlet.FilterChain;
import jakarta.servlet.ServletException;
import jakarta.servlet.http.HttpServletRequest;
import jakarta.servlet.http.HttpServletResponse;

@Component
public class AuthenticationFilter extends OncePerRequestFilter {
    private final JwtService jwtService;
    public AuthenticationFilter(JwtService jwtService) {
        this.jwtService = jwtService;
    }

    @Override
    protected void doFilterInternal(HttpServletRequest request,
```

```
            HttpServletResponse response, FilterChain filterChain)
          throws ServletException, java.io.IOException {
        // 从 Authorization 报头得到令牌
        String jws = request.getHeader(HttpHeaders.AUTHORIZATION);
        if (jws != null) {
            // 验证令牌并返回用户
            String user = jwtService.getAuthUser(request);
            // 进行身份验证
            Authentication authentication =
              new UsernamePasswordAuthenticationToken(user, null,
                  java.util.Collections.emptyList());

          SecurityContextHolder.getContext()
              .setAuthentication(authentication);
        }
        filterChain.doFilter(request, response);
    }
}
```

(2) 将过滤器类添加到 Spring Security 配置类中。打开 SecurityConfig 类并注入刚刚实现的 AuthenticationFilter 类，如加粗代码所示。

```
private final UserDetailsServiceImpl userDetailsService;
private final AuthenticationFilter authenticationFilter;

public SecurityConfig(UserDetailsServiceImpl userDetailsService,
        AuthenticationFilter authenticationFilter) {
    this.userDetailsService = userDetailsService;
    this.authenticationFilter = authenticationFilter;
}
```

(3) 修改 SecurityConfig 类的 filterChain()方法，并添加以下代码行。

```
// 添加下面的 import 语句
import org.springframework.security.web.authentication.
    UsernamePasswordAuthenticationFilter;

// 修改 filterChain 方法
@Bean
public SecurityFilterChain filterChain(HttpSecurity http)
          throws Exception {
    http.csrf((csrf) -> csrf.disable())
      .sessionManagement((sessionManagement) -> sessionManagement.
          sessionCreationPolicy(SessionCreationPolicy.STATELESS))
      .authorizeHttpRequests((authorizeHttpRequests) ->
          authorizeHttpRequests.requestMatchers(HttpMethod.POST,
          "/login").permitAll().anyRequest().authenticated())
      .addFilterBefore(authenticationFilter,
          UsernamePasswordAuthenticationFilter.class);
```

```
    return http.build();
}
```

(4) 现在测试整个工作流。运行应用程序，首先使用 POST 方法调用“/login”端点进行登录，在成功登录的情况下，将在 Authorization 报头中收到一个 JWT。记住在 Body 中添加一个有效的用户，并将 Content-Type 报头设置为 application/json(如果 Postman 没有自动完成)，如图 5.12 所示。

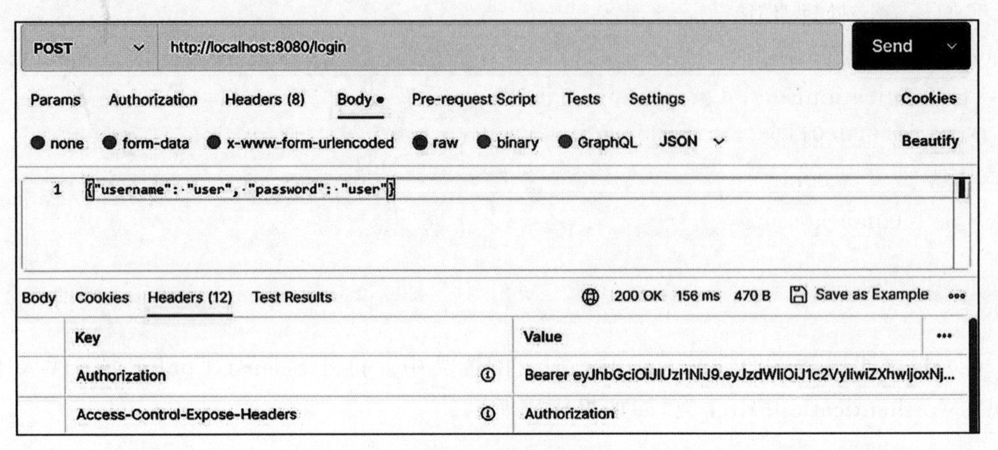

图 5.12　登录请求

(5) 成功登录后，在 Authorization 报头中发送从登录接收到的 JWT 来调用其他 RESTful 服务端点。从登录响应中复制令牌(不带 Bearer 前缀)，并在 VALUE 列中添加带有令牌的 Authorization 报头。参考图 5.13 的示例，其中完成了对“/cars”端点的 GET 请求。

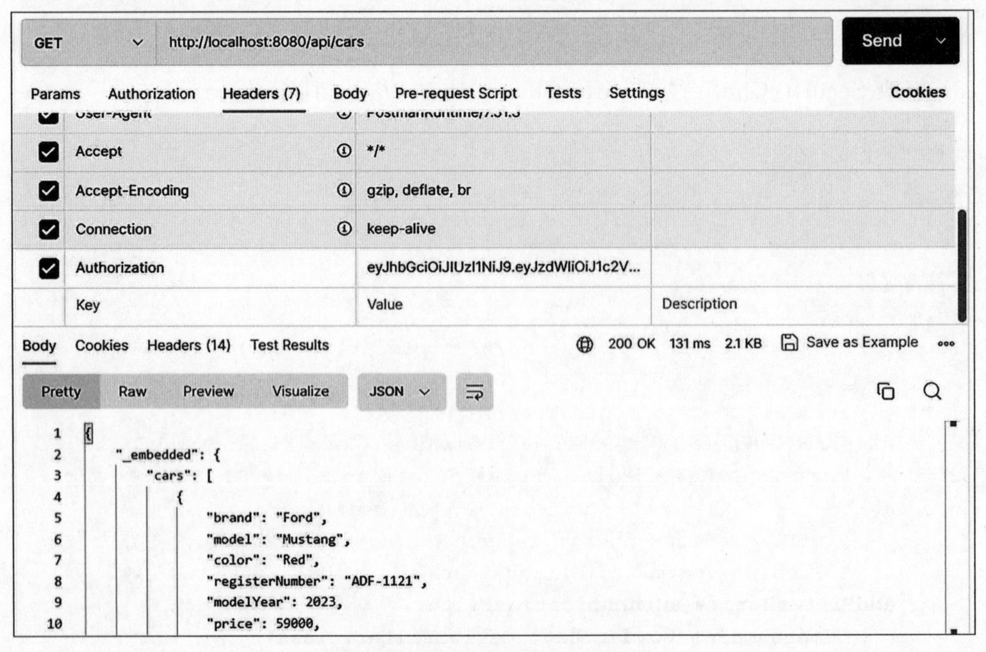

图 5.13　经过验证的 GET 请求

应用程序每次重新启动时，都必须再次进行身份验证，因为会生成一个新的 JWT。JWT 不是永久有效的，因为它被设置了一个过期日期。在本例中，出于演示目的，我们设置了较长的过期时间。在生产中，时间最好是几分钟，这取决于实际情况。

5.2.3　处理异常

我们还应该处理身份验证出现的异常。例如，如果使用错误的密码登录，会得到一个 403 Forbidden 状态，而没有进一步的说明。要处理这种异常，可以使用 Spring Security 提供的 AuthenticationEntryPoint 接口。下面来看它是如何工作的。

(1) 在根包中创建一个名为 AuthEntryPoint 的新类实现 AuthenticationEntryPoint 接口，这里需要实现 commence()方法，该方法带有一个异常参数。如出现异常，将响应状态设置为 401 Unauthorized，并向响应体写入一条异常消息。代码如下所示。

```
package com.packt.cardatabase;

import java.io.IOException;
import java.io.PrintWriter;
import jakarta.servlet.ServletException;
import jakarta.servlet.http.HttpServletRequest;
import jakarta.servlet.http.HttpServletResponse;
import org.springframework.http.MediaType;
import org.springframework.security.core.AuthenticationException;
import org.springframework.security.web.AuthenticationEntryPoint;
import org.springframework.stereotype.Component;

@Component
public class AuthEntryPoint implements AuthenticationEntryPoint {
    @Override
    public void commence(
          HttpServletRequest request, HttpServletResponse response,
          AuthenticationException authException) throws IOException,
          ServletException {
        response.setStatus (HttpServletResponse.SC_UNAUTHORIZED);
        response.setContentType (MediaType.APPLICATION_JSON_VALUE);
        PrintWriter writer =response.getWriter();
        writer.println("Error: " +authException.getMessage());
    }
}
```

(2) 为异常处理配置 Spring Security 类。将 AuthEntryPoint 类注入 SecurityConfig 类中，如下面加粗显示的代码所示。

```
// SecurityConfig.java
private final UserDetailsServiceImpl userDetailsService;
private final AuthenticationFilter authenticationFilter;
private final AuthEntryPoint exceptionHandler;
```

```
public SecurityConfig(UserDetailsServiceImpl userDetailsService,
    AuthenticationFilter authenticationFilter, AuthEntryPoint
    exceptionHandler) {
      this.userDetailsService =userDetailsService;
      this.authenticationFilter =authenticationFilter;
      this.exceptionHandler =exceptionHandler;
}
```

(3) 修改 filterChain 方法，添加下面代码。

```
// SecurityConfig.java
@Bean
public SecurityFilterChain filterChain(HttpSecurity http)
          throws Exception {
    http.csrf((csrf) ->csrf.disable())
        .sessionManagement((sessionManagement) ->
            sessionManagement.sessionCreationPolicy(
            SessionCreationPolicy.STATELESS))
        .authorizeHttpRequests((authorizeHttpRequests) ->
            authorizeHttpRequests.requestMatchers(HttpMethod.POST,
            "/login").permitAll().anyRequest().authenticated())
        .addFilterBefore(authenticationFilter,
            UsernamePasswordAuthenticationFilter.class)
        .exceptionHandling((exceptionHandling) ->exceptionHandling.
            authenticationEntryPoint(exceptionHandler));
    return http.build();
}
```

(4) 如果使用错误的凭据发送 POST 登录请求，将在响应中获得 401 Unauthorized 状态，并在主体中返回错误消息，如图 5.14 所示。

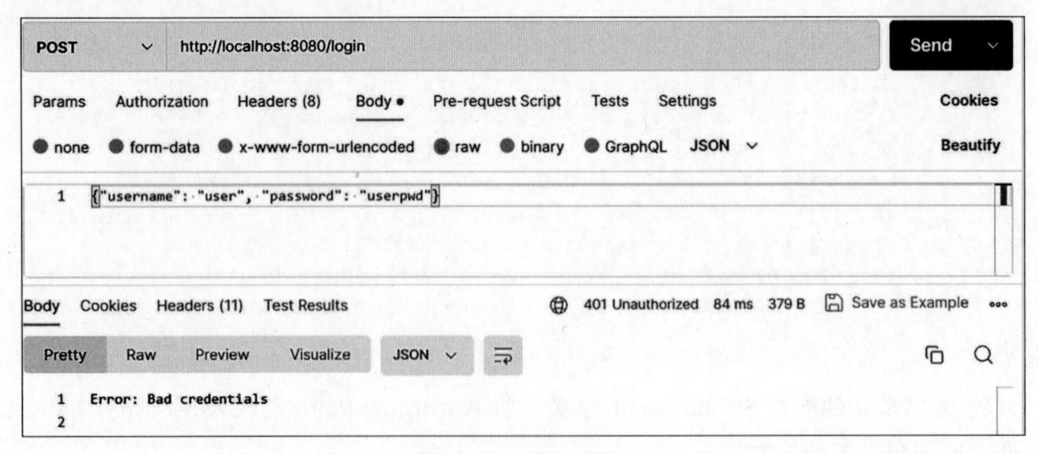

图 5.14　错误凭据

5.2.4　添加 CORS 过滤器

我们还将在安全配置类中添加一个**跨域资源共享**(cross-origin resource sharing,

CORS)过滤器。CORS引入了一些报头信息,帮助客户端和服务器决定是否应该允许或拒绝跨域请求。前端需要CORS过滤器,前端从另一个域发送请求。CORS过滤器拦截请求,如果这些请求被识别为跨域请求,它将向请求添加适当的报头。为此,我们将使用Spring Security的CorsConfigurationSource接口。

在这个例子中,我们将允许所有域的HTTP方法和报头。如果需要更精细的分级定义,可以在这里定义一个允许的域、方法和报头的列表。下面是具体实现步骤。

(1) 在SecurityConfig类中添加以下导入和方法以启用CORS过滤器。

```
// SecurityConfig.java
// 添加下面的 import 语句
import java.util.Arrays;
import org.springframework.web.cors.CorsConfiguration;
import org.springframework.web.cors.CorsConfigurationSource;
import org.springframework.web.cors.UrlBasedCorsConfigurationSource;

// 在类内部添加全局 CORS 过滤器
@Bean
public CorsConfigurationSource corsConfigurationSource() {
    UrlBasedCorsConfigurationSource source =
            new UrlBasedCorsConfigurationSource();
    CorsConfiguration config =new CorsConfiguration();
    config.setAllowedOrigins(Arrays.asList("*"));
    config.setAllowedMethods(Arrays.asList("*"));
    config.setAllowedHeaders(Arrays.asList("*"));
    config.setAllowCredentials(false);
    config.applyPermitDefaultValues();

    source.registerCorsConfiguration("/**", config);
    return source;
}
```

如果想显式地定义域,可以像下面这样设置。

```
// 允许使用 localhost:3000
config.setAllowedOrigins(Arrays.asList("http://localhost:3000"));
```

(2) 还必须将cors()函数添加到filterChain()方法中,如下面的代码所示。

```
// SecurityConfig.java
// 添加下面静态 import 语句
import static org.springframework.security.config.Customizer.withDefaults;

// 修改 filterChain 方法
@Bean
public SecurityFilterChain filterChain(HttpSecurity http) throws Exception {
    http.csrf((csrf) ->csrf.disable())
        .cors(withDefaults())
        .sessionManagement((sessionManagement) ->sessionManagement.
```

```
            sessionCreationPolicy(SessionCreationPolicy.STATELESS))
        .authorizeHttpRequests((authorizeHttpRequests) ->
            authorizeHttpRequests.requestMatchers(HttpMethod.POST,
            "/login").permitAll().anyRequest().authenticated())
        .addFilterBefore(authenticationFilter,
            UsernamePasswordAuthenticationFilter.class)
        .exceptionHandling((exceptionHandling) ->exceptionHandling.
            authenticationEntryPoint(exceptionHandler));

    return http.build();
}
```

5.3　基于角色的安全性

在 Spring Security 中，**角色**(roles)用来定义粗粒度的安全性，用户可以分配给一个或多个角色。角色通常具有层次结构，例如 ADMIN、MANAGER、USER。Spring Security 还提供了**权限**(authorities)，用于更细粒度的访问控制。前面已经定义了 ADMIN 和 USER 两个简单的角色，但在后端应用程序中没有使用基于角色的安全性。本节介绍在 Spring Boot 中实现基于角色的安全性。

可以在安全配置类的请求级别定义基于角色的访问控制。在下面的示例代码中，我们定义哪些端点允许特定的角色访问。"/admin/ * * "端点允许 ADMIN 角色访问，"/user/ * * "端点允许 USER 角色访问。可以使用 hasRole()方法判断用户具有什么角色，如果用户具有指定的角色，则返回 true。

```
@Bean
public SecurityFilterChain filterChain(HttpSecurity http)
        throws Exception {
    http.csrf((csrf) ->csrf.disable()).cors(withDefaults())
        .sessionManagement((sessionManagement) ->sessionManagement.
             sessionCreationPolicy(SessionCreationPolicy.STATELESS))
        .authorizeHttpRequests((authorizeHttpRequests) ->
             authorizeHttpRequests.requestMatchers("/admin/ * * ").hasRole
             ("ADMIN").requestMatchers("/user/ * * ").hasRole("USER")
        .anyRequest().authenticated())

    return http.build();
}
```

Spring Security 提供了@PreAuthorize、@PostAuthorize、@PreFilter、@PostFilter 和@Secured 等注解，它们用于实现**方法级安全性**。在 spring-boot-starter- security 中默认不启用方法级安全性。必须在 Spring 配置类中启用它，例如，在顶层配置中，通过使用@EnableMethodSecurity 注解启用。

```
import org.springframework.boot.CommandLineRunner;
import org.springframework.boot.SpringApplication;
```

```
import org.springframework.boot.autoconfigure.SpringBootApplication;
import org.springframework.security.config.annotation.method.
    configuration.EnableMethodSecurity;

@SpringBootApplication
@EnableMethodSecurity
public class CardatabaseApplication implements CommandLineRunner {
}
```

之后,就能在方法中使用方法级安全性注解。在下面的示例中,具有 USER 角色的用户可以执行 updateCar()方法,具有 ADMIN 角色的用户可以执行 deleteOwner()方法。@PreAuthorize 注解在方法执行前检查规则。如果用户不具有指定的角色,Spring Security 会阻止方法执行,并抛出 AccessDeniedException 异常。

```
@Service
public class CarService {
    @PreAuthorize("hasRole('USER')")
    public void updateCar(Car car) {
        // 此方法可由具有 USER 角色的用户调用
    }

    @PreAuthorize("hasRole('ADMIN')")
    public void deleteOwner(Car car) {
        // 此方法可由具有 ADMIN 角色的用户调用
    }
}
```

@PreAuthorize 注解取代了@Secured 注解,建议使用该注解。

@PostAuthorize 注解用于方法执行后检查授权。例如,使用它检查用户是否具有访问该方法返回的对象的权限,或者根据用户的授权过滤返回的数据。

@PreFilter 和@PostFilter 注解可用于过滤对象列表,但它们通常不用于基于角色的访问控制。与这些注解一起使用的规则粒度更细。

5.4 节将介绍在 Spring Boot 中使用 OAuth2 的基础知识。

5.4 在 Spring Boot 中使用 OAuth2

在应用程序中实现完全的身份验证和授权具有挑战性。在生产环境中,建议使用某个 OAuth2 提供者(provider)。这实际上简化了身份验证过程,而且提供者通常具有出色的安全实践经验。

这里内容并不是实现 OAuth 2.0 授权的详细说明,但它们可以让你了解该过程。

OAuth(开放授权)是一种安全访问 Internet 上受保护资源的标准。目前常用的是 OAuth 标准版本 2.0。有多家 OAuth 2.0 提供者可以为第三方应用程序实现 OAuth 授权。

Auth0、Okta、Keycloak 是其中一些常见的提供者。

使用 OAuth2 可以实现社交登录，之后用户可以使用来自社交媒体平台的现有凭据登录。OAuth 还定义了撤销访问令牌和处理令牌过期的机制。

如果希望在 Spring Boot 应用程序中使用 OAuth，第一步是选择 OAuth 提供者。上面列表中的所有提供者都可以与 Spring Boot 应用程序一起使用。

在 OAuth2 过程中，术语**资源所有者**(resource owner)通常指的是最终用户，**授权服务器**(authorization server)是 OAuth 提供者服务的一部分。**客户端**(client)是想要访问受保护资源的一个应用程序。**资源服务器**(resource server)通常指客户机想要使用的 API。

使用 REST API 的 OAuth2 认证过程的简化版本包含以下步骤。

(1) 身份验证：第三方应用程序通过请求访问受保护的资源来进行身份验证。

(2) 授权：资源所有者授权访问其资源，通常通过用户登录。

(3) 授权服务器授权资源所有者，并使用授权码将用户重定向回客户端。

(4) 客户端使用授权码从授权服务器请求访问令牌。标准中没有指定访问令牌格式，但 JWT 是常用的。

(5) 授权服务器验证访问令牌。如果令牌有效，则客户端应用程序接收一个访问令牌。

(6) 客户端可以使用访问令牌访问受保护的资源，例如调用 REST API 端点。

在选择了提供者并了解其服务如何工作之后，必须配置 Spring Boot 应用程序。Spring Boot 为 OAuth2 认证和授权提供了 spring-boot-starter-oauth2-client 依赖。它可以简化在 Spring Boot 应用程序中集成 OAuth 2.0。大多数的 OAuth 提供者都有针对不同技术的文档，例如 Spring Boot。

具体实现随提供者而有所不同。建议读者进一步阅读相关内容，以便更好地了解如何在自己的项目中使用 OAuth 2.0。到此，我们就学习了如何使用 JWT 保护后端，在学习前端开发时，我们还会用到这些内容。

小结

本章重点介绍了如何保护 Spring Boot 后端使其更加安全。首先使用 Spring Security 添加了额外的保护；之后，介绍了如何使用 JWT 实现身份验证，JWT 通常用于保护 RESTful API，它是一种轻量级身份验证方法；最后，还介绍了 OAuth 2.0 标准的知识，以及如何在 Spring Boot 应用中使用它。

第 6 章将介绍 Spring Boot 应用程序测试的基础知识。

思考题

1. 什么是 Spring Security？
2. 如何保护 Spring Boot 应用的后端？
3. 什么是 JWT？
4. 如何使用 JWT 保护后端？
5. 什么是 OAuth 2.0？

第 6 章 后端测试

本章讨论如何测试 Spring Boot 后端。应用程序的后端负责处理业务逻辑和数据存储。对后端进行适当的测试可确保应用程序按预期工作、具有安全性且更易于维护。我们将以前面创建的数据库应用程序作为起点,创建一些与后端相关的单元测试和集成测试。

本章研究如下主题:

- Spring Boot 中的测试;
- 创建测试用例;
- 使用 Gradle 进行测试;
- 测试驱动开发。

6.1 Spring Boot 中的测试

使用 Spring Initializr 创建项目,会自动将 Spring Boot 测试启动器包添加到 build.gradle 文件中。添加测试启动器依赖如下面代码所示。

```
testImplementation 'org.springframework.boot:spring-boot-starter-test'
```

Spring Boot 测试启动器提供了许多方便的测试库,比如 JUnit、Mockito 和 AssertJ。Mockito 是一个模拟框架,通常与 JUnit 等测试框架一起使用。AssertJ 是一个用于在 Java 测试中编写断言的流行库。本书将使用 JUnit 5。JUnit Jupiter 模块是 JUnit 5 的一部分,它为更灵活的测试提供了注解。

看一下现在的项目结构,就会发现已经创建了一个包用于存放测试类,如图 6.1 所示。

默认情况下,Spring Boot 使用内存中的数据库进行测试。本书使用 MariaDB 数据库,但如果在 build.gradle 文件中添加了以下依赖项,也可以使用 H2 进行测试。

```
testRuntimeOnly 'com.h2database:h2'
```

这里指定 H2 数据库将仅用于运行测试,否则,应用程序将使用 MariaDB 数据库。

在 Eclipse 中更新 build.gradle 文件之后,记得刷新 Gradle 项目。

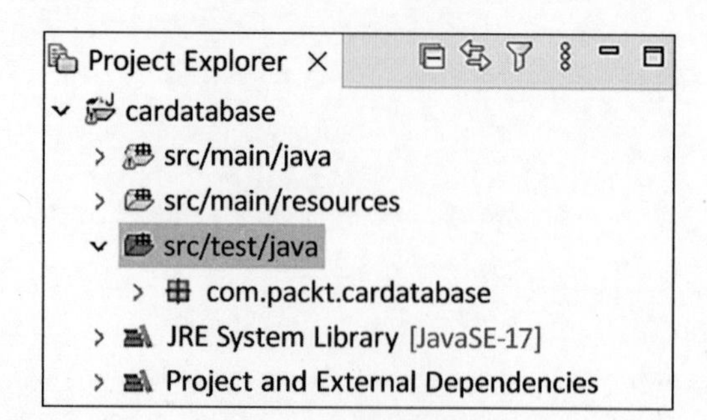

图 6.1　测试类包

在 Eclipse 中更新 build.gradle 文件之后，记得刷新 Gradle 项目。

下面，我们开始为应用程序创建测试用例。

6.2　创建测试用例

软件测试有多种不同类型，每种测试都有其特定的目标。下面是一些最重要的测试类型。

(1) **单元测试**：单元测试关注软件中最小的组件，可能是一个函数，单元测试确保它在**隔离状态**下正确工作。Mocking 通常用于单元测试，以替换被测试单元的依赖项。

(2) **集成测试**：集成测试关注各个组件之间的交互，确保各个组件按预期协同工作。

(3) **功能测试**：功能测试侧重于功能规范中定义的业务场景。设计测试用例是为了验证软件是否满足指定的需求。

(4) **回归测试**：回归测试旨在验证新代码或代码更改不会破坏现有功能。

(5) **可用性测试**：从最终用户的角度来看，可用性测试验证软件是否用户友好、直观且易于使用。可用性测试更多关注前端和用户体验。

对于单元测试和集成测试，本书使用 JUnit，它是一个流行的基于 Java 的单元测试库。Spring Boot 内置了对 JUnit 的支持，这使得为应用程序编写测试变得更容易。

下面代码给出了 Spring Boot 测试类的示例框架。@SpringBootTest 注解指定该类是运行基于 Spring Boot 测试的常规测试类。@Test 注解表示该方法是测试方法。

```
@SpringBootTest
public class MyTestsClass {
    @Test
    public void testMethod() {
        // 测试用例代码
    }
}
```

单元测试中的**断言**(assertions)是用于验证代码单元的实际输出与预期输出是否匹配的语句。在本节的示例中，断言是 spring-boot-starter- test 启动器包含的 AssertJ 库实现的。AssertJ 库提供了 assertThat()方法，使用它编写断言。将一个对象或一个值传递给该方法，从而允许将值与实际断言进行比较。AssertJ 库包含针对不同数据类型的多种断言。下面代码演示了一些断言。

```
// String 断言
assertThat("Learn Spring Boot").startsWith("Learn");
// 对象断言
assertThat(myObject).isNotNull();
// Number 断言
assertThat(myNumberVariable).isEqualTo(3);
// Boolean 断言
assertThat(myBooleanVariable).isTrue();
```

读者可以在 AssertJ 文档中找到所有不同的断言。

下面创建初始单元测试用例，它检查控制器实例是否被正确实例化且不为 null。具体步骤如下。

(1) 打开 CardatabaseApplicationTests 测试类，该测试类由 Spring Initializr 启动器项目为应用程序创建。该类定义 contextLoads()测试方法，这是添加测试的地方。下面的测试是检查是否已成功创建并注入控制器的实例。这里使用 AssertJ 断言注入的控制器实例不为空。

```
package com.packt.cardatabase;

import static org.assertj.core.api.Assertions.assertThat;
import org.junit.jupiter.api.Test;
import org.springframework.beans.factory.annotation.Autowired;
import org.springframework.boot.test.context.SpringBootTest;
import com.packt.cardatabase.web.CarController;

@SpringBootTest
class CardatabaseApplicationTests {
    @Autowired
    private CarController controller;

    @Test
    void contextLoads() {
        assertThat(controller).isNotNull();
    }
}
```

这里使用**字段注入**(field injection)，这非常适合测试类，因为我们永远不会直接实例化测试类。可以在 Spring 文档中阅读更多关于测试依赖注入的信息：https://docs.spring.io/spring-framework/reference/testing/testcontext-framework/fixture-di.html。

(2) 要在 Eclipse 中运行测试，在项目管理器中右击测试类，从菜单中选择 Run As→

JUnit test。测试运行后在 Eclipse 工作台中打开一个 JUnit 选项卡，显示测试结果，这里显示测试用例已经通过，如图 6.2 所示。

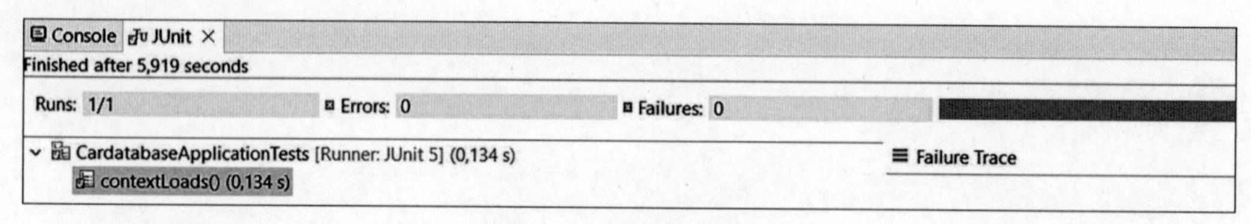

图 6.2　运行 JUnit 测试

（3）可以使用@DisplayName 注解为测试用例提供一个更具描述性的名称。在@DisplayName 注解中定义的名称显示在 JUnit 测试运行器中。下面代码使用了该注解。

```
@Test
@DisplayName("First example test case")
void contextLoads() {
    assertThat(controller).isNotNull();
}
```

下面为车主存储库创建集成测试，以测试创建、读取、更新和删除（CRUD）操作。这个测试验证存储库与数据库的交互是否正确。这个想法是模拟数据库交互，并验证存储库方法的行为与预期相同。

（1）在根测试包中创建一个名为 OwnerRepositoryTest 的新类。如果测试关注于 JPA（Jakarta Persistence API）组件，则可以使用@DataJpaTest 注解，而不是@SpringBootTest 注解。使用该注解，将自动配置使用 H2 数据库和 Spring Data 测试，还将打开 SQL 日志记录。代码如下所示。

```
package com.packt.cardatabase;

import static org.assertj.core.api.Assertions.assertThat;
import org.junit.jupiter.api.Test;
import org.springframework.beans.factory.annotation.Autowired;
import org.springframework.boot.test.autoconfigure.orm.jpa.DataJpaTest;
import com.packt.cardatabase.domain.Owner;
import com.packt.cardatabase.domain.OwnerRepository;

@DataJpaTest
class OwnerRepositoryTest {
    @Autowired
    private OwnerRepository repository;
}
```

在本例中，所有测试类都存放在根包中，并在逻辑上命名测试类。或者也可以为测试类创建一个与为应用程序类所建的包结构类似的包结构。

（2）第一个测试用例是测试向数据库添加新车主。在 OwnerRepository.java 文件中添加下面查询方法。在测试用例中将使用这个方法查询。

```
Optional<Owner>findByFirstname(String firstName);
```

(3) 在测试方法中调用存储库的 save()方法将一个新的 Owner 对象保存到数据库中。然后,测试是否可以查找到该车主。在测试类 OwnerRepositoryTest 中的测试方法中添加以下代码。

```
@Test
void saveOwner() {
    repository.save(new Owner("Lucy", "Smith"));
    assertThat(repository.findByFirstname("Lucy").isPresent())
      .isTrue();
}
```

(4) 第二个测试用例是测试从数据库中删除车主。先创建一个新的 Owner 对象并保存到数据库中;然后,从数据库中删除所有车主;最后,断言 count()方法应返回零。在测试类 OwnerRepositoryTest 中添加测试方法,代码如下所示。

```
@Test
void deleteOwners() {
    repository.save(new Owner("Lisa", "Morrison"));
    repository.deleteAll();
    assertThat(repository.count()).isEqualTo(0);
}
```

(5) 运行测试用例并查看 JUnit 选项卡,以确定测试是否通过。图 6.3 显示了这两个测试都已通过。

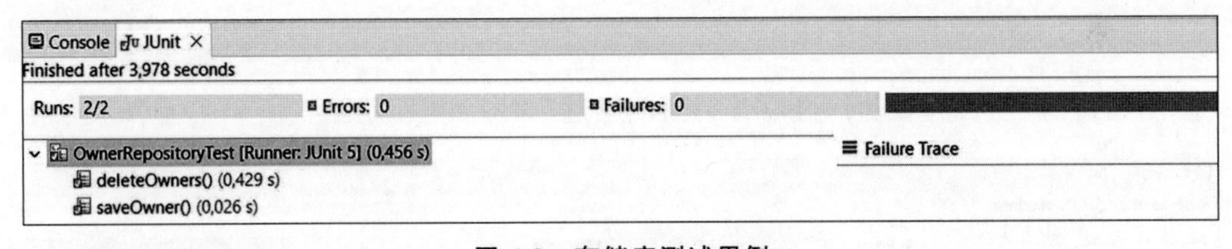

图 6.3 存储库测试用例

接下来演示如何测试 RESTful Web 服务 JWT 身份验证功能。这里创建一个集成测试,向登录端点发送一个实际的 HTTP 请求并验证响应。

(1) 在根测试包中创建一个名为 CarRestTest 的新类。可以使用 MockMvc 对象测试控制器或任何暴露的端点。使用 MockMvc 对象,并不启动服务器,测试是在 Spring 处理 HTTP 请求这一层执行的,因此它模拟了实际情况。MockMvc 提供了 perform()方法发送请求。要测试身份验证,必须向请求主体添加凭据。这里使用 andDo()方法将请求和响应的详细信息打印到控制台。最后使用 andExpect()方法检查响应状态是否为 OK。代码如下所示。

```
package com.packt.cardatabase;

import static org.springframework.test.web.servlet.
```

```
  request.MockMvcRequestBuilders.post;
import static org.springframework.test.web.
  servlet.result.MockMvcResultHandlers.print;
import static org.springframework.test.web.servlet.result.
  MockMvcResultMatchers.status;
import org.junit.jupiter.api.Test;
import org.springframework.beans.factory.annotation.Autowired;
import org.springframework.boot.test.autoconfigure.web.servlet.
  AutoConfigureMockMvc;
import org.springframework.boot.test.context.SpringBootTest;
import org.springframework.http.HttpHeaders;
import org.springframework.test.web.servlet.MockMvc;

@SpringBootTest
@AutoConfigureMockMvc
class CarRestTest {
    @Autowired
    private MockMvc mockMvc;

    @Test
    public void testAuthentication() throws Exception {
        // 使用正确的凭据测试身份验证
        this.mockMvc
            .perform(post("/login")
            .content("{\"username\":\"admin\",\"password\"" +":\"admin\"}")
            .header(HttpHeaders.CONTENT_TYPE,"application/json"))
            .andDo(print()).andExpect(status().isOk());
    }
}
```

(2) 运行身份验证测试时，可以看到测试通过，如图 6.4 所示。

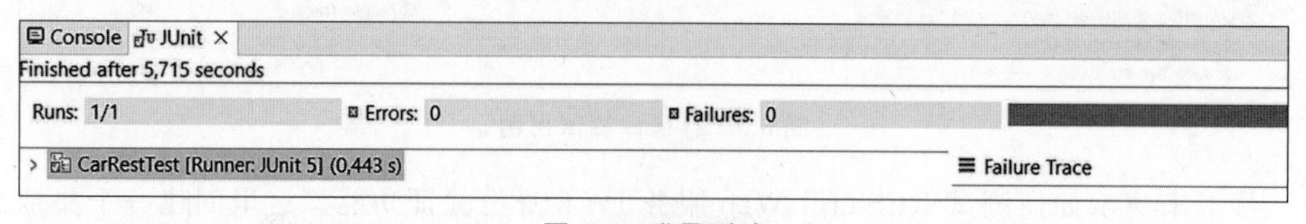

图 6.4 登录测试

(3) 从项目管理器中选择测试包并运行 JUnit 测试(Run As→JUnit test)，可以一次性运行所有测试。图 6.5 给出了运行测试包中所有测试用例都通过的结果。

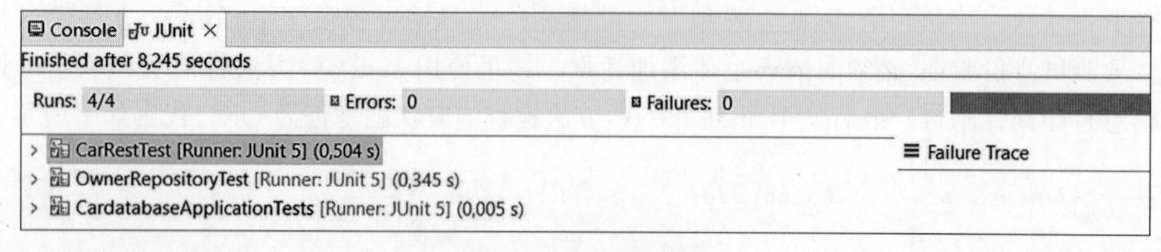

图 6.5 运行所有测试

6.3　使用 Gradle 进行测试

当使用 Gradle 构建项目时，所有测试都可自动运行。本书后面将详细介绍构建和部署。本节介绍一些基础知识。

(1) 使用 Eclipse 可以运行不同的预定义 Gradle 任务。选择 Window→Show View→Other 菜单，打开如图 6.6 所示的 Show View 窗口，这里选择 Gradle Tasks(Gradle 任务)。

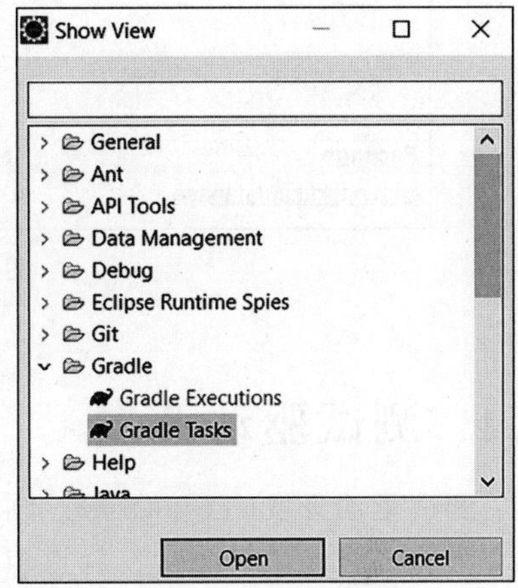

图 6.6　Gradle 任务

(2) 打开如图 6.7 所示的 Gradle 任务列表，展开 build 文件夹并双击 build 以运行构建任务。

Gradle 在项目根目录中创建一个 build 文件夹，在这里构建 Spring Boot 项目。构建过程将运行项目中的所有测试。如果任何测试失败，构建过程也将失败。构建过程还将创建一个测试摘要报告(一个 index.html 文件)，可以在 build\reports\tests\test 文件夹中找到它。如果某个测试失败，可以从摘要报告中找到原因。图 6.8 是一个测试总结报告的示例。

Name	Description
cardatabase	
application	
build	
assemble	Assembles the outputs of this project.
bootBuildImage	Builds an OCI image of the application using the output
bootJar	Assembles an executable jar archive containing the mai
build	Assembles and tests this project.
buildDependents	Assembles and tests this project and all projects that de
buildNeeded	Assembles and tests this project and all projects it depe
classes	Assembles main classes.
clean	Deletes the build directory.
jar	Assembles a jar archive containing the main classes.
resolveMainClass	Resolves the name of the application's main class.

图 6.7　构建任务

(3) 构建任务将在\build\libs 文件夹中创建一个可执行的 jar 文件。可以在\build\libs 文件夹中使用以下 java -jar 命令运行构建的 Spring Boot 应用程序(假设已经安装了 JDK)。

```
java -jar .\cardatabase-0.0.1-SNAPSHOT.jar
```

现在，我们已经学习了为 Spring Boot 应用程序编写单元和集成测试，还学习了如何使用 Eclipse IDE 运行测试。

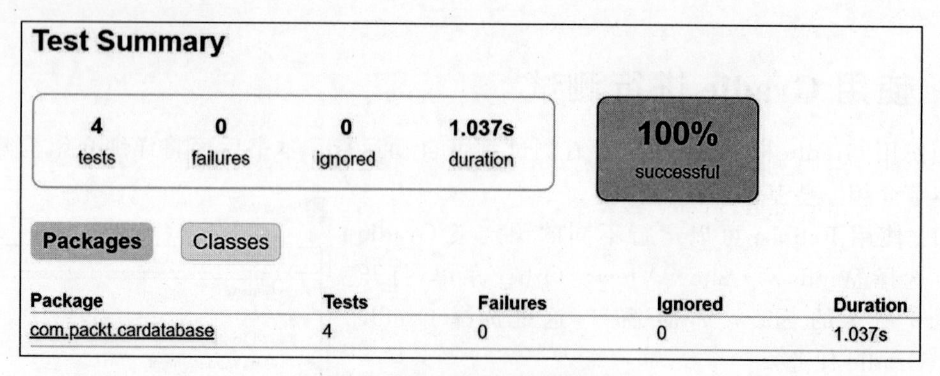

图 6.8 测试总结报告的示例

6.4 测试驱动开发

测试驱动开发(Test-Driven Development，TDD)是软件开发的一种实践，它要求在编写实际代码之前编写测试。其思想是确保编写的代码符合所设定的标准或需求。下面来看 TDD 在实践中是如何工作的。

假设在应用程序中要实现一个管理消息的服务类。下面给出采用 TDD 实现的一般步骤。

下面的代码不能完全运行。它只是一个示例，可以帮助读者更好地理解 TDD 过程。

(1) 要实现的第一个功能是可用于添加新消息的服务。在 TDD 中，要先创建一个测试，用于向消息列表中添加新消息。在测试代码中，首先创建 MessageService 类的一个实例，然后创建一条要添加到列表中的消息。这里调用 messageService 实例的 addMsg()方法，将 msg 作为参数传递。此方法负责将消息添加到一个列表中。最后，断言检查添加到列表中的消息是否与预期的消息“Hello world”匹配，测试类代码如下所示。

```
import org.junit.jupiter.api.Test;
import org.springframework.boot.test.context.SpringBootTest;
import static org.junit.jupiter.api.Assertions.assertEquals;

@SpringBootTest
public class MessageServiceTest {

    @Test
    public void testAddMessage() {
        MessageService messageService = new MessageService();
        String msg = "Hello world";

        Message newMsg = messageService.addMsg(msg);
```

```
        assertEquals(msg, newMsg.getMessage());
    }
}
```

(2) 现在运行测试。测试应该失败,因为还没有实现服务类。

(3) 实现 MessageService 服务类,它应该包含在测试用例中测试的 addMsg()方法。

```
@Service
public class MessageService {
    private List<Message>messages =new ArrayList<>();

    public Message addMsg(String msg) {
        Message newMsg =new Message(msg);
        messages.add(newMSg);
        return newMsg;
    }
}
```

(4) 现在,再次运行测试,测试应该通过,这说明编写的代码能按预期工作。

(5) 如果测试没有通过,应该重构代码,直到测试通过为止。

(6) 对应用的每个新功能重复上述这些步骤。

TDD 是一个迭代过程,它有助于确保你的代码能够正常工作,并且新功能不会破坏软件的其他部分。这也被称为**回归测试**(regression testing)。在实现功能之前编写测试,可以帮助开发者在开发阶段早期捕获错误。开发人员应该在实际开发之前了解功能需求和预期结果。

至此,我们介绍了在 Spring Boot 应用程序中进行测试的基础知识,并且具备了为应用程序实现更多测试用例所需的知识。

小结

本章主要介绍了 Spring Boot 后端测试。我们使用 JUnit 框架进行测试,并为 JPA 和 RESTful Web 服务身份验证实现了测试用例。接着,我们又为车主存储库创建了一个集成测试用例,以验证存储库方法是否符合预期。我们还使用 RESTful API 测试了身份验证过程。切记,测试是贯穿整个开发生命周期的持续过程。在应用程序开发过程中,应该更新和添加测试以涵盖新功能和代码更改。测试驱动开发是实现该目标的一种方法。

第 7 章将介绍安装与前端开发相关的环境和工具。

思考题

1. 如何使用 Spring Boot 创建单元测试?
2. 单元测试和集成测试的区别是什么?
3. 如何运行和检查单元测试的结果?
4. 什么是 TDD?

[illegible]

(6) [illegible]

(7) [illegible]

[illegible]

[illegible] Spring Boot [illegible]

小结

[illegible]

思考题

1. 如何使用 Spring Boot [illegible]

2. [illegible]

3. [illegible]

4. [illegible]

第二部分
使用 React 进行前端编程

第7章 前端环境构建与工具

本章描述使用 React 开发前端所需的开发环境和工具，以便读者进行前端开发。本章使用 Vite 前端工具创建一个简单的 React 应用程序。

本章研究如下主题：

- 安装 Node.js；
- Visual Studio Code 及其扩展；
- 创建并运行 React 应用程序；
- 修改 React 应用程序；
- 调试 React 应用程序。

7.1 安装 Node.js

Node.js 是一个开源的、基于 JavaScript 的服务器端环境。它适用于多种操作系统，如 Windows、macOS 和 Linux 等，是开发 React 应用程序所必需的。

Node.js 安装包可以在 https://nodejs.org/en/download/上找到。根据使用的操作系统下载最新的长期支持(LTS)版本。本书使用 Windows 10 操作系统，可以下载 MSI 安装文件，这会使安装非常简单。

双击下载的安装程序，启动安装向导，如图 7.1 所示，可以使用默认设置。

安装完成后，检查是否一切正常。打开 PowerShell 或者其他终端，输入以下命令。

```
node --version
npm --version
```

这些命令会显示已经安装的 Node.js 版本和 npm 版本，如图 7.2 所示。

npm 是随 Node.js 一起安装的，是 JavaScript 的包管理器。在后面章节中，当在 React 应用中安装不同的 Node.js 模块时，会经常使用 npm。

读者也可以使用另一个名为 Yarn 的包管理器，但本书使用 npm，因为它是 Node.js 安装自带的。Yarn 有一些优点，例如它的缓存机制使其具有更好的整体性能。

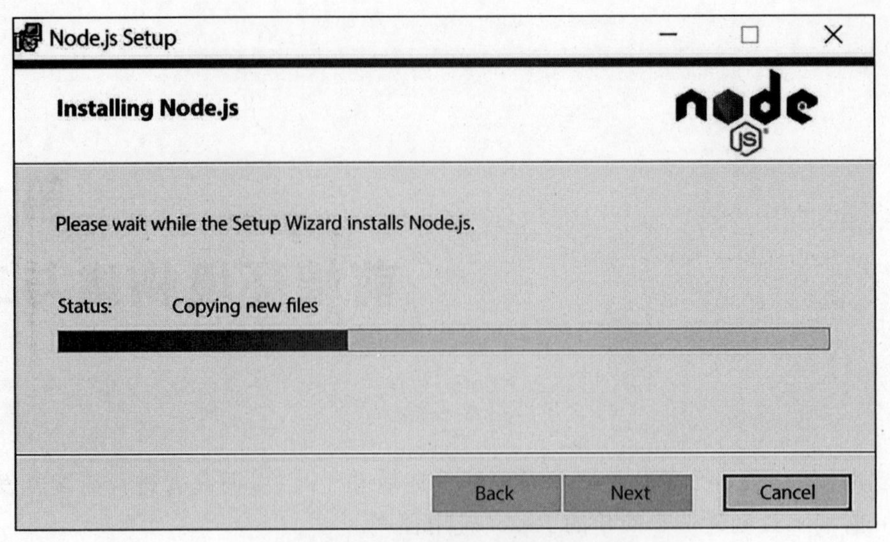

图 7.1 Node.js 安装界面

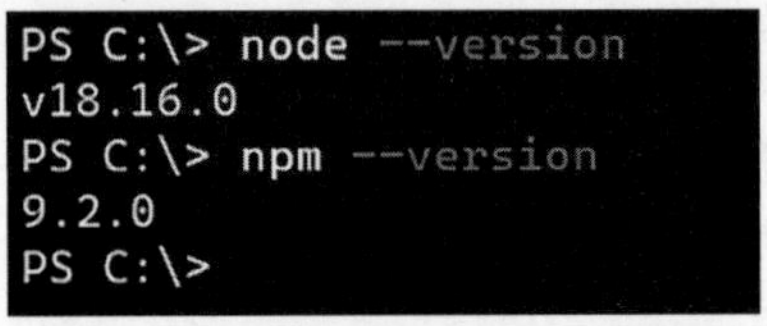

```
PS C:\> node --version
v18.16.0
PS C:\> npm --version
9.2.0
PS C:\>
```

图 7.2 Node.js 版本和 npm 版本

接下来，我们还需要安装一个代码编辑器。

7.2 Visual Studio Code 及其扩展

Visual Studio Code(VS Code)是一款针对多种编程语言的开源代码编辑器，它由微软公司开发。有许多不同的代码编辑器，如 Atom 和 Sublime，如果读者熟悉其他的编辑器，也可以使用它们。

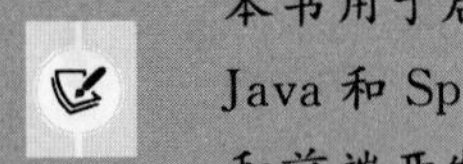

本书用于后端开发的 Eclipse 针对 Java 开发进行了优化。VS Code 也可以用于 Java 和 Spring Boot 开发，所以如果读者愿意，也可以只用一个编辑器进行后端和前端开发。

VS Code 可以从 https://code.visualstudio.com/下载，它适用于 Windows、macOS 和 Linux 多种操作系统。Windows 系统使用 MSI 安装程序完成，可以使用默认设置执行安装。

VS Code 的工作台如图 7.3 所示。左侧是活动栏，使用它可以在不同视图之间导航。活动栏旁边是一个侧边栏，其中包含不同的视图，例如项目文件资源管理器。编辑器占用工作台的其余部分。

VS Code 本身带有一个集成的终端，可以用它创建和运行 React 应用。可以在 View→Terminal 菜单中启动终端。后面的章节中将使用 VS Code 创建 React 应用。

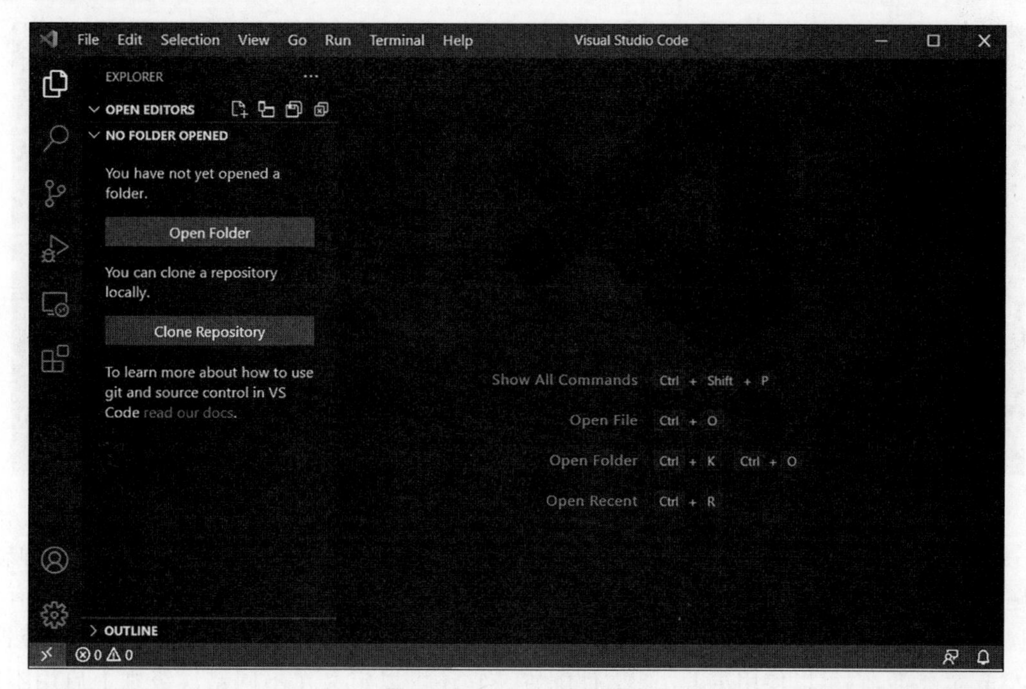

图 7.3　VS Code 的工作台

有很多 VS Code 扩展可用于不同的编程语言和框架。如果从活动栏打开扩展，可以搜索不同的扩展。

Reactjs code snippets(Reactjs 代码片段)是 React 开发中一个非常有用的扩展，建议读者安装。它为 React.js 应用程序提供了多个代码片段，可加快开发速度。VS Code 代码片段扩展通过节省时间、提高一致性和减少错误来显著增强工作效率。

Reactjs 代码片段的安装页面如图 7.4 所示。

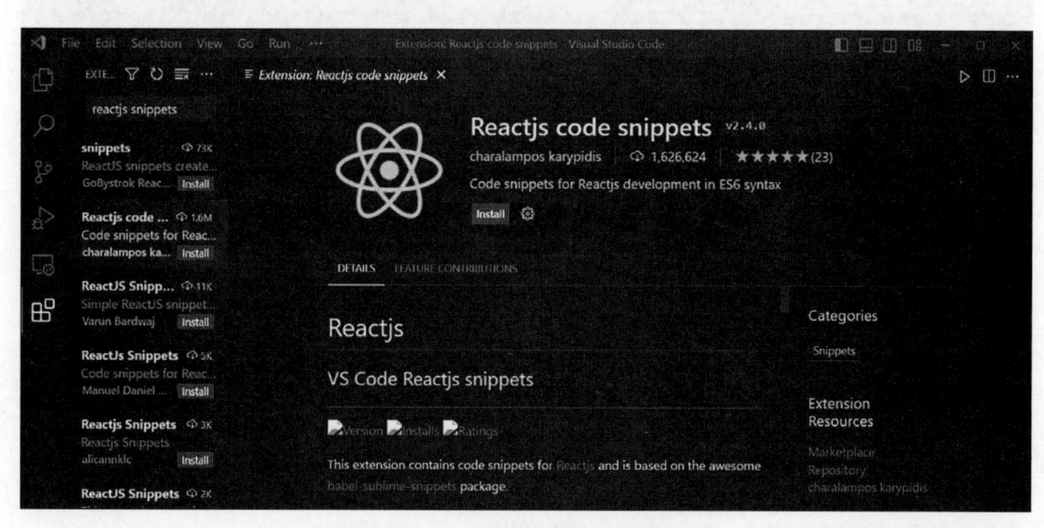

图 7.4　Reactjs 代码片段的安装页面

ESLint(https://eslint.org/)是一个开源的 JavaScript 检查器，它用于发现和修复源代码中的问题，它的安装页面如图 7.5 所示。

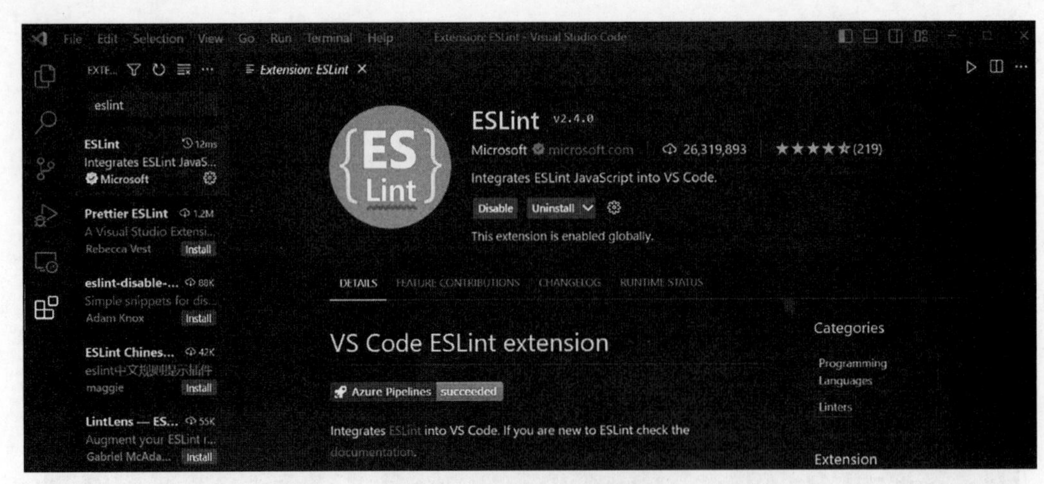

图 7.5　ESLint 的安装页面

ESLint 可以直接在 VS Code 编辑器中突出显示错误和警告，在编写代码时识别和修复问题。错误和警告用红色或黄色下画线显示，如果将鼠标悬停在这些线上，就可以看到有关错误或警告的信息。VS Code 还提供了一个 Problems 面板，显示所有 ESLint 错误和警告。ESLint 很灵活，它可以使用.eslintrc 文件配置。它还可以定义在不同错误级别上启用不同规则。

Prettier 扩展是一个代码格式化程序，使用它可以对代码自动格式化，Prettier 扩展安装页面如图 7.6 所示。

图 7.6　Prettier 扩展安装页面

可以在 VS Code 中设置它，以便代码在保存后自动格式化，选择 File→Preferences 菜单转到 Settings，然后搜索 Format On save。

上述这些只是从 VS Code 中可以获得的扩展的几个例子。建议安装这些工具并在自己的项目中尝试使用它们。

7.3 节创建一个 React 应用程序，并学习如何运行和修改它。

7.3 创建并运行 React 应用程序

安装了 Node.js 和代码编辑器,就可以创建 React 应用程序。本书使用 Vite(https://vitejs.dev/)前端工具。Next.js 或 Remix 等都是优秀的 React 框架,但 Vite 是学习 React 的更好选择。Vite 提供一个快速的开发服务器,不需要任何配置就可以开始编写代码。

在过去,创建 React 项目的最流行的工具是 CRA(Create React App),但它的使用率已经下降,并且官方文档不再推荐。与 CRA 相比,Vite 提供了许多优势,例如提供了更快的开发服务器。

本书使用最新版 Vite,如果读者使用其他版本,应该阅读 Vite 文档了解这些命令的使用。另外,检查 Node.js 版本要求,如果包管理器发出警告,请升级 Node.js 版本。

使用 Vite 创建 React 项目的具体步骤如下。

(1) 打开 PowerShell 或其他终端,并进入想要创建项目的文件夹。

(2) 输入以下 npm 命令,这里使用最新版本的 Vite 创建 React 项目。

```
npm create vite@latest
```

也可以在命令中指定 Vite 版本,如下所示。

```
npm create vite@4.3
```

该命令启动创建项目向导。如果这是读者第一次创建 Vite 项目,将显示一条消息,提示安装 create-vite 包。按 Y 键继续。

(3) 输入项目名称,在本例中输入 myapp,如图 7.7 所示。

```
PS C:\> npm create vite@latest
? Project name: » myapp
```

图 7.7 输入项目名称

(4) 选择一个**框架**(framework),这里选择 React 框架,如图 7.8 所示。注意,Vite 与 React 无关,可以用于在许多不同的前端框架中引导项目。

```
PS C:\> npm create vite@latest
√ Project name: ... myapp
? Select a framework: » - Use arrow-keys. Return to submit.
    Vanilla
    Vue
>   React
    Preact
    Lit
    Svelte
    Others
```

图 7.8 选择框架

(5) 最后,选择一种**变体**(variant)。本节将介绍 React 和 JavaScript 基础,后面章节介绍 TypeScript。所以，此处选择 JavaScript，如图 7.9 所示。

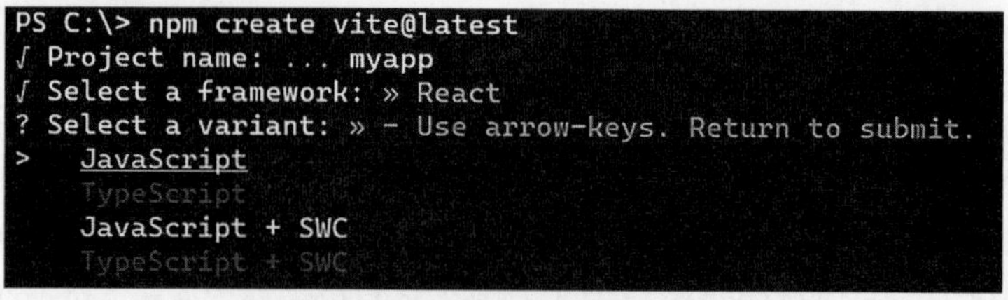

```
PS C:\> npm create vite@latest
√ Project name: ... myapp
√ Select a framework: » React
? Select a variant: » - Use arrow-keys. Return to submit.
>   JavaScript
    TypeScript
    JavaScript + SWC
    TypeScript + SWC
```

图 7.9　选择变体

SWC(Speedy Web Compiler)是一个用 Rust 编写的 JavaScript 和 TypeScript 快速编译器。它是人们通常使用的 Babel 的更快替代品。

(6) 创建应用程序后，进入应用程序文件夹，如下所示。

```
cd myapp
```

(7) 使用下面命令安装项目依赖项。命令执行完毕后，将在项目根目录下创建一个 node_modules 文件夹，下载的模块就存放在该文件夹中。

```
npm install
```

(8) 使用下面命令运行应用程序，这将以开发模式启动一个本地开发服务器。

```
npm run dev
```

在终端上将看到前端项目启动消息，如图 7.10 所示。这里给出访问前端使用的 URL，即 http://localhost:5173/。

图 7.10　启动开发服务器

(9) 打开浏览器，在地址栏中输入 http://localhost:5173/，打开页面，如图 7.11 所示。这里输入的 URL 是图 7.10 中“Local：”后面给出的文本(本例中是 http://localhost:5173/，但在读者的系统上可能有所不同)。

(10) 要停止开发服务器，在终端中按 Q 键。

要为产品构建应用程序的一个简化版本，使用 npm run build 命令，它会在 build 文件夹中构建应用程序。本书第 17 章中将更详细地讨论项目部署。

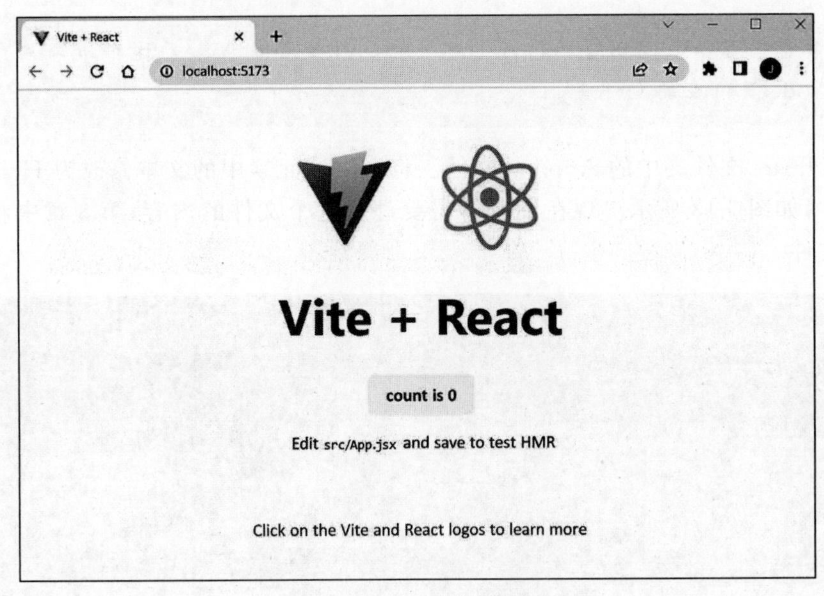

图7.11　React应用页面

7.4　修改React应用程序

下面学习如何使用VS Code修改React应用程序，具体步骤如下。

(1) 启动VS Code，选择File→Open folder菜单，在打开的窗口中选择myapp项目文件夹。在VS Code中可以看到项目结构，如图7.12所示。其中最重要的是src文件夹，它包含了JavaScript源代码。

图7.12　myapp项目结构

读者也可以通过在终端输入 code. 命令打开 VS Code。这个命令用于打开 VS Code 及所在的文件夹。

(2) 打开 src 文件夹中的 App.jsx 文件。将<h1>元素中的文本修改为 Hello React 并保存该文件，如图 7.13 所示。现在读者不需要理解这个文件的内容，第 8 章中将更深入地讨论这个文件。

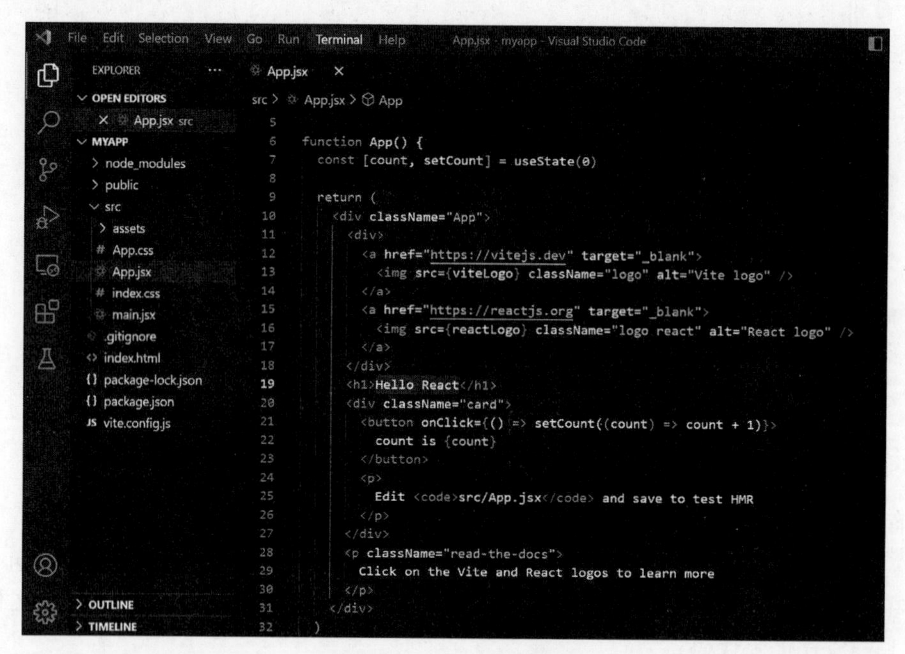

图 7.13　App.jsx 代码

(3) 现在查看浏览器，应该立即看到标题文本已经更改，如图 7.14 所示。Vite 提供了热模块替换(Hot Module Replacement，HMR)功能，即修改了 React 项目中的源代码或样

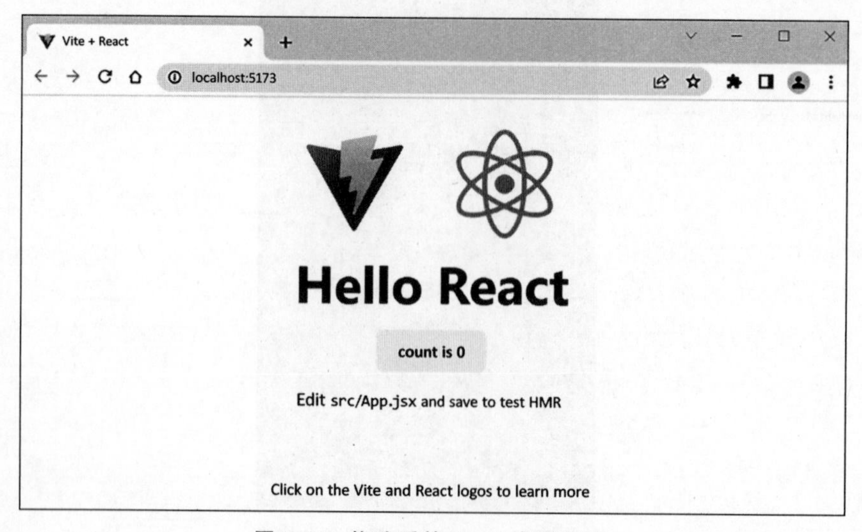

图 7.14　修改后的 React 应用程序

式，React 组件将自动更新，而不需要手动刷新页面。

7.5 调试 React 应用程序

为了调试 React 应用程序，还应该安装 **React 开发人员工具**，它适用于 Edge、Chrome 和 Firefox 浏览器。Firefox 插件可以从 Firefox 插件站点安装，Chrome 插件可以从 Chrome Web Store 安装。开发者安装了 React 开发人员工具之后，会在浏览器的开发人员工具中看到一个新的 Components 选项卡。

可以在 Chrome 浏览器中按 F12 键(或 Ctrl+Shift+I 组合键)打开开发人员工具。在浏览器中打开的开发人员工具如图 7.15 所示。Components 选项卡显示了 React 组件树的可视化表示，可以使用搜索栏查找组件。如果在组件树中选择一个组件，在右边的面板中就可看到关于它的更多详细信息。

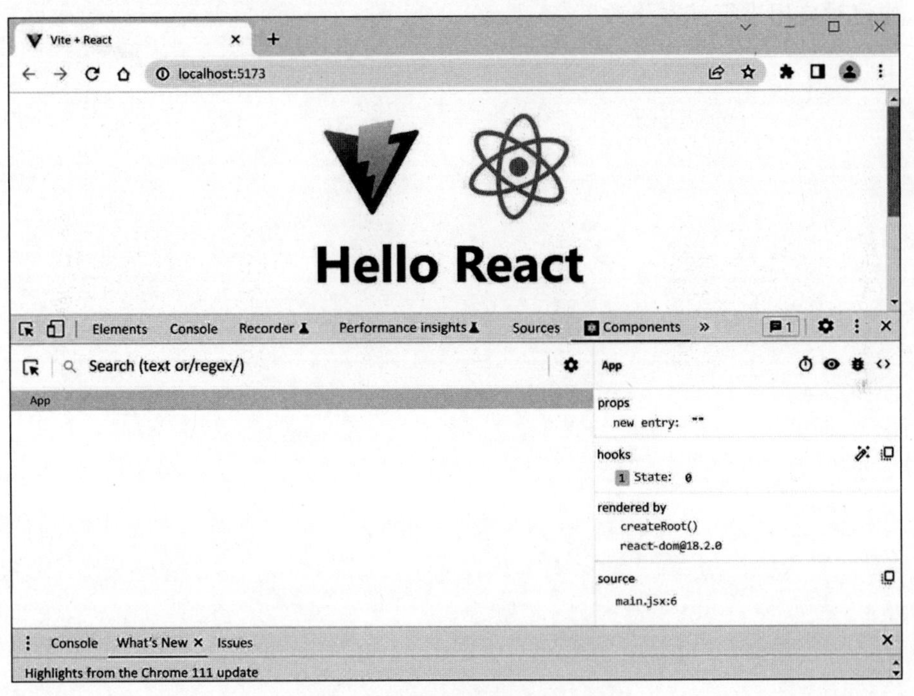

图 7.15 React 开发人员工具

浏览器的开发人员工具非常重要，在开发过程中打开它就可以立即看到错误和警告。开发人员工具中的控制台可以记录 JavaScript 或 TypeScript 代码中的消息、警告和错误。Network 选项卡显示网页发出的所有请求信息，包括状态码、响应时间和内容。这有助于优化 Web 应用程序的性能，并且可以诊断与网络有关的问题。

小结

本章学习了如何安装 React 前端开发所需的软件和工具——首先，安装了 Node.js 和 VS Code 编辑器；然后，使用 Vite 创建了第一个 React 应用程序；最后，运行该应用程序并演示如何修改它;另外,还介绍如何安装和使用开发人员工具。本书后面章节将继续使用 Vite 创建应用程序。

第 8 章将介绍 React 编程的基础知识。

思考题

1. 什么是 Node.js 和 npm?
2. 如何安装 Node.js?
3. 什么是 VS Code?
4. 如何安装 VS Code?
5. 如何使用 Vite 创建 React 应用程序?
6. 如何运行 React.js 应用程序?
7. 如何对应用进行基本修改?

第 8 章 React 基础入门

本章介绍 React 编程的基础知识。这里将介绍为 React 前端创建基本功能所需的技能。在 JavaScript 编程中，我们使用 ES6 语法，因为它提供了许多使编码更简洁的特性。

本章研究如下主题：

- 创建 React 组件；
- 检查第一个 React 组件；
- ES6 实用特性；
- JSX 和样式；
- 属性和状态；
- 条件渲染；
- React 钩子；
- Context API；
- 使用 React 处理列表、事件和表单。

8.1 创建 React 组件

React 是一个用于构建**用户界面**(UI)的 JavaScript 库。从 React 15 开始，它一直在麻省理工学院许可下开发。React 是基于组件的，组件是独立的和可重用的。组件是 React 的基本构建块。使用 React 开发 UI 时，最好从创建**模拟界面**(mock interface)开始。这样，就能较容易地确定需要创建哪些类型的组件，以及组件之间如何交互。

从下面的模拟 UI 中，可以看到如何将 UI 拆分为组件。图 8.1 中有一个应用程序根组件、一个搜索栏组件、一个表组件和一个表行组件。

这些组件可以按树状层次结构排列，如图 8.2 所示。

根组件(root component)有两个**子组件**(child component)：搜索组件和表组件。表组件有一个子组件：表行组件。理解 React 的重要一点是，数据流从父组件流向子组件。后面将学习如何使用**属性**(props)将数据从父组件传递到子组件。

React 使用**虚拟文档对象模型**(Virtual Document Object Model，VDOM)选择性地重新渲染 UI，这使得它更具成本效益。**文档对象模型**(DOM)是一种 Web 文档的编程接口，它将 Web 页面元素表示为一个结构化的对象树。树中的每个对象对应文档的一部分。程

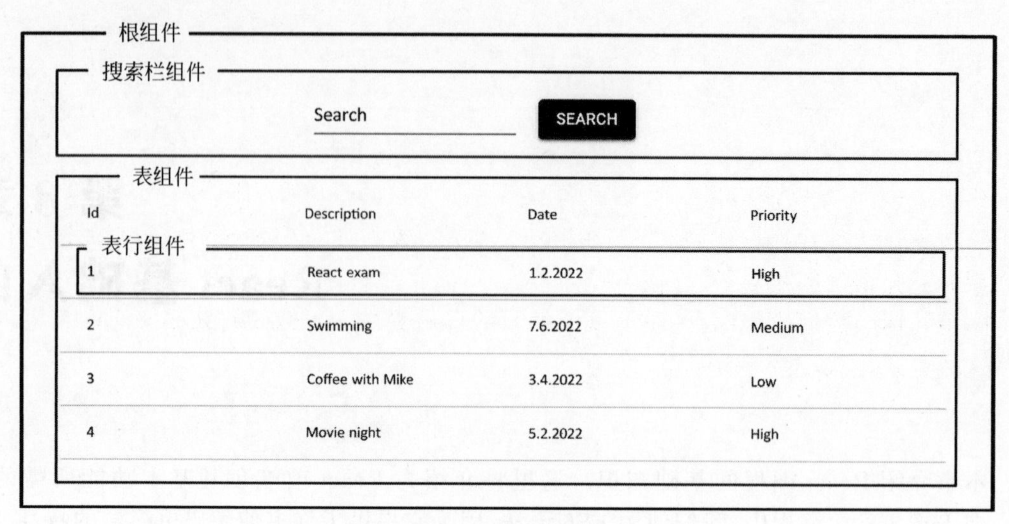

图 8.1　React 组件

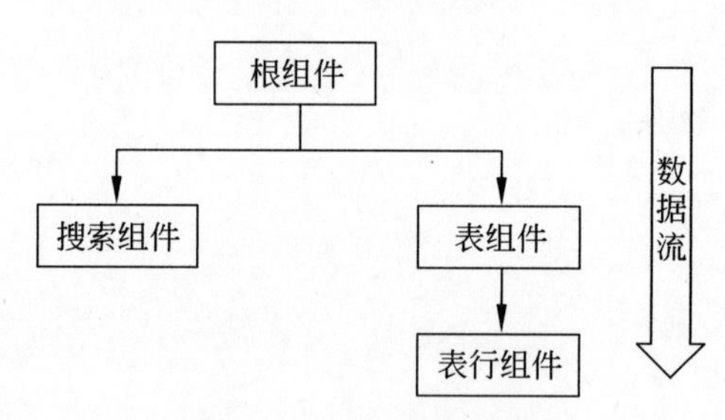

图 8.2　组件树层次结构

序员可以使用 DOM 创建文档，浏览它们的结构，添加、修改或删除元素和内容。VDOM 是 DOM 的轻量级副本，操作 VDOM 比使用真正的 DOM 要快得多。在 VDOM 更新之后，React 将其与更新之前的 VDOM 快照进行比较。比较之后，React 就知道哪些部分被更改了，并且只有这些部分将被更新到真正的 DOM。

一个 React 组件既可以使用 JavaScript 函数定义，称为**函数组件**(functional component)；也可以使用 ES6 的 JavaScript 类定义，称为**类组件**(class component)。8.2 节将详细介绍 ES6。

下面代码是使用 JavaScript 定义的一个函数组件，它用于呈现 Hello World 文本。

```
// 使用 JavaScript 函数定义
function App() {
    return <h1>Hello World</h1>;
}
```

React 函数组件中强制要求使用 return 语句定义组件所呈现的外观。

下面代码使用 ES6 类定义一个组件，它是类组件。

```
// 使用 ES6 类定义
class App extends React.Component {
    render() {
```

```
        return <h1>Hello World</h1>;
    }
}
```

类组件有一个 render()方法，该方法显示并更新组件呈现的输出。如果对函数组件和类组件做比较，会发现函数组件中不需要 render()方法。在 React 版本 16.8 之前，如果要使用状态，必须使用类组件才行。现在，也可以在函数组件中用**钩子**(hook)来创建状态。本章后面将介绍状态和钩子。

本书使用函数创建组件，这样可以使编写的代码更少。函数组件是编写 React 组件的一种现代方式，应该避免使用类组件。

React 组件的名称应该以大写字母开头。建议使用 PascalCase 命名约定，即每个单词以大写字母开头。

假设需要修改示例组件的 return 语句，在其中添加一个<h2>元素，代码如下所示。

```
function App() {
    return (
      <h1>Hello World</h1>
      <h2>This is my first React component</h2>
    );
}
```

现在，运行应用程序，会产生一个错误——Adjacent JSX elements must be wrapped in an enclosing tag(相邻的 JSX 元素必须包装在一个封闭标签中)，如图 8.3 所示。

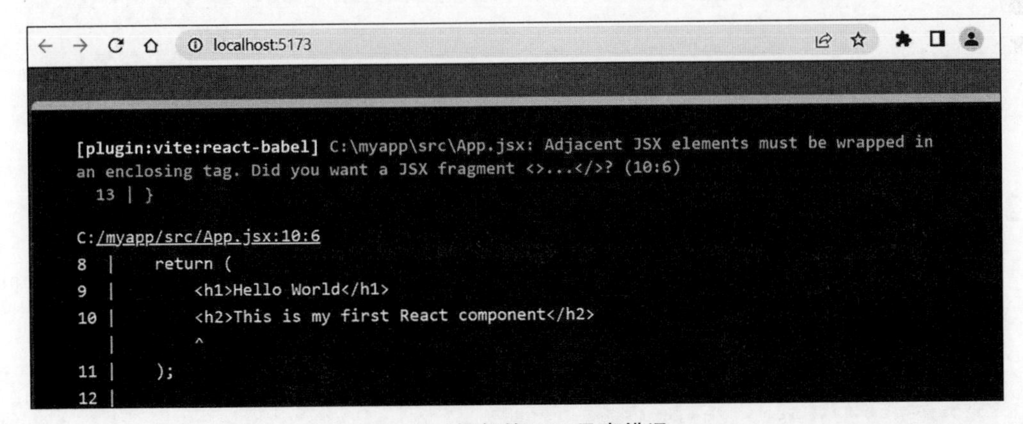

图 8.3　相邻的 JSX 元素错误

如果组件返回多个元素，则必须将它们包装在一个父元素中。要修复此错误，必须将<h1>和<h2>两个元素包装在一个元素中，例如<div>元素，如下面的代码所示。

```
// 将元素包装在<div>元素内
function App() {
    return (
```

```
        <div>
            <h1>Hello World</h1>
            <h2>This is my first React component</h2>
        </div>
    );
}
```

也可以使用<React.Fragment>元素，如下面的代码所示。片段不会向 DOM 树添加任何额外的节点。

```
// 使用片段包装元素
function App() {
    return (
      <React.Fragment>
          <h1>Hello World</h1>
          <h2>This is my first React component</h2>
      </React.Fragment>
    );
}
```

片段还有一种简短的语法，看起来像空的 JSX 标记，代码如下所示。

```
// 使用片段的简短语法
function App() {
    return (
        <>
            <h1>Hello World</h1>
            <h2>This is my first React component</h2>
        </>
    );
}
```

8.2 检查第一个 React 组件

下面仔细看一下第 7 章使用 Vite 创建的第一个 React 应用程序。根文件夹中的 main.jsx 文件的源码如下所示。

```
import React from 'react'
import ReactDOM from 'react-dom/client'
import App from './App'
import './index.css'

ReactDOM.createRoot(document.getElementById('root')).render(
    <React.StrictMode>
      <App />
    </React.StrictMode>,
)
```

文件开头的 import 语句功能是将组件和资源加载到当前文件中。例如，第 2 行从 node_modules 文件夹中导入 react-dom 包；第 3 行导入 App 组件（src 文件夹中的 App.jsx 文件）；第 4 行导入 index.css 样式表文件，它与 main.jsx 文件在同一个文件夹中。

react-dom 包提供了 DOM 特定的方法。要将 React 组件呈现到 DOM，应该使用 react-dom 包中的 render()方法。React.StrictMode 用于发现 React 应用程序中的潜在问题，并将这些问题打印在浏览器控制台中。严格模式只在开发模式下运行，并且会给组件额外的渲染时间，所以它有时间发现 bug。

根(root)API 用于在浏览器 DOM 节点中渲染 React 组件。在下面示例中，首先通过将 DOM 元素传递给 createRoot()方法创建根。root 调用 render()方法将元素呈现给根节点。

```
import ReactDOM from 'react-dom/client';
import App from './App';

const container =document.getElementById('root');

// 创建一个 root 节点
const root =ReactDOM.createRoot(container);

// 在 root 节点上渲染一个元素
root.render(<App />);
```

根 API 中的容器是<div id="root"></div>元素，在项目根文件夹中的 index.html 文件中可以找到该元素。下面是 index.html 文件。

```
<!DOCTYPE html>
<html lang="en">
    <head>
        <meta charset="UTF-8" />
        <link rel="icon" type="image/svg+xml" href="/vite.svg" />
        <meta name="viewport" content="width=device-width, initial-scale=1.0" />
        <title>Vite +React</title>
    </head>
    <body>
        <div id="root"></div>
        <script type="module" src="/src/main.jsx"></script>
    </body>
</html>
```

下面代码是第一个 React 应用程序的 App.jsx 组件。可以看到，import 也用于导入资源，例如图像和样式表。在源代码的最后，有一个 export default 语句，表示导出组件，即其他组件可以通过 import 语句使用该组件。

```
import { useState } from 'react'
import reactLogo from './assets/react.svg'
import viteLogo from '/vite.svg'
import './App.css'

function App() {
```

```
    const [count, setCount] =useState(0)

    return (
      <div className="App">
        <div>
          <a href="https://vitejs.dev" target="_blank">
              <img src={viteLogo} className="logo" alt="Vite logo" />
          </a>
          <a href="https://reactjs.org" target="_blank">
              <img src={reactLogo} className="logo react" alt="React logo" />
          </a>
        </div>
        <h1>Hello React</h1>
        <div className="card">
          <button onClick={() =>setCount((count) =>count +1) }>
               count is {count}
          </button>
          <p>
            Edit <code>src/App.jsx</code>and save to test HMR
          </p>
        </div>
        <p className="read-the-docs">
          Click on the Vite and React logos to learn more
        </p>
      </div>
    )
}

export default App
```

读者可能已注意到，用 Vite 创建的 App 组件中，语句末尾没有分号。分号在 JavaScript 中是可选的，在本书中，创建自己的 React 组件时，将使用分号来结束语句。

每个文件只能有一个 export default 语句，但可以有多个命名的 export 语句。默认导出通常用于导出 React 组件。命名导出通常用于从一个模块导出特定的函数或对象。

下面例子展示了默认导入、导出和命名导入、导出。

```
import React from 'react'          // 导入默认值
import { name } from ...           // 导入命名值
```

导出如下所示：

```
export default React              // 默认导出
export { name }                   // 命名导出
```

前面我们介绍了 React 组件的基础知识，下面来看 ES6 的基本特性。

8.3　ES6 实用特征

ES6 于 2015 年发布(ECMAScript 2015)，它引入了很多新特性。ECMAScript 是一种标准化的脚本语言，JavaScript 是它的一种实现。下面介绍 ES6 中最重要的特性，这些特性将在后面章节中使用。

8.3.1　常量和变量

常量或不可变变量使用 const 关键字定义，如下面代码所示。当使用 const 关键字时，变量内容不能被重新赋值。

```
const PI =3.14159;
```

现在，如果尝试重新给 PI 赋值，就会产生一个错误。可以在浏览器开发人员工具中测试代码，如图 8.4 所示。

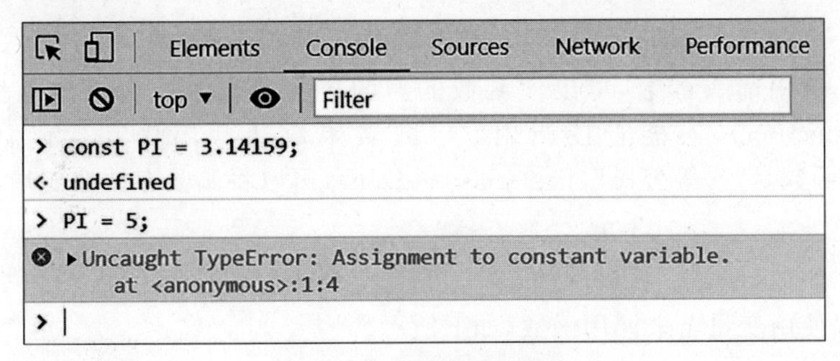

图 8.4　给常量重新赋值

当 const 定义的是对象或数组时，可以更新其属性或元素值。下面例子演示了当 const 是对象或数组时会发生什么。

```
const myObj ={foo: 3};
myObj.foo =5;                    // 正确
```

用 const 声明的变量具有块作用域。也就是这种变量只能在定义它的块中使用。块是大括号({})之间的区域。如果 const 是在任何函数或块之外定义的，它就成了一个**全局变量**(global variable)，应尽量避免这种情况。全局变量会使代码更难理解、维护和调试。下面代码展示了作用域是如何工作的。

```
let count =10;

if (count >5) {
    const total =count * 2;
    console.log(total);                // 在控制台输出 20
}

console.log(total);                    // 错误，变量超出作用域
```

第二个 console.log 语句产生一个错误，因为试图在变量的作用域之外使用 total 变量。let 关键字允许声明可变的块作用域变量。使用 let 声明的变量可以在声明它的块中使用，也可以在它的子块中使用。

8.3.2 箭头函数

在 JavaScript 中定义函数的传统方法是使用 function 关键字。下面的函数接收一个参数并返回参数值乘以 2 的结果。

```
function(x) {
    return x * 2;
}
```

使用 ES6 的箭头函数时，函数可以像下面这样定义。

```
x =>x * 2
```

正如所见，使用箭头函数，可以使函数的声明更加紧凑。这个函数也称为**匿名函数**(anonymous function)，不能直接调用它。匿名函数通常用作其他函数的参数。在 JavaScript 中，函数是"一等公民"(first-class citizen)，可以将函数存储在变量中，如下所示。

```
const calc =x =>x * 2
```

现在，可以使用变量名来调用函数，如下所示。

```
calc(5);                    // 返回 10
```

当函数有多个参数时，必须将参数用圆括号括起来，并用逗号分隔，以便有效地使用箭头函数。例如，下面的函数带有两个参数并返回它们的和。

```
const calcSum =(x, y) =>x +y
calcSum(2, 3);                        // 函数调用，返回 5
```

如果函数体是一个表达式，则不需要使用 return 关键字。表达式总是隐式地从函数返回。当函数体中有多行时，必须使用花括号和 return 语句，如下所示。

```
const calcSum =(x, y) =>{
    console.log('Calculating sum');
    return x +y;
}
```

如果函数不含任何参数，那么应该使用一对空括号，如下面代码所示。

```
const sayHello =() =>"Hello"
```

我们将在后面章节的前端实现中大量使用箭头函数。

8.3.3 模板字面值

模板字面值可用于连接字符串。连接字符串的传统方法是使用加号(＋)操作符，如下所示。

```
let person ={firstName: 'John', lastName: 'Johnson'};
```

```
let greeting ="Hello " +person.firstName +" " +person.lastName;
```

对于模板字面值，语法如下。必须使用反引号(``)来代替单引号或双引号，如下所示。

```
let person ={firstName: 'John', lastName: 'Johnson'};
let greeting =`Hello ${person.firstName} ${person.lastName}`;
```

接下来，我们将学习如何使用对象析构。

8.3.4　对象析构

对象析构(object destructuring)指可以从对象中提取出成员值并将其赋给变量。可以使用单个语句将对象的多个属性赋给一组变量。例如，有下面 person 对象：

```
const person ={
    firstName: 'John',
    lastName: 'Johnson',
    email: 'j.johnson@mail.com'
};
```

则可以用下面的语句析构该对象：

```
const { firstName, lastName, email } =person;
```

这将创建3个变量：firstName、lastName 和 email，它们的值来自 person 对象。要是没有对象析构，就必须单独访问每个属性，如下面代码所示。

```
const firstName =person.firstName;
const lastName =person.lastName;
const email =person.email;
```

接下来，学习如何使用 ES6 的 JavaScript 语法创建类。

8.3.5　类与继承

ES6 中的类定义与其他面向对象语言(如 Java 或 C#)类似。在前面介绍如何创建 React 类组件时，已经看到了一个 ES6 类。但是，正如前文所说，不推荐使用类创建 React 组件。

定义类的关键字是 class。类可以有字段、构造方法和类方法。下面的示例代码展示了一个 ES6 类。

```
class Person {
    constructor(firstName, lastName) {
        this.firstName =firstName;
        this.lastName =lastName;
    }
}
```

类的继承使用 extends 关键字实现。下面代码定义了 Employee 类，它继承了 Person

类。这意味着 Employee 类将继承 Person 类的所有字段，并且可以拥有自己的特定于 Employee 的字段。在构造方法中，首先使用 super 关键字调用父类的构造方法。该语句是必需的，如果缺少 super 语句，将产生一个错误。

```
class Employee extends Person {
    constructor(firstName, lastName, title, salary) {
        super(firstName, lastName);
        this.title =title;
        this.salary =salary;
    }
}
```

尽管 ES6 出现时间较长，但它的一些特性仍然只被部分现代 Web 浏览器支持。Babel 是一个 JavaScript 编译器，用于将 ES6(或更新版本)编译为与所有浏览器兼容的旧版本。可以在 Babel 网站(https://babeljs.io)上测试编译器。图 8.5 显示了将箭头函数编译成之前 JavaScript 语法的代码。

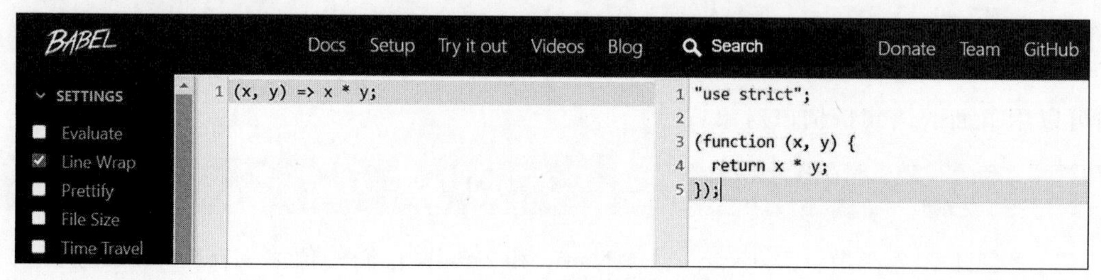

图 8.5　Babel 界面

8.4　JSX 和样式

JavaScript XML(JSX)是 JavaScript 语法的扩展。在 React 中使用 JSX 并不是强制性的，但是好处可以使开发更容易。例如，JSX 可以防止注入攻击，因为所有值在呈现之前都在 JSX 中进行了转义。最有用的特性是可在 JSX 中嵌入 JavaScript 表达式，方法是用花括号括起来。这个技巧将在接下来的章节中大量使用。JSX 被 Babel 编译成普通的 JavaScript 代码。

在下面的例子中可以看到，使用 JSX 可以访问一个组件的属性。

```
function App(props) {
    return <h1>Hello World {props.user}</h1>;
}
```

也可以传递一个 JavaScript 表达式作为 props，如下面的代码片段所示。

```
<Hello count={2+2} />
```

可以对 React JSX 元素使用内联和外部样式。下面是两个内联样式的例子。第一个定义了<div>元素内联样式。

```
<div style={{ height: 20, width: 200 }}>
    Hello
</div>
```

第二个示例首先创建一个样式对象,然后在<div>元素中使用它。对象名称应该使用camelCase命名约定。

```
const divStyle ={ color: 'red', height: 30 };

const MyComponent = () =>(
    <div style={divStyle}>Hello</div>
);
```

如8.3节所示,可以将样式表导入React组件。要从外部CSS文件中引用类,应该使用标记的className属性,如下面代码所示。

```
import './App.js';
...
<div className="App-header">This is my app</div>
```

8.5节介绍React的属性和状态。

8.5 属性和状态

属性和状态是渲染一个组件的输入数据。当属性或状态改变时,组件会被重新渲染。

8.5.1 属性

属性(props)是向组件的输入,是一种将数据从父组件传递给子组件的机制。属性是JavaScript对象,因此它们可以包含多个键值对。

属性是不可变的,所以组件不能改变它的属性。属性是从父组件接收的。组件可以通过参数传递给函数组件的属性对象来访问属性,例如下面的组件。

```
function Hello() {
    return <h1>Hello John</h1>;
}
```

该组件只是呈现一个静态消息,它是不可重用的。可以不用硬编码一个名称,而是使用属性将一个名称传递给Hello组件,如下所示。

```
function Hello(props) {
    return <h1>Hello {props.user}</h1>;
}
```

在父组件中可以通过以下方式向 Hello 组件发送属性。

```
<Hello user="John" />
```

现在，当 Hello 组件呈现时，它会显示 Hello John 文本。

也可以向一个组件传递多个属性，下面代码传递两个属性。

```
<Hello firstName="John" lastName="Johnson" />
```

现在，就可以使用 props 对象访问组件中的两个属性，如下所示。

```
function Hello(props) {
    return <h1>Hello {props.firstName} {props.lastName}</h1>;
}
```

现在，渲染组件输出将是 Hello John Johnson。

也可以用对象析构来析构一个 props 对象，方法如下。

```
function Hello({ firstName, lastName }) {
    return <h1>Hello {firstName} {lastName}</h1>;
}
```

8.5.2 状态

在 React 中，**状态**(state)是组件的一个内部数据存储，它保存可以随时间变化的信息。状态也会影响组件的呈现。当状态更新时，React 会安排组件重新呈现。当组件重新呈现时，状态将保留其最新的值。状态允许组件动态地响应用户交互或其他事件。

在 React 组件中避免引入不必要的状态通常是一种好做法。不必要的状态会增加组件的复杂性，并可能导致不必要的副作用。有时，使用局部变量可能是更好的选择。但必须清楚，**对局部变量的更改不会触发组件重新渲染**。组件每次重新渲染时，局部变量都会被重新初始化，并且它们的值不会在渲染之间持续存在。

组件状态是使用 useState()钩子函数创建的。它接受一个参数，即状态的初始值，并返回一个包含两个元素的数组。第一个元素是状态的名称，第二个元素是用于更新状态值的函数。useState()钩子函数的语法如下所示。

```
const [state, setState] =React.useState(initialValue);
```

下面代码示例创建了一个名为 name 的状态变量，初始值为 Jim。

```
const [name, setName] =React.useState('Jim');
```

需要从 React 中导入 useState()函数，如下所示。

```
import React, { useState } from 'react';
```

然后，就可以直接使用 useState()函数而不需要使用 React 关键字，如下所示。

```
const [name, setName] =useState('Jim');
```

状态的值现在可以通过使用 setName()函数来更新，如下面的代码所示。这是修改状态值的唯一方法。

```
// 更新 name 状态值
setName('John');
```

永远不要使用等号(=)操作符直接更新状态值。如果直接更新状态，React 不会重新渲染组件，还会得到一个错误，因为不能重新为 const 变量赋值，如下所示。

```
// 不要这样做,UI 不会重新渲染组件
name = 'John';
```

如果有多个状态，需要多次调用 useState()函数，如下面代码所示。

```
// 创建两个状态: firstName 和 lastName
const [firstName, setFirstName] =useState('John');
const [lastName, setLastName] =useState('Johnson');
```

现在，可以使用 setFirstName()和 setLastName()函数更新状态，如下面代码所示。

```
// 更新状态值
setFirstName('Jim');
setLastName('Palmer');
```

读者也可以使用对象来定义状态，如下所示。

```
const [name, setName] =useState({
    firstName: 'John',
    lastName: 'Johnson'
});
```

现在，可以使用 setName()函数更新 firstName 和 lastName 状态对象参数，如下所示。

```
setName({ firstName: 'Jim', lastName: 'Palmer' })
```

如果希望只更新对象部分状态，可以使用**展开操作符**(spread operator)。下面的示例中，使用 ES2018 中引入的对象展开语法(…)。它克隆 name 对象状态并只将 firstName 值更新为 Jim。

```
setName({ ...name, firstName: 'Jim' })
```

可以使用状态名访问状态，如下面示例所示。状态的作用域是组件，所以它不能在定义它的组件之外使用。

```
// 渲染 Hello John
import React, { useState } from 'react';

function MyComponent() {
    const [firstName, setFirstName] = useState('John');

    return <div>Hello {firstName}</div>;
}
```

如果状态是一个对象，那么可以用下面的方式访问它。

```
const [name, setName] = useState({
    firstName: 'John',
    lastName: 'Johnson'
});

return <div>Hello {name.firstName}</div>;
```

现在我们学习了属性和状态的基础知识，本章后面将学习更多关于状态的知识。

8.5.3 无状态组件

React **无状态组件**(stateless component)只是一个纯 JavaScript 函数，它接受属性作为参数并返回一个 React 元素。下面是一个无状态组件的例子。

```
function HeaderText(props) {
    return (
      <h1>
        {props.text}
      </h1>
    )
}

export default HeaderText;
```

这里的 HeaderText 组件也称为**纯组件**(pure component)。一个组件，如果给定相同的输入值，其返回值始终相同，则称该组件为纯组件。React 提供了 React.memo()，它优化了纯函数组件的性能。下面的代码中使用 memo()包装组件。

```
import React, { memo } from 'react';

function HeaderText(props) {
    return (
      <h1>
        {props.text}
      </h1>
    )
}

export default memo(HeaderText);
```

现在，组件被渲染和**记忆**。在下一次渲染中，如果属性没有改变，React会渲染它所记忆的结果。React.memo()短语还有第二个参数arePropsEqual()，可以使用它来定制渲染条件，但这里我们不讨论它。使用函数组件的一个好处是单元测试，它很简单，因为对于相同的输入值，它们的返回值总是相同的。

8.6 条件渲染

如果某个条件为true或false，可以使用条件语句渲染不同的UI。例如，可以使用该特性来显示或隐藏某些元素、处理身份验证等。

在下面的例子中，检查如果props.isLoggedin为true，渲染<Logout />组件，否则，渲染<Login />组件。这可以使用两个单独的return语句来实现。

```
function MyComponent(props) {
    const isLoggedin =props.isLoggedin;

    if (isLoggedin) {
      return (
        <Logout />
      )
    }

    return (
      <Login />
    )
}
```

也可以使用condition ? true: false逻辑运算符，这样就只需要一个return语句，如下所示。

```
function MyComponent(props) {
    const isLoggedin =props.isLoggedin;
    return (
      <>
        { isLoggedin ? <Logout />: <Login />}
      </>
    );
}
```

8.7 React钩子

钩子(hook)是从React 16.8版本开始引入的。钩子允许在函数组件中使用状态和其他React特性。在钩子出现之前，如果需要状态或复杂的组件逻辑，必须使用类组件。

在React中使用钩子有一些重要的规则。应该总是在React函数组件的顶层调用钩子。不应该在循环、条件语句或嵌套函数中调用钩子。钩子名以use开头，后面跟着它们的用途。

8.7.1 useState

前面已经用到了声明状态的 useState 钩子函数。下面再看一个使用 useState 钩子的例子。这里创建一个包含按钮的计数器，当按下按钮时，计数器增 1，如图 8.6 所示。

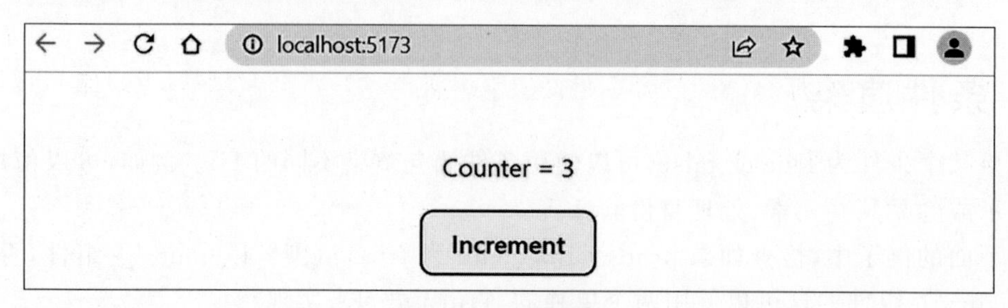

图 8.6　计数器组件

(1) 创建一个 Counter 组件，并声明一个名为 count 的状态，初始值为 0。计数器状态的值可以使用 setCount 函数更新，代码如下所示。

```
import { useState } from 'react';

function Counter() {
    // count 状态初值为 0
    const [count, setCount] =useState(0);
    return <div></div>;
};

export default Counter;
```

(2) 接下来，需要渲染一个按钮元素，它将状态增加 1。使用 onClick 事件属性调用 setCount 函数，新值是当前值加 1。还将呈现计数器状态值。代码如下所示。

```
import { useState } from 'react';

function Counter() {
    const [count, setCount] =useState(0);

    return (
      <div>
        <p>Counter ={count}</p>
        <button onClick={() =>setCount(count +1)}>
         Increment
        </button>
      </div>
    );
};

export default Counter;
```

(3) 现在已经准备好 Counter 组件，每次按下按钮，计数器就增加 1。当状态更新时，React 会重新呈现组件，可以看到新的计数值。

在 React 中，事件使用 camelCase 规范命名，例如 onClick。

注意，setCount()函数必须使用箭头函数**传递**给事件处理程序，然后 React 在用户单击按钮时调用该函数。箭头函数编写起来更紧凑，并且代码可读性更高。如果在事件处理程序中直接调用该函数，那么该函数将在组件渲染时被调用，这可能会导致无限循环。

```
// 正确 ->按钮被单击将调用函数
<button onClick={() =>setCount(count +1)}>

// 错误 ->渲染期间函数被调用 ->无限循环
<button onClick={setCount(count +1)}>
```

状态更新是异步的，所以当新状态值依赖当前状态值时，必须小心。为了确保使用最新的值，可以将一个函数传递给更新函数。下面是一个例子。

```
setCount(prevCount =>prevCount +1)
```

现在，上一个值被传递给函数，更新后的值被返回并保存到 count 状态中。

React 还有一个名为 useReducer 的钩子函数，当需要一个复杂的状态时，推荐使用它，但在本书中不会介绍它。

8.7.2 批处理

React 在状态更新中使用**批处理**(batching)来减少重新渲染。在 React 18 之前，批处理只在浏览器事件期间更新的状态下工作，例如单击一个按钮时。下面的例子演示了批处理更新的思想。

```
import { useState } from 'react';

function App() {
    const [count, setCount] =useState(0);
    const [count2, setCount2] =useState(0);

    const increment =() =>{
      setCount(count +1);                        // 此时还没有重新渲染
      setCount2(count2 +1);
      // 所有状态更新后，组件重新渲染
    }

    return (
      <>
        <p>Counters: {count} {count2}</p>
        <button onClick={increment}>Increment</button>
```

```
      </>
  );
};

export default App;
```

从 React 18 开始，所有状态更新都将采用批处理。如果在某些情况下不想使用批处理更新，可以使用 react-dom 库的 flushSync API 来避免批处理。例如，读者可能希望在更新下一个状态之前更新某个状态。这在整合第三方代码(如浏览器 API)时非常有用。

下面是实现此功能的代码。

```
import { flushSync } from "react-dom";

const increment = () =>{
    flushSync( () =>{
        setCount(count +1);                          // 并未批处理更新
    });
}
```

读者应只在必要的时候使用 flushSync，因为它会影响 React 应用的性能。

8.7.3　useEffect

useEffect 钩子函数可以用来在 React 函数组件中执行副作用。例如，副作用可能是一个 fetch 请求。useEffect 钩子接受两个参数，如下所示。

```
useEffect(callback, [dependencies])
```

callback 函数包含副作用逻辑，[dependencies]是一个可选的依赖数组。

下面的代码展示了前面的计数器示例，这里使用了 useEffect 钩子。现在，当按钮被按下时，计数状态值增加，组件被重新渲染。每次渲染后，调用 useEffect 回调函数，可以在控制台中看到“Hello from useEffect”字样，代码如下所示。

```
import { useState, useEffect } from 'react';

function Counter() {
    const [count, setCount] =useState(0);

    // 每次渲染后调用
    useEffect(() =>{
        console.log('Hello from useEffect')
    });

    return (
      <>
        <p>{count}</p>
          <button onClick={() =>setCount(count +1) }>Increment
          </button>
```

```
        </>
    );
};

export default Counter;
```

图 8.7 中可以看到控制台的输出情况，并且可以看到每次渲染后都会调用 useEffect 回调函数。第一行日志在初始渲染后打印，其余行在按钮被按两次之后打印，并且由于状态更新而重新渲染组件。

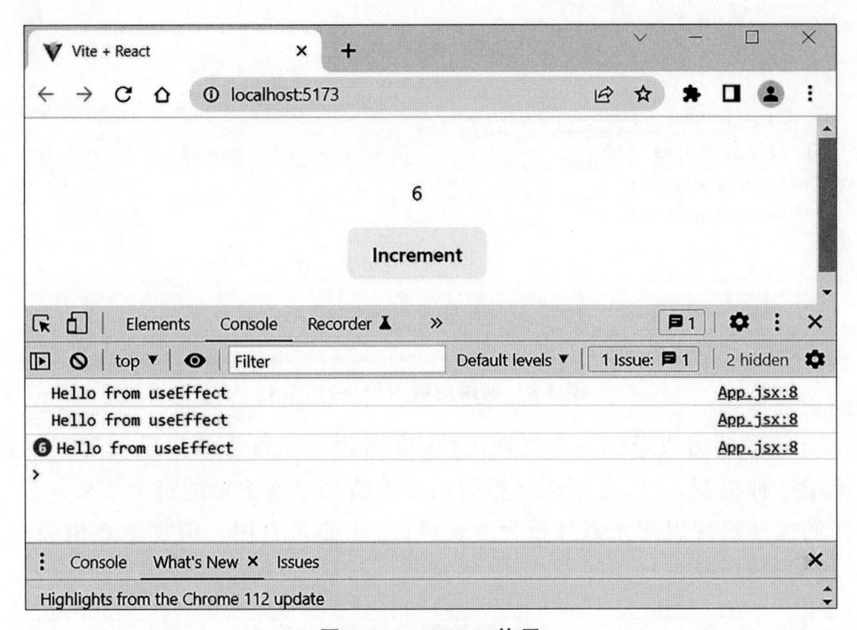

图 8.7　useEffect 钩子

useEffect 钩子有第二个可选参数（一个依赖数组），可以使用它来防止它在每次渲染中运行。在下面的代码中，定义如果 count 状态值被改变（即之前的值和当前的值不同），将调用 useEffect 回调函数。还可以在第二个参数中定义多个状态。如果这些状态值中的任何一个被改变，useEffect 钩子都将被调用。

```
// 当 count 值改变,组件被重新渲染时运行
useEffect(() =>{
    console.log('Counter value is now ' +count);
}, [count]);
```

如果传递一个空数组作为第二个参数，useEffect 回调函数只在第一次渲染后运行，如下面的代码所示。

```
// 仅在第一次渲染后运行
useEffect(() =>{
    console.log('Hello from useEffect')
}, []);
```

现在，可以看到"Hello from useEffect"在初始渲染之后只打印一次，如果按下按钮，则不打印文本，如图 8.8 所示。由于 React 采用严格模式，该消息在第一次渲染后打印两次。严格模式将组件在开发模式下渲染两次以查找 bug，并且不会影响生产构建。

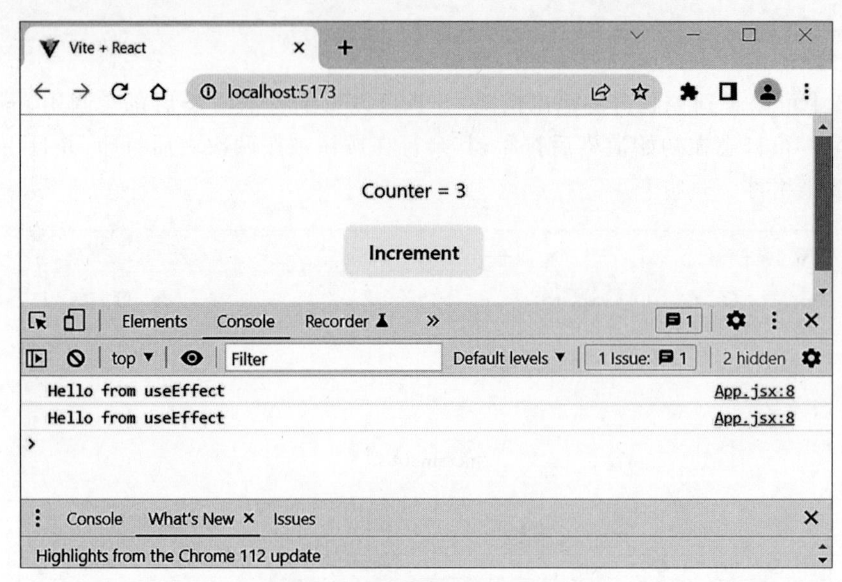

图 8.8　使用空数组的 useEffect

useEffect 函数还可以返回一个清理函数，该函数将在每个效果之前运行，如下面的代码所示。使用这种机制，可以在下次运行效果之前清理之前渲染的每个效果。当设置订阅、计时器或任何需要清理以防止意外行为的资源时，它非常有用。清理函数也会在组件从页面中移除(或卸载)后执行。

```
useEffect(() =>{

  console.log('Hello from useEffect');
  return () =>{
    console.log('Clean up function');
  };
}, [count]);
```

做了这些修改后，运行计数器应用程序，在控制台的结果如图 8.9 所示。由于使用严格模式，组件在开始时被渲染两次。在初始渲染之后，组件被卸载(从 DOM 中移除)，因此，清理函数被调用。

8.7.4　useRef

useRef 钩子函数返回一个可变的 ref 对象，它可以用来访问 DOM 节点。下面代码中可看到它的作用。

```
const ref =useRef(initialValue)
```

返回的 ref 对象有一个 current 属性，该属性是用传入的参数(initialValue)初始化的。

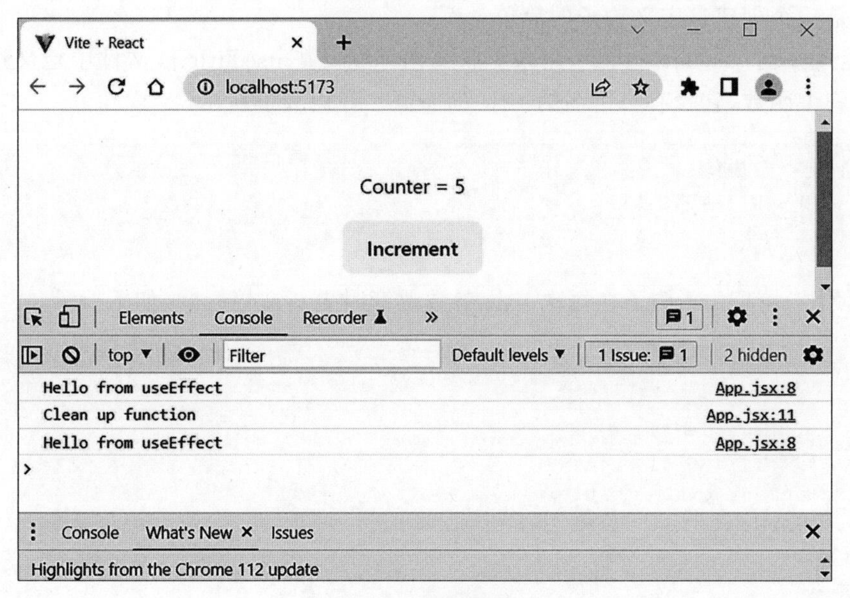

图 8.9　清理函数

在下面示例中，创建一个名为 inputRef 的 ref 对象，并将其初始化为 null。然后，使用 JSX 元素的 ref 属性并将 ref 对象传递给它。它包含了 input 元素，可以使用 current 属性来执行 input 元素的 focus 函数。现在，当按钮被按下时，输入元素获得焦点。

```
import { useRef } from 'react';
import './App.css';

function App() {
    const inputRef =useRef(null);

    return (
      <>
        <input ref={inputRef} />
        <button onClick={() =>inputRef.current.focus()}>
          Focus input
        </button>
      </>
    );
}

export default App;
```

我们已经学习了 React 钩子的基础知识，在前端开发中涉及许多与其相关的实践。React 中还有其他有用的钩子函数，接下来学习如何创建自己的钩子。

8.7.5　自定义钩子

在 React 中用户可以定义自己的钩子。如读者所见，钩子的名字应该以 use 开头，它们是 JavaScript 函数。自定义钩子也可以调用其他钩子。使用自定义钩子，可以降低组件代码的复杂性。

下面是一个创建自定义钩子的简单示例。

（1）创建一个 useTitle 钩子，用来更新文档标题。在 useTitle.js 文件中定义这个钩子。首先定义一个函数，它含有一个名为 title 的参数。代码如下所示。

```
// useTitle.js
function useTitle(title) {
}
```

（2）使用 useEffect 钩子在每次 title 参数改变时更新文档标题，如下所示。

```
import { useEffect } from 'react';

function useTitle(title) {
    useEffect(() => {
      document.title = title;
    }, [title]);
}

export default useTitle;
```

（3）现在就可以使用这个自定义钩子了。在计数器示例中使用它，并将当前计数器值打印到文档标题中。首先，需要将 useTitle 钩子导入 Counter 组件中，如下所示。

```
import useTitle from './useTitle';

function Counter() {
    return (
      <>
      </>
    );
};

export default Counter;
```

（4）使用 useTitle 钩子将计数状态值打印到文档标题中。在 Counter 函数组件的顶层调用钩子函数，每次组件被渲染时，都会调用 useTitle 钩子函数，可以在文档标题中看到当前的计数值。代码如下所示。

```
import React, { useState } from 'react';
import useTitle from './useTitle';

function App() {
    const [count, setCount] = useState(0);
    useTitle(`You clicked ${count} times`);

    return (
      <>
        <p>Counter = {count}</p>
```

```
            <button onClick={ () =>setCount(count +1) }>
                Increment
            </button>
        </>
    );
};

export default App;
```

(5) 运行程序，当单击 Increment 按钮时，使用自定义钩子就会将 count 状态值显示在文档标题中，如图 8.10 所示。

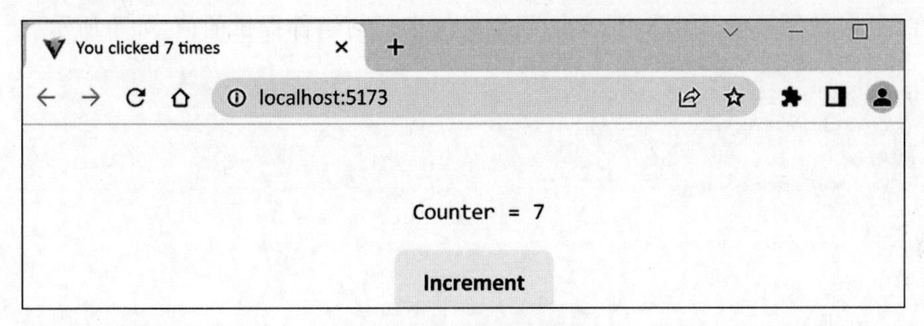

图 8.10　自定义钩子

现在，读者已经掌握了 React 钩子的基本知识，以及如何创建自定义钩子。

8.8　Context API

如果组件树层次很深又比较复杂，那么使用属性传递数据可能会很麻烦。数据必须在组件树中通过所有组件向下传递。使用 **Context API** 就可以解决这个问题，建议将其用于组件树中多个组件中可能需要的全局数据，例如主题或经过身份验证的用户。

使用 createContext()方法创建 Context，该方法带一个参数指定默认值。可以为上下文创建自己的文件，代码如下所示。

```
import React from 'react';

const AuthContext =React.createContext('');

export default AuthContext;
```

接下来将使用上下文提供者组件，它使上下文可用于其他组件。上下文提供者组件有一个传递给消费组件的 value 属性。下面的例子中使用上下文提供者组件包装了 <MyComponent />，所以 userName 值在 <MyComponent /> 下的组件树中可用。

```
import React from 'react';
import AuthContext from './AuthContext';
import MyComponent from './MyComponent';

function App() {
```

```
    // 用户经过身份验证,得到用户名
    const userName = 'john';

    return (
      <AuthContext.Provider value={userName}>
        <MyComponent />
      </AuthContext.Provider>
    );
};

export default App
```

现在,可以使用 useContext 钩子访问组件树中任何组件提供的值,如下所示。

```
import React from 'react';
import AuthContext from './AuthContext';

function MyComponent() {
    const authContext =React.useContext(AuthContext);

    return(
      <>
        Welcome {authContext}
      </>
    );
}

export default MyComponent;
```

组件现在呈现“Welcome john”文本。

8.9　用 React 处理列表

本节学习使用 JavaScript 的 map()方法处理列表,该方法在操作列表时非常有用。map()方法创建一个新数组,其中包含对原始数组中的每个元素调用一个函数的结果。下面的例子将每个数组元素乘以 2。

```
const arr =[1, 2, 3, 4];
const resArr =arr.map(x =>x * 2);          // resArr =[2, 4, 6, 8]
```

下面的示例代码演示了一个组件,该组件将整数数组转换为列表项数组,并将其呈现在 <ul>元素中。

```
import React from 'react';

function MyList() {
    const data =[1, 2, 3, 4, 5];

    return (
```

```
      <>
        <ul>
        {
            data.map((number) =>
            <li>Listitem {number}</li>)
        }
        </ul>
      </>
    );
};

export default MyList;
```

图 8.11 显示了组件渲染时的样子。如果打开控制台,会看到一条警告: Each child in a list should have a unique "key" prop。

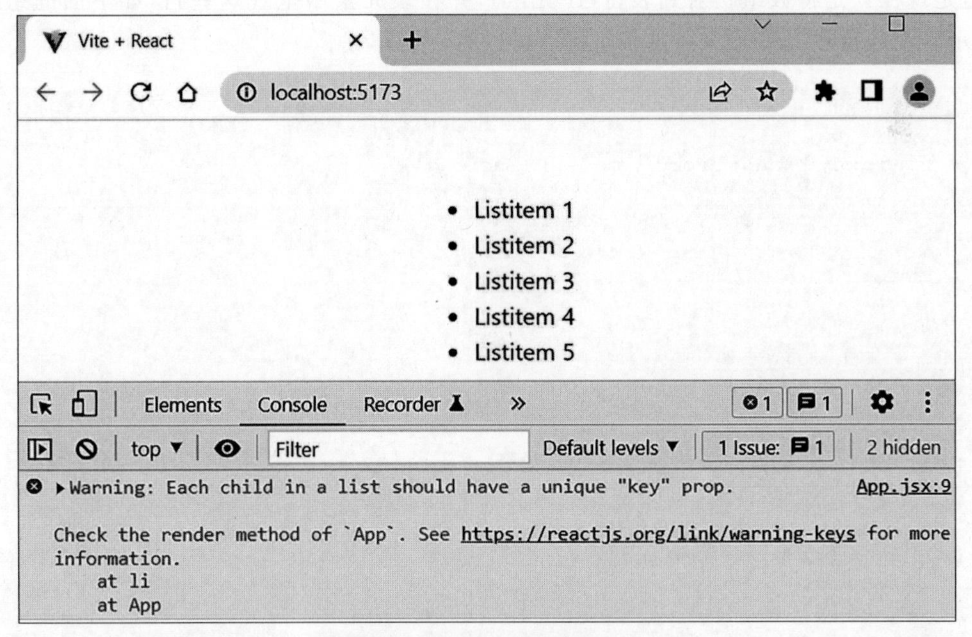

图 8.11　组件渲染时的样子

React 中的列表项需要一个唯一的键,用于检测已更新、添加或删除的行。map()方法也有 index 作为第二个参数,它用来处理警告。

```
function MyList() {
    const data =[1, 2, 3, 4, 5];

    return (
      <>
      <ul>
        {
            data.map((number, index) =>
              <li key={index}>Listitem {number}</li>)
        }
      </ul>
```

```
    </>
    );
};

export default MyList;
```

现在,在添加了键之后,控制台中就不再有任何警告。

不建议使用 index,因为如果对列表重新排序、添加或删除列表项,可能会导致错误。相反,应该使用来自数据的唯一键(如果存在)。还可以使用一些库来生成唯一的 id,例如 uuid。

如果数据是一个对象数组,那么以表格形式表示会更好。处理方式与处理列表大致相同,但是现在只是将数组映射到表行(tr 元素),并在表元素中呈现这些行,如下面的组件代码所示。在数据中有一个唯一的 ID,所以可以将它用作键。

```
function MyTable() {
    const data =[
      {id: 1, brand: 'Ford', model: 'Mustang'},
      {id: 2, brand: 'VW', model: 'Beetle'},
      {id: 3, brand: 'Tesla', model: 'Model S'}];

    return (
      <>
      <table>
        <tbody>
        {
        data.map((item) =>
        <tr key={item.id}>
            <td>{item.brand}</td><td>{item.model}</td>
        </tr>)
        }
        </tbody>
      </table>
      </>
    );
};

export default MyTable;
```

图 8.12 显示了组件呈现时的样子,这些数据显示在 HTML 表格中。

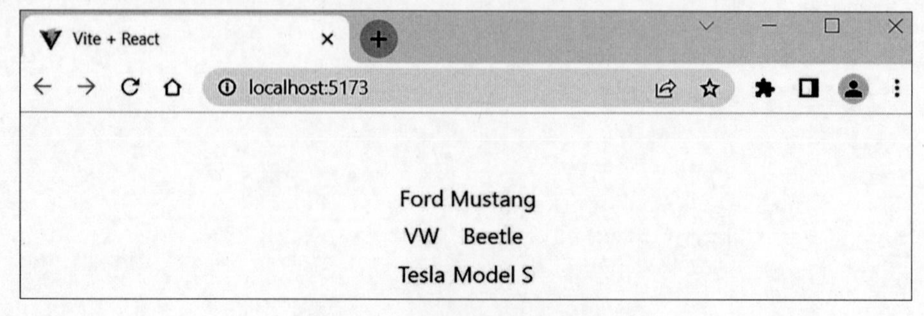

图 8.12　组件呈现时的样子

现在,我们学习了如何使用 map()方法处理列表数据,以及如何使用 HTML 的<table>元素渲染列表数据。

8.10　React 事件处理

React 的事件处理类似于 DOM 元素事件处理。与 HTML 事件处理相比,React 事件命名使用 camelCase 约定。下面组件代码为按钮添加了一个事件监听器,按钮被单击时会显示一条警告消息。

```
function MyComponent() {
    // 当按钮被单击时函数被调用
    const handleClick = () => {
        alert('Button pressed');
    }
    return (
        <>
            <button onClick={handleClick}>Press Me</button>
      </>
    );
};

export default MyComponent;
```

正如在前面的计数器例子中看到的,必须将一个函数传递给事件处理程序,而不是调用它。这里,handleClick()函数定义在 return 语句之外,应该使用函数名来引用它。

```
// 正确
<button onClick={handleClick}>Press Me</button>

// 错误
<button onClick={handleClick()}>Press Me</button>
```

在 React 中,不能从事件处理程序返回 false 来阻止默认行为。相反,应该调用事件对象的 preventDefault()方法。下面的例子使用了一个 form 元素,我们打算阻止表单提交。

```
function MyForm() {
    // 当表单被提交时调用该函数
    const handleSubmit = (event) => {
      event.preventDefault();                    // 阻止默认行为
      alert('Form submit');
    }

    return (
      <form onSubmit={handleSubmit}>
        <input type="submit" value="Submit" />
      </form>
    );
};

export default MyForm;
```

现在，当单击 Submit 按钮时，会看到警告框，表单数据不会被提交。

8.11　用 React 处理表单

React 的表单处理有一点不同。HTML 表单在提交时将导航到下一页。在 React 中，经常希望调用一个 JavaScript 函数，该函数可以在提交后访问表单数据，并避免导航到下一页。8.10 节介绍了如何使用 preventDefault()来避免提交。

下面创建一个带有输入字段和提交按钮的简单表单。为了获得输入字段的值，使用 onChange 事件处理程序。这里使用 useState 钩子创建一个名为 text 的状态变量。当输入字段的值被更改时，新值将被保存到状态中。这个组件称为**受控组件**(controlled component)，因为表单数据由 React 处理。在非受控组件中，表单数据仅由 DOM 处理。

setText(event.target.value)语句从 input 字段获取值并将其保存在 text 状态中。最后，当用户单击 Submit 按钮时显示输入的值。下面是第一个表单的源代码。

```
import { useState } from 'react';

function MyForm() {
    const [text, setText] =useState('');

    // 当输入元素值被更改时,将其保存到状态中
    const handleChange = (event) =>{
      setText(event.target.value);
    }

    const handleSubmit = (event) =>{
      alert(`You typed: ${text}`);
      event.preventDefault();
    }

    return (
      <form onSubmit={handleSubmit}>
        <input type="text" onChange={handleChange}
            value={text}/>
        <input type="submit" value="Press me"/>
      </form>
    );
};

export default MyForm;
```

单击表单组件提交按钮后的结果如图 8.13 所示。

还可以使用 JSX 编写一个内联 onChange()处理函数，如下面代码所示。如果事件处理函数代码比较简单，这是很常见的做法，这会使代码更易读。

```
return (
    <form onSubmit={handleSubmit}>
      <input
        type="text"
        onChange={event =>setText(event.target.value)}
```

```
        value={text}/
      >
      <input type="submit" value="Press me"/>
    </form>
);
```

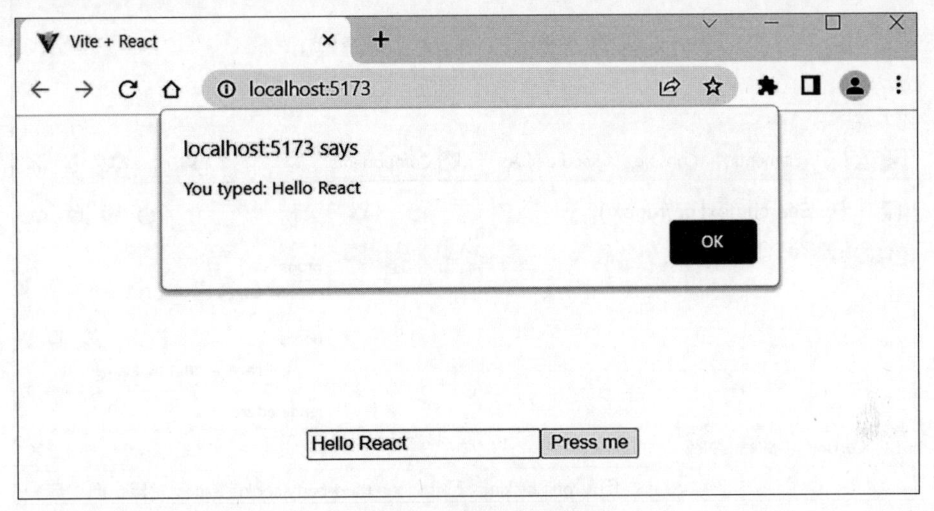

图 8.13　表单组件的结果

下面来看 React 开发者工具，它对调试 React 应用程序很有用。

如果还没有安装 React 开发者工具，可以在第 7 章中找到安装说明。

如果在 React 表单应用中打开 React 开发者工具的 Components 选项卡，并在输入字段中输入一些内容，就可以看到状态值是如何变化的，还可以检查 props 和 state 的当前值。

图 8.14 显示了当在输入字段中输入一些内容时，状态是如何变化的。

通常，表单包含多个输入字段。下面来看如何使用对象状态来处理这个问题。首先，使用 useState 钩子引入一个名为 user 的状态，如下面代码所示。user 状态是一个对象，有 3 个属性：firstName、lastName 和 email。

```
const [user, setUser] =useState({
    firstName: '',
    lastName: '',
    email: ''
});
```

处理多个输入字段的一种方法是添加与输入字段数量相同的更改处理程序，但这会产生大量样板代码，应该避免。因此，为输入字段添加 name 属性，然后就可以在更改处理程序中利用该属性确定哪个输入字段触发更改处理程序。input 元素的 name 属性值必须与要保存值的 state 对象属性的名称相同，并且 value 属性应该是 object.property，例如，lastName 输入

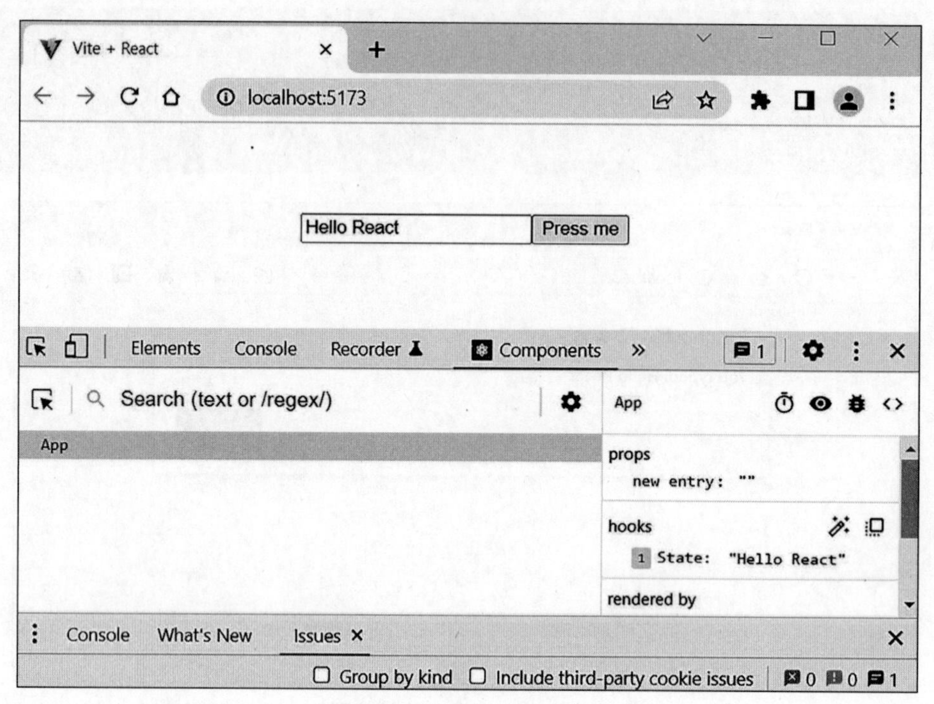

图 8.14　React 开发者工具

元素，代码如下所示。

```
<input type="text" name="lastName" onChange={handleChange}
  value={user.lastName}/>
```

现在，如果触发处理程序的输入字段是 lastName 字段，那么 event.target.name 就是 lastName，并且输入的值将保存到状态对象的 lastName 字段中。这里还将使用前面介绍的对象展开表示法。通过这种方式，就可以用一个更改处理程序处理所有输入字段，如下所示。

```
const handleChange = (event) => {
  setUser({...user, [event.target.name]:
      event.target.value});
}
```

以下是该组件的完整源代码。

```
import { useState } from 'react';

function MyForm() {
    const [user, setUser] = useState({
      firstName: '',
      lastName: '',
      email: ''
    });
```

```
    // 当输入框中的值被更改时,将其保存为状态
    const handleChange = (event) => {
      setUser({...user, [event.target.name]:
          event.target.value});
    }

    const handleSubmit = (event) => {
      alert(`Hello ${user.firstName} ${user.lastName}`);
          event.preventDefault();
    }

    return (
      <form onSubmit={handleSubmit}>
        <label>First name </label>
        <input type="text" name="firstName" onChange=
            {handleChange}
          value={user.firstName}/><br/>
        <label>Last name </label>
        <input type="text" name="lastName" onChange=
            {handleChange}
          value={user.lastName}/><br/>
        <label>Email </label>
        <input type="email" name="email" onChange=
            {handleChange}
          value={user.email}/><br/>
        <input type="submit" value="Submit"/>
      </form>
    );
};

export default MyForm;
```

在表单组件上单击 Submit 按钮后的结果如图 8.15 所示。

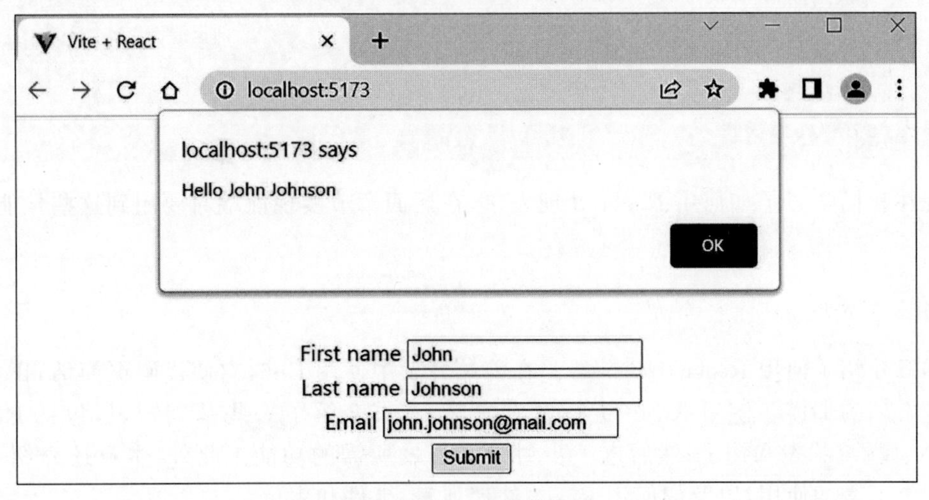

图 8.15　React 表单组件

在前面示例中,最好创建一个对象状态,因为所有 3 个值都属于一个用户。它也可以使用单独的状态来实现,而不是使用一个状态和对象。下面代码演示了这一点。现在,有 3 个

状态，在输入元素的 onChange 事件处理程序中，调用正确的更新函数将值保存到状态中。在本例中，不需要 name 输入元素的 name 属性。

```
import { useState } from 'react';

function MyForm() {
    const [firstName, setFirstName] =useState('');
    const [lastName, setLastName] =useState('');
    const [email, setEmail] =useState('');

    const handleSubmit = (event) =>{
      alert('Hello ${firstName} ${lastName}');
      event.preventDefault();
    }

    return (
      <form onSubmit={handleSubmit}>
        <label>First name </label>
        <input
            onChange={e =>setFirstName(e.target.value)}
            value={firstName}/><br/>
        <label>Last name </label>
        <input
            onChange={e =>setLastName(e.target.value)}
            value={lastName}/><br/>
        <label>Email </label>
        <input
            onChange={e =>setEmail(e.target.value)}
            value={email}/><br/>
        <input type="submit" value="Press me"/>
      </form>
    );
};

export default MyForm;
```

现在我们学习了如何用 React 处理表单，在后面章节实现前端时要用到这些技能。

小结

本章介绍了使用 React 构建前端。在前端开发中使用 ES6，它使代码更简洁，正如本章中读者看到的那样。使用 React 进行开发之前，本书介绍了一些基础知识，包括 React 组件、JSX、属性、状态和钩子；然后进一步讨论了开发所需的功能。此外，本章还介绍了条件渲染和上下文的使用，以及如何用 React 处理列表、事件和表单。

第 9 章将重点介绍 TypeScript 和 React，学习 TypeScript 的基础知识以及如何在 React 项目中使用它。

思考题

1. 什么是 React 组件?
2. 什么是状态和属性?
3. 数据是如何在 React 应用程序中流动的?
4. 无状态组件和有状态组件的区别是什么?
5. 什么是 JSX?
6. React 的钩子是如何命名的?
7. 上下文(context)是如何起作用的?

第 9 章 TypeScript 简介

本章介绍 TypeScript,首先介绍在 React 中使用 TypeScript 所需的基本技能,然后学习使用 TypeScript 创建一个 React 应用程序。

本章研究如下主题:

- 理解 TypeScript;
- 在 React 中使用 TypeScript 特性;
- 用 TypeScript 创建 React 应用。

9.1 理解 TypeScript

TypeScript 是微软公司开发的一种开源编程语言,它在 JavaScript 的基础上增加了静态类型、类和接口等特性,从而使其更适合大型应用程序的开发和维护。近年来,TypeScript 在业界得到了广泛的应用。它有一个活跃的开发社区,并得到了大多数流行库的支持。在 JetBrains 2022 开发者生态系统报告中,TypeScript 被评为增长最快的编程语言。

由于 TypeScript 是强类型的,与 JavaScript 相比,具有下面几个优点。

(1) TypeScript 允许定义变量、函数和类的类型。这有利于开发者在开发过程的早期捕获错误。

(2) TypeScript 提高了应用的可扩展性,从而使代码更容易维护。

(3) TypeScript 提高了代码的可读性,使代码更具自文档性。

如果读者对静态类型不熟悉,那么与学习 JavaScript 相比,学习 TypeScript 的曲线可能会更陡峭。学习 TypeScript 最有效的方法是使用在线环境,例如 TypeScript Playground。如果想在本地编写 TypeScript 代码,可以使用 npm 在计算机上安装 TypeScript 编译器。我们的 React 项目不需要这样做,因为 Vite 自带内置 TypeScript 支持。TypeScript 被翻译成纯 JavaScript,然后可以在 JavaScript 引擎中执行。

下面的 npm 命令会全局安装 TypeScript 的最新版本,这样就可以在任何终端使用 TypeScript。

```
npm install -g typescript
```

可以查看 TypeScript 的版本号来检查安装是否成功，如下所示。

```
tsc --version
```

如果正在使用 Windows PowerShell，可能会得到一个错误，说明在此系统上禁用运行脚本。在这种情况下，必须更改执行策略才能运行安装命令。可以在 https://go.microsoft.com/fwlink/?LinkID=135170 上阅读更多内容。

和 JavaScript 一样，TypeScript 也有很好的 IDE 支持，它可以使编码更高效，以及检查和代码自动完成，例如 Visual Studio Code 中的智能感知。

9.1.1　常用类型

当初始化变量时，TypeScript 会自动定义它的类型，这被称为**类型推断**（type inference）。下面例子声明了一个 message 变量并为其赋一个字符串值。如果尝试用另一种类型重新为它赋值，将会产生一个错误，如图 9.1 所示。

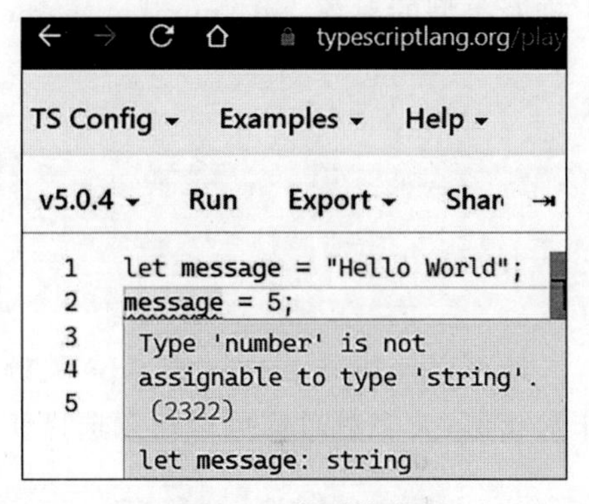

图 9.1　类型推断

TypeScript 有以下基本类型：string、number 和 boolean。number 类型表示整数和浮点数。也可以使用以下语法为变量显式指定类型。

```
let variable_name: type;
```

下面的代码显式指定变量类型。

```
let email: string;
let age: number;
let isActive: boolean;
```

变量的类型可以使用 typeof 关键字来检查，它返回一个字符串，表示它所应用的变量的类型。

```
// 检查变量类型
console.log(typeof email);                 // 输出 "string"
typeof email ==="string"                   // true
typeof age ==="string"                     // false
```

如果不知道变量的类型，可以使用 unknown 类型。当获得一个值时，例如，从一些外部来源获取数据，但不知道它的类型时，就可以使用这种类型。

```
let externalValue: unknown;
```

当将一个值赋给未知变量时，可以使用 typeof 关键字检查类型。

TypeScript 还提供了 any 类型。如果用 any 类型定义一个变量，TypeScript 不会对该变量执行类型检查或推断。程序员应该尽量避免使用 any 类型，因为它会对 TypeScript 的有效性产生负面影响。

数组可以像在 JavaScript 中一样声明，但是必须定义数组元素的类型，如下所示。

```
let arrayOfNums: number[] =[1, 2, 3, 4];
let animals: string[] =["Dog", "Cat", "Tiger"];
```

还可以通过以下方式使用 Array 泛型类型(Array<TypeOfElement>)。

```
let arrayOfNums: Array<number>=[1, 2, 3, 4];
let animals: Array<string>=["Dog", "Cat", "Tiger"];
```

类型推断也适用于对象。如果创建以下 student 对象，TypeScript 会创建一个具有以下推断类型的对象：id：number、name：string 和 email：string。

```
const student ={
    id: 1,
    name: "Lisa Smith ",
    email: "lisa.s@mail.com ",
};
```

还可以使用 interface 或 type 关键字定义对象，它们描述对象的样式。type 和 interface 非常相似，大多数时候可以任意选择使用哪一种。

```
// 使用 interface 定义类型
interface Student {
  id: number;
  name: string;
  email: string;
};

// 使用 type 定义类型
type Student ={
  id: number;
  name: string;
  email: string;
};
```

然后，就可以声明一个符合 Student 接口或类型的对象，如下所示。

```
const myStudent: Student ={
  id: 1,
  name: "Lisa Smith ",
  email: "lisa.s@mail.com ",
};
```

读者可以在 TypeScript 文档中阅读更多关于 type 和 interface 的区别：https://www.typescriptlang.org/docs/handbook/2/everyday-types.html#differences-betw。

现在，如果尝试创建一个与 interface 或 type 不匹配的对象，就会产生一个错误。图 9.2 中创建了一个 myStudent 对象，其中 id 属性值类型是 string，但它在 interface 中被定义为 number。

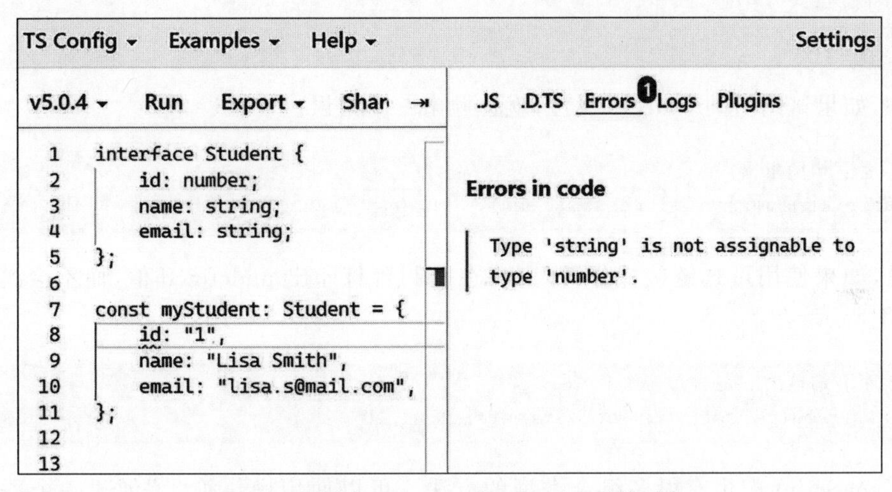

图 9.2　创建与 interface 或 type 不匹配的对象

可以通过在属性名后面使用问号(?)定义可选属性。在下面示例中，email 属性被标记为可选属性。现在，可以创建一个不包含 email 的学生对象，因为 email 是一个可选属性。

```
type Student = {
  id: number;
  name: string;
  email?: string
};
// 不含 email 的 Student 对象
const myStudent: Student = {
  id: 1,
  name: "Lisa Smith"
}
```

可选的操作符(?)可用于安全地访问对象属性和方法，这些属性和方法可以为空或未定义，而不会导致错误。这一点对可选属性非常有用。请看下面的类型定义，其中 address 被定义为可选的。

```
type Person = {
    name: string,
    email: string;
    address?: {
```

```
        street: string;
        city: string;
    }
}
```

基于 Person 类型可以创建一个没有指定 address 属性的对象,如下所示。

```
const person: Person ={
    name: "John Johnson",
    email: "j.j@mail.com"
}
```

现在,如果试图访问 address 属性,就会抛出一个错误。

```
// 下面语句抛出错误
console.log(person.address.street);
```

但是,如果使用可选链接操作符,则将在控制台打印出 undefined 值,而不会抛出一个错误,如下所示。

```
// 下面语句输出 undefined
console.log(person.address?.street);
```

在 TypeScript 中也有很多组合类型的方法。可以使用操作符"|"创建一个**联合类型**(union type),这是一种可以处理不同类型的类型。例如,下面的示例定义了一个 InputType 类型,这种类型的值可以是字符串或数字。

```
type InputType =string | number;
// 使用定义的类型
let name: InputType ="Hello";
let age: InputType =12;
```

可以使用联合类型来定义字符串或数字的集合,如下例所示。

```
type Fuel ="diesel" | "gasoline" | "electric ";
type NoOfGears =5 | 6 | 7;
```

现在,可以按以下方式使用联合类型。

```
type Car ={
    brand: string;
    fuel: Fuel;
    gears: NoOfGears;
}
```

如果创建了一个新的 Car 对象,并尝试为 fuel 和 gears 赋一些其他类型的值,而不是在 Fuel 或 NoOfGears 联合类型中定义的值,将会产生错误。

9.1.2　函数

使用 TypeScript 定义函数时，可以指定参数类型，如下所示。

```
function sayHello(name: string) {
    console.log("Hello " +name);
}
```

如果尝试使用不同的参数类型调用该函数，将产生错误，如图 9.3 所示。

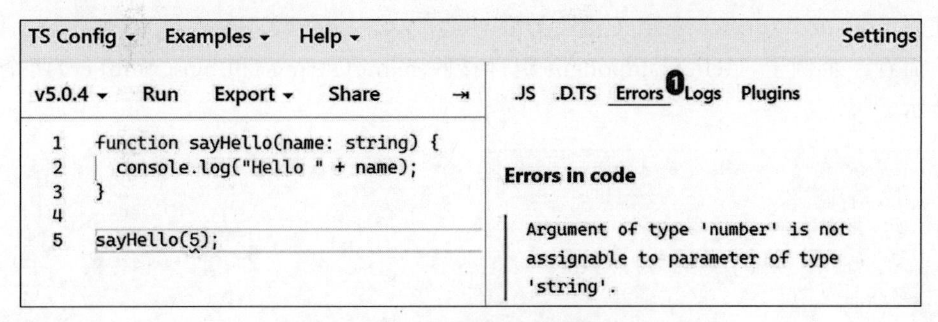

图 9.3　使用不同参数类型调用函数

如果没有定义函数参数类型，则它隐式地具有 any 类型。也可以在函数形参中使用联合类型，如下所示。

```
function checkId(id: string | number) {
  if (typeof id === "string ")
        // 执行某些操作
  else
        // 执行其他操作
}
```

函数的返回值类型可以用以下方式声明：

```
function calcSum(x: number, y: number): number {
    return x +y;
}
```

在 TypeScript 中，箭头函数的工作方式相同，例如：

```
const calcSum = (x:number, y:number): number =>x +y;
```

如果箭头函数没有返回值，则可以使用 void 关键字，如下所示。

```
const sayHello = (name: string): void =>console.log("Hello " +name);
```

本节已经介绍了 TypeScript 的基础知识，下面学习如何在 React 中应用这些新技能。

9.2 在 React 中使用 TypeScript 特性

TypeScript 对 React 项目来说是一种有益补充，尤其是当项目变得越来越复杂时。本节学习如何在 React 组件中进行属性和状态类型验证，并在开发早期检测潜在错误。

9.2.1 属性和状态

在 React 中，必须定义组件属性的类型。我们知道，组件属性是 JavaScript 对象，所以可以使用 type 或 interface 来定义属性类型。

下面看一个例子，HelloComponent 组件接收 name(string)和 age(number)两个属性，如下所示。

```
function HelloComponent({ name, age }) {
  return(
    <>
      Hello {name}, you are {age} years old!
    </>
  );
}

export default HelloComponent;
```

现在，我们可以渲染 HelloComponent 组件并为它传递两个属性，如下所示：

```
// 为组件传递两个属性
function App() {
  return(
    <HelloComponent name="Mary" age={12} />
  )
}

export default App;
```

如果使用 TypeScript，则可以先创建一个类型来描述属性，如下所示：

```
type HelloProps = {
    name: string;
    age: number;
};
```

然后，就可以在组件属性中使用 HelloProps 类型，如下所示：

```
function HelloComponent({ name, age }: HelloProps) {
    return(
      <>
          Hello {name}, you are {age} years old!
      </>
```

```
    );
}

export default HelloComponent;
```

现在，如果传递的属性类型错误，将得到一个错误，如图 9.4 所示。这个特征非常好，因为可以在开发阶段捕获潜在的错误。

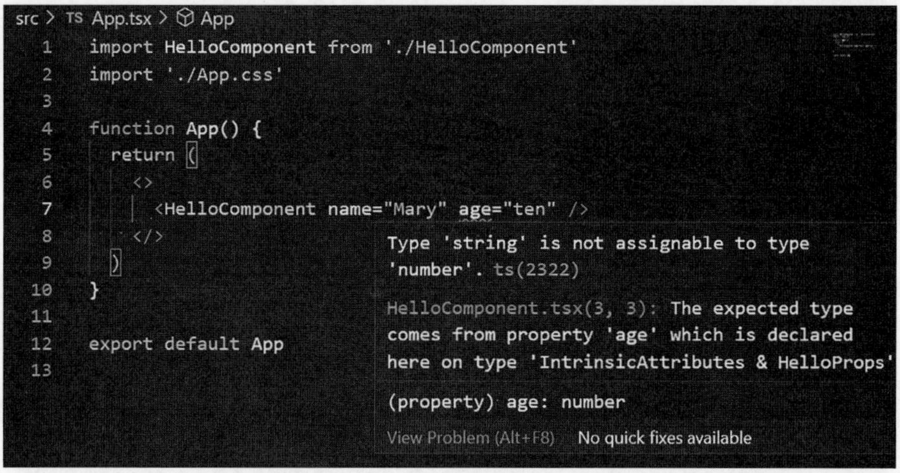

```
src > TS App.tsx > App
1   import HelloComponent from './HelloComponent'
2   import './App.css'
3
4   function App() {
5     return (
6       <>
7         <HelloComponent name="Mary" age="ten" />
8       </>
9     )
10  }
11
12  export default App
13

Type 'string' is not assignable to type
'number'. ts(2322)
HelloComponent.tsx(3, 3): The expected type
comes from property 'age' which is declared
here on type 'IntrinsicAttributes & HelloProps'
(property) age: number
View Problem (Alt+F8)   No quick fixes available
```

图 9.4　属性错误

如果使用 JavaScript，就不能在这个阶段发现错误。在 JavaScript 中，如果为 age 属性传递一个字符串而不是一个数字，它也能运行，但是稍后如果试图对其执行数值运算，就会遇到意外的行为或错误。

如果有可选的属性，则可以在定义属性的类型中使用问号(?)来标记它们——例如，如果 age 是可选的，则可以定义如下。

```
type HelloProps = {
    name: string;
    age?: number;
};
```

现在，使用组件时就可以提供或不提供 age 属性。

如果想用属性传递一个函数，可以用下面的语法在类型中定义它。

```
// 不带参数函数
type HelloProps = {
    name: string;
    age: number;
    fn: () => void;
};

// 带参数函数
type HelloProps = {
    name: string;
```

```
    age: number;
    fn: (msg: string) =>void;
};
```

如果需要在应用程序的多个文件中使用相同的类型，一个好的做法是，将类型提取到单独的文件中并导出它们，如下所示。

```
// types.ts 文件
export type HelloProps ={
    name: string;
    age: number;
};
```

定义了类型后，就可以将它导入任何需要它的组件中，如下所示。

```
// 导入类型并在组件中使用
import { HelloProps } from ./types;

function HelloComponent({ name, age }: HelloProps) {
    return(
      <>
        Hello {name}, you are {age} years old!
      </>
    );
}

export default HelloComponent;
```

正如第 8 章提到的，可以使用箭头函数创建函数组件。有一个标准的 React 类型 FC（函数组件），可以将其与箭头函数一起使用。这个类型接受一个泛型参数，指定属性类型，在下面的例子中是 HelloProps。

```
import React from 'react';
import { HelloProps } from './types';

const HelloComponent: React.FC<HelloProps>=({ name, age }) =>{
    return (
      <>
          Hello {name}, you are {age} years old!
      </>
    );
};

export default HelloComponent;
```

现在，我们学习了如何在 React 应用中定义属性类型，下面将继续学习状态。当使用第 8 章中学习的 useState 钩子创建状态时，类型推断将处理在使用普通基本类型时的类型。例如：

```
// boolean
const [isReady, setReady] =useState(false);

// string
const [message, setMessage] =useState("");

// number
const [count, setCount] =useState(0);
```

如果尝试用不同的类型更新状态时，就会得到一个错误，如图 9.5 所示。

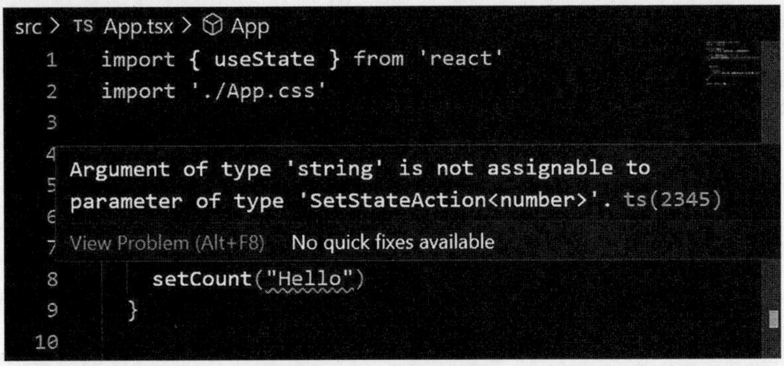

```
src > TS App.tsx > App
1   import { useState } from 'react'
2   import './App.css'
3
4   Argument of type 'string' is not assignable to
5   parameter of type 'SetStateAction<number>'. ts(2345)
6
7   View Problem (Alt+F8)   No quick fixes available
8       setCount("Hello")
9     }
10
```

图 9.5　类型错误

还可以显式定义状态类型。如果想将状态初始化为 null 或 undefined，必须这样做。在这种情况下，可以使用联合操作符，语法如下：

```
const [message, setMessage] =useState<string | undefined>(undefined);
```

如果有一个复杂的状态，可以使用类型或接口。在下面示例中，创建了一个描述用户的类型。然后，创建一个状态并用一个空 User 对象初始化它。如果允许 null 值，可以使用一个联合来允许是一个 User 对象或一个 null 值。

```
type User ={
    id: number;
    name: string;
    email: number;
};

// 使用带状态的类型，初始值是一个空 User 对象
const [user, setUser] =useState<User>({} as User);

// 如果允许接受 null 值，写法如下
const [user, setUser] =useState<User | null>(null);
```

9.2.2　事件

第 8 章介绍了如何在 React 应用程序中读取用户输入。使用 input 元素的 onChange 事件处理程序将类型数据保存到状态。当使用 TypeScript 时，必须定义事件的类型。如果

没有定义类型，就会得到一个错误，如图 9.6 所示。

```
import { useState } from 'react'
import './App.css'
                        Parameter 'event' implicitly has an 'any' type. ts(7006)
function App() {
  const [name, setNa    (parameter) event: any
                        View Problem (Alt+F8)  Quick Fix... (Ctrl+.)
  const handleSubmit = (event) => {
    event.preventDefault();
    alert(`Hello ${name}`);
  }

  const handleChange = (event) => {
    setName(event.target.value);
  }
```

图 9.6　事件错误

下面来看如何处理一个 input 元素的 onChange 事件。在下面示例中，return 语句中的 input 元素代码如下所示。

```
<input
    type="text"
    onChange={handleChange}
    value={name}
/>
```

当用户在 input 元素中输入内容时调用事件处理函数，代码如下：

```
const handleChange = (event) => {
    setName(event.target.value);
}
```

现在，必须定义事件的类型。为此，可以使用预定义的 React.ChangeEvent 类型。

你可以在 React TypeScript CheatSheet 中阅读完整的事件类型列表：https://react-typescript-cheatsheet.netlify.app/docs/basic/gettingstarted/forms_and_events/。

我们要处理一个 input 元素上的更改事件，所以类型如下：

```
const handleChange = (event: React.ChangeEvent<HTMLInputElement>) => {
    setName(event.target.value);
}
```

处理表单提交使用 handleSubmit 函数，该函数带有一个事件参数，它的类型是 React.FormEvent<HTMLFormElement>，如下代码所示。

```
const handleSubmit = (event: React.FormEvent<HTMLFormElement>) => {
```

```
    event.preventDefault();
    alert(`Hello ${name}`);
}
```

现在,学习了在React应用中使用TypeScript时如何处理事件。接下来,学习如何用TypeScript创建一个React应用。

9.3 用TypeScript创建React应用

本节使用Vite创建一个React应用程序,我们将使用TypeScript而不是JavaScript实现该项目。在稍后为汽车后端开发前端时也将使用TypeScript。正如之前提到的,Vite自带内置TypeScript支持。

(1) 执行下面命令,创建一个新的React应用。

```
npm create vite@latest
```

(2) 将项目命名为tsapp,并选择React框架和TypeScript变体,如图9.7所示。

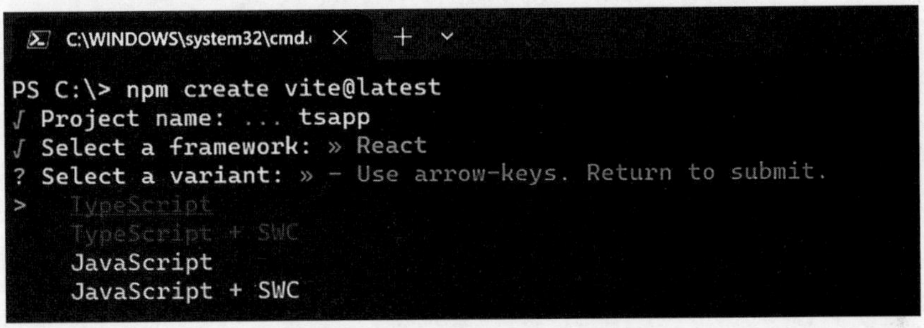

```
C:\WINDOWS\system32\cmd.
PS C:\> npm create vite@latest
√ Project name: ... tsapp
√ Select a framework: » React
? Select a variant: » - Use arrow-keys. Return to submit.
>   TypeScript
    TypeScript + SWC
    JavaScript
    JavaScript + SWC
```

图9.7 React TypeScript应用

(3) 进入应用程序文件夹,安装依赖项,并使用npm run dev命令启动开发服务器。

```
cd tsapp
npm install
npm run dev
```

(4) 在VS Code中打开应用程序文件夹,如图9.8所示。可以看到App组件的文件名是App.tsx。

由于使用TypeScript变体,React组件文件的扩展名是.tsx(TypeScript和JSX的组合),而普通的TypeScript文件的扩展名是.ts。

(5) 在项目根目录下找到tsconfig.json文件。它是TypeScript的配置文件,用于指定编译器选项,例如编译后的JavaScript输出的目标版本或所使用的模块系统。可以使用由Vite定义的默认设置。

下面创建一个React应用程序,它是9.2节中定义事件类型时用作示例的应用。用户可以输入一个名字,当按钮被单击时,使用警报框显示一个Hello消息。

(6) 将App.tsx文件的return语句中代码删除,只保留片段(<></>)。删除所有未

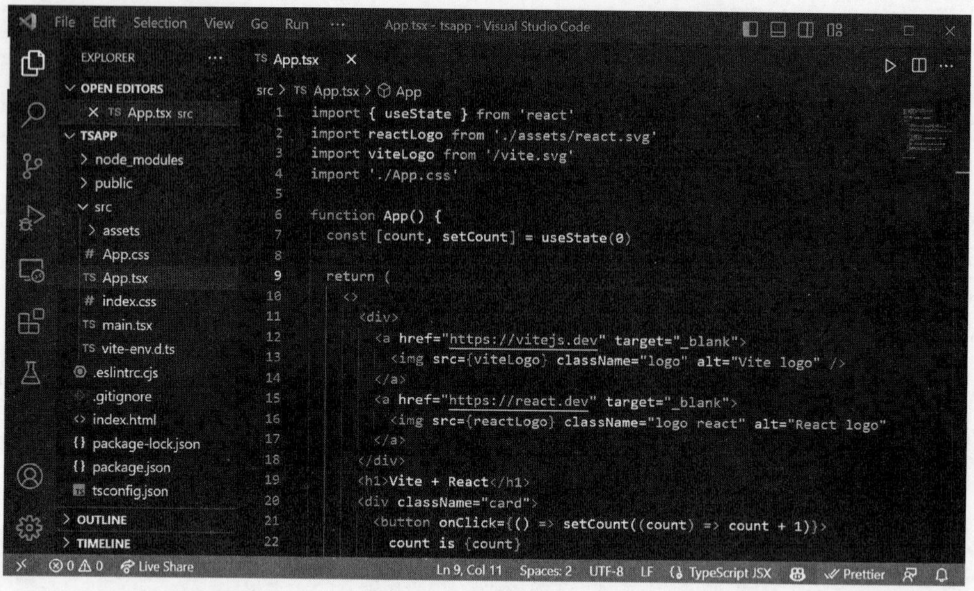

图 9.8　App.tsx 文件

使用的导入(useState 导入除外),结果代码如下所示。

```
import { useState } from 'react';
import './App.css';
function App() {
    return (
      <>
      </>
    )
}

export default App;
```

(7) 创建一个状态,用于存储用户输入 input 元素中的值。

```
function App() {
    const [name, setName ]=useState("");

    return (
      <>
      </>
    )
}
```

(8) 在 return 语句中添加两个 input 元素,一个收集用户输入,另一个提交表单。

```
// App.tsx 文件的 return 语句
return (
    <>
      <form onSubmit={handleSubmit}>
        <input
```

```
          type="text"
          value={name}
          onChange={handleChange}
        />
        <input type="submit" value="Submit"/>
      </form>
    </>
  )
```

(9) 接下来,创建事件处理函数 handleSubmit 和 handleChange。现在,还需要定义事件类型。

```
function App() {
    const [name, setName] =useState("");

    const handleChange = (event: React.ChangeEvent<HTMLInputElement>) =>
    {
      setName(event.target.value);
    }

    const handleSubmit = (event: React.FormEvent<HTMLFormElement>) =>
    {
      event.preventDefault();
      alert(`Hello ${name}`);
    }
```

(10) 使用 npm run dev 命令启动开发服务器。

(11) 打开浏览器,访问 localhost:5173,在文本框中输入姓名并单击 Submit 按钮。浏览器在警告框中显示有关信息,如图 9.9 所示。

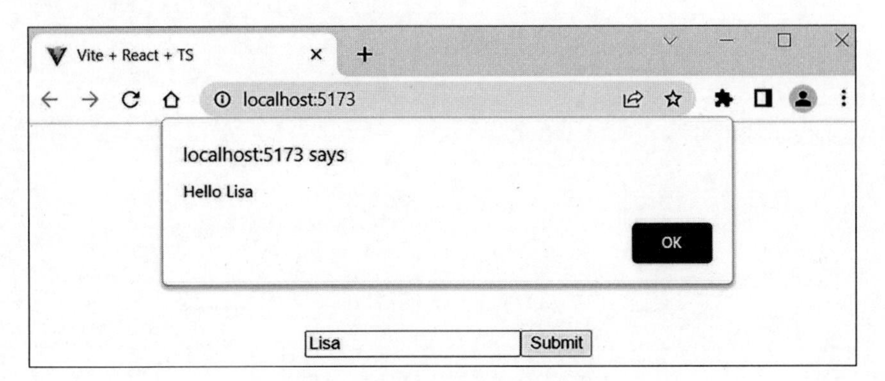

图 9.9　React TypeScript 应用

Vite 将 TypeScript 文件转换为 JavaScript,但它并不执行类型检查。Vite 使用 **esbuild** 编译 TypeScript 文件,因为它比 TypeScript 编译器(tsc)快得多。

VS Code IDE 可以为我们处理类型检查,应修复 IDE 中显示的所有错误。也可以使用一个名为 vite-plugin-checker 的插件。类型检查是将一个 Vite 应用构建到生产环境时完成的,所有的错误都应该在生产环境构建之前修复。我们将在本书第 17 章讨论 Vite 应用程序构建。

小结

本章学习了 TypeScript 以及如何在 React 应用中使用它。我们学习了如何在 TypeScript 中使用常见类型,以及如何为 React 组件的属性和状态定义类型。我们还学习了为事件定义类型,并使用 Vite 创建了一个 React TypeScript 应用。

第 10 章将重点关注 React 在网络方面的应用。我们还将使用 GitHub REST API 来学习如何通过 React 使用 RESTful Web 服务。

思考题

1. 什么是 TypeScript?
2. 在 TypeScript 中如何定义变量类型?
3. 如何在函数中定义类型?
4. 如何为 React 的属性和状态定义类型?
5. 如何为事件定义类型?
6. 如何使用 Vite 创建一个 React TypeScript 应用?

第 10 章
在 React 中使用 REST API

本章讨论使用 React 进行网络连接。这是一个非常重要的功能，在大多数 React 应用中都需要它。我们将学习 Promise，它使异步代码更清晰、更易读。对于网络连接，将使用 fetch 和 Axios 库。本章以使用 OpenWeather API 和 GitHub REST API 为例演示 React 如何使用 RESTful Web 服务。本章还将讨论 React Query 库的实际应用。

本章研究如下主题：

- Promise；
- async 和 await；
- 使用 fetch API；
- 使用 Axios 库；
- 两个实际示例；
- 处理竞争条件；
- 使用 React Query 库。

10.1 Promise

处理异步操作的传统方法是使用**回调函数**(callback functions)来判断操作是成功或是失败。如果操作成功，则调用 success()函数，否则，调用 failure()函数。下面的代码展示了使用回调函数的思想。

```
function doAsyncCall(success, failure) {
    // 执行一些 API 调用

    if (SUCCEED)
        success(resp);
    else
        failure(err);
}

success(response) {
      // 执行与响应有关的操作
}

failure(error) {
```

```
    // 处理错误
}

doAsyncCall(success, failure);
```

如今，Promise 已成为 JavaScript 异步编程的重要组成部分。Promise 是一个对象，表示异步操作结果。在执行异步调用时，使用 Promise 可简化代码。Promise 是非阻塞的。如果使用不支持 Promise 的旧库进行异步操作，代码将变得难以阅读和维护。那样，最终要用到多个嵌套的回调，这些回调非常难以阅读。错误处理也会很困难，因为必须检查每个回调中的错误。

如果发送请求的 API 或库支持 Promise，就可以执行异步调用。下面的示例中进行了一个异步调用。当返回响应时，then 方法内部的回调函数将被执行，并将响应作为一个参数传递给它。

```
doAsyncCall()
.then(response =>                       // 执行与响应有关的操作)
```

then 方法返回一个 Promise。一个 Promise 有以下 3 种状态：

- 初始状态(pending)；
- 已完成或操作成功(fulfilled 或 resolved)；
- 操作失败(rejected)。

下面代码演示了一个简单的 Promise 对象，其中 setTimeout 模拟了一个异步操作：

```
const myPromise = new Promise((resolve, reject) => {
    setTimeout(() => {
        resolve("Hello");
    }, 500);
});
```

当 Promise 对象被创建和定时器运行时，Promise 处于**初始**(pending)状态。500 毫秒后，调用 resolve()函数，返回值为"Hello"，Promise 进入**已完成**(fulfilled)状态。如果出现错误，Promise 将变为**失败**(rejected)状态，可以使用 catch()函数来处理失败，后面将讨论这个函数的使用。

可以将多个实例链接在一起，也就是可以一个接一个地运行多个异步操作。

```
doAsyncCall()
.then(response =>               // 从响应中获取一些数据)
.then(data =>                   // 对数据进行处理)
```

还可以使用 catch()函数向 Promise 添加错误处理。如果前面的 then 链中出现错误，则执行 catch()函数，如下所示。

```
doAsyncCall()
.then(response =>               // 从响应中获取一些数据)
.then(data =>                   // 对数据进行处理)
.catch(error => console.error(error))
```

10.2 async 和 await

有一种更现代的方法处理涉及 async/await 的异步调用，这是 ECMAScript 2017 中引入的。async/await 方法基于 Promise。要使用 async/await，必须定义一个 async()函数，该函数可以包含 await 表达式。

下面是一个包含 async/await 的异步调用示例。如读者所见，可以用类似于同步代码的方式来编写代码。

```
const doAsyncCall = async () => {
    const response = await fetch('http://someapi.com');
    const data = await response.json();
    // 对数据进行处理
}
```

fetch()函数返回一个 Promise，但现在使用 await 而不是 then 方法来处理它。对于错误处理，可以将 try…catch 与 async/await 一起使用，如下面代码所示。

```
const doAsyncCall = async () => {
    try {
      const response = await fetch('http://someapi.com');
      const data = await response.json();
      // 对数据进行处理
    }
    catch(err) {
      console.error(err);
    }
}
```

前面讲解了 Promise，接下来学习 fetch API，在 React 应用程序中使用它发出请求。

10.3 使用 fetch API

使用 fetch API 可以发出 Web 请求。fetch API 的思想类似传统的 XMLHttpRequest 或 jQuery Ajax API，但是 fetch API 支持 Promise，这使它更容易使用。使用 fetch 无须安装任何库，因为现代浏览器本身都支持它。

fetch API 提供一个 fetch()方法，该方法含一个强制参数：正在访问的资源路径。在 Web 请求的情况下，它是服务的 URL。对于一个返回响应的简单 GET 方法调用，语法如下：

```
fetch('http://someapi.com')
.then(response => response.json())
.then(data => console.log(data))
.catch(error => console.error(error))
```

fetch()方法返回一个包含响应的 Promise。可以使用 json()方法从响应中提取 JSON

数据，该方法也返回一个 Promise。

传递给第一个 then 语句的 response 是一个对象，其中包含 ok 和 status 属性，可以使用它们来检查请求是否成功。如果响应状态码为 2XX 形式，则 ok 属性值为 true。

```
fetch('http://someapi.com')
.then(response => {
  if (response.ok)
      // 请求成功 -> 响应状态码 2XX
  else
      // 出现错误 -> 错误响应
  })
.then(data => console.log(data))
.catch(error => console.error(error))
```

要使用其他 HTTP 方法，例如 POST，必须在 fetch()方法的第二个参数中定义它。第二个参数是一个对象，可以在其中定义多个请求设置。下面的代码使用 POST 方法发出请求。

```
fetch('http://someapi.com', {method: 'POST'})
.then(response => response.json())
.then(data => console.log(data))
.catch(error => console.error(error))
```

还可以在第二个参数中添加报头。下面的 fetch()调用包含'Content-Type':'application/json'报头。建议添加 ContentType 报头，因为这样服务器就能正确解析请求体。

```
fetch('http://someapi.com',
  {
  method: 'POST',
  headers: {'Content-Type':'application/json'}
}
.then(response => response.json())
.then(data => console.log(data))
.catch(error => console.error(error))
```

如果必须在请求体中发送 JSON 编码的数据，应该使用 body 指定请求体，语法如下。

```
fetch('http://someapi.com',
{
  method: 'POST',
  headers: {'Content-Type':'application/json'},
  body: JSON.stringify(data)
}
.then(response => response.json())
.then(data => console.log(data))
.catch(error => console.error(error))
```

fetch API 并不是 React 应用中发送请求的唯一方式，也可以使用其他库。10.4 节介绍如何使用较为流行的 Axios 库。

10.4　使用 Axios 库

在 React 组件中，还可以使用其他库实现网络通信。Axios 是一个非常流行的库，可以使用 npm 将其安装到 React 应用程序中。

```
npm install axios
```

在使用 React 组件之前，必须添加以下 import 语句：

```
import axios from 'axios';
```

Axios 库的一个优点是可以自动转换 JSON 数据，因此使用 Axios 时不需要 json()函数。下面代码演示了使用 Axios 实现的调用。

```
axios.get('http://someapi.com')
.then(response =>console.log(response))
.catch(error =>console.log(error))
```

Axios 库为不同的 HTTP 方法提供了不同的调用方法。例如，要发送 POST 请求并在主体中发送一个对象，Axios 提供了 axios.post()方法，如下代码所示。

```
axios.post('http://someapi.com', { newObject })
.then(response =>console.log(response))
.catch(error =>console.log(error))
```

在使用 axios()函数时，还可以传递一个配置对象，该对象指定请求的详细信息，如方法、URL、报头和数据等，如下面代码所示。

```
const response =await axios({
  method: 'POST',
  url: 'https://myapi.com/api/cars',
  headers: { 'Content-Type': 'application/json' },
  data: { brand: 'Ford', model: 'Ranger' },
});
```

上面代码向 https://myapi.com/api/cars 端点发送 POST 请求。请求体包含一个对象，Axios 会自动将数据转换为字符串。

下面来看两个与 React 联网相关的实际示例。

10.5　两个实际示例

本节介绍两个在 React 应用程序中使用公共 REST API 的示例。第一个示例使用 OpenWeather API 获取并在组件中呈现伦敦的当前天气；第二个示例使用 GitHub API 并允许用户通过关键字获取存储库。

10.5.1　使用 OpenWeather API

本节开发一个 React 应用程序，显示伦敦的当前天气。在应用程序中显示温度、描述和天气图标。这些天气数据可从 OpenWeather 平台(https://openweathermap.org/)获取。

读者需要在 OpenWeather 注册一个账户以获得 API 密钥。注册一个免费账户就可以，注册后，登录账户找到 API keys(API 密钥)选项卡，这里可以看到 React 天气应用所需的 API 密钥，如图 10.1 所示。

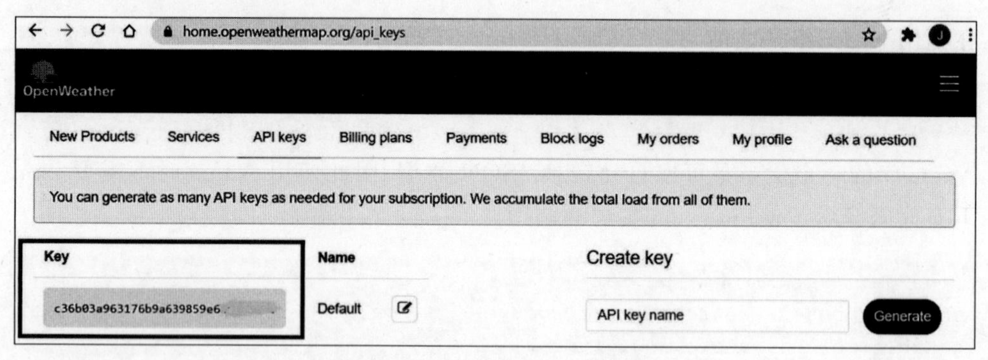

图 10.1　OpenWeather API 密钥

读者的 API 密钥将在成功注册后 2 小时内自动激活，因此，可能需要等待一段时间才能在本节中使用它。

使用 Vite 创建一个新的 React 应用，步骤如下。

(1) 打开 PowerShell 终端或 macOS/Linux 终端，输入如下命令创建 React 应用。

```
npm create vite@latest
```

(2) 将应用命名为 weatherapp，并选择 React 框架和 JavaScript 变体。

(3) 进入 weatherapp 文件夹并安装依赖项。输入 npm run dev 命令启动开发服务器。

```
cd weatherapp
npm install
npm run dev
```

(4) 在 VS Code 中打开项目文件夹，在编辑器视图中打开 App.jsx 文件。删除片段(<></>)内的所有代码，并删除未使用的导入。现在，源代码应该如下所示。

```
import './App.css'

function App() {
  return (
    <>
    </>
  );
}
```

```
export default App;
```

（5）添加存储响应数据所需的状态。要在应用程序中显示温度，描述和天气图标，要用到 3 个相关的值，所以最好创建一个对象作为一个状态，而不是创建多个单独的状态。

```
import { useState } from 'react';
import './App.css';

function App() {
  const [weather, setWeather ]=useState({
        temp: '', desc: '', icon: ''
  });

  return (
    <>
    </>
  );
}

export default App;
```

（6）当使用 REST API 时，应该检查响应，以便查看 JSON 数据的格式。下面是返回伦敦当前天气的地址：

```
https://api.openweathermap.org/data/2.5/weather?q=London&units=Metric&APIkey=YOUR
_KEY
```

如果把该 URL 复制到浏览器地址栏中，可以看到返回的 JSON 响应数据，如图 10.2 所示。

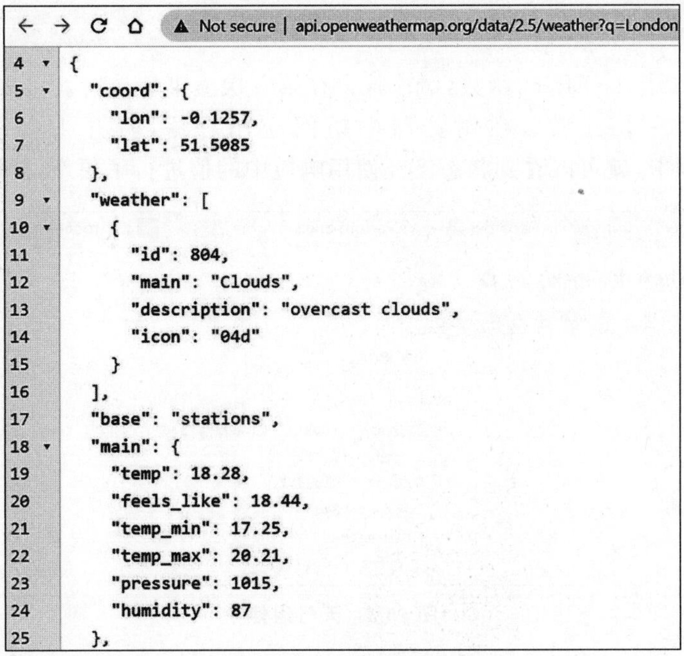

```
4  {
5    "coord": {
6      "lon": -0.1257,
7      "lat": 51.5085
8    },
9    "weather": [
10     {
11       "id": 804,
12       "main": "Clouds",
13       "description": "overcast clouds",
14       "icon": "04d"
15     }
16   ],
17   "base": "stations",
18   "main": {
19     "temp": 18.28,
20     "feels_like": 18.44,
21     "temp_min": 17.25,
22     "temp_max": 20.21,
23     "pressure": 1015,
24     "humidity": 87
25   },
```


图 10.2　按城市获取天气

从响应可以看到可以使用 main.temp 访问 temp(气温)，还可以看到 description 和 icon 位于 weather 数组中，该数组只有一个元素，可以使用 weather[0].description 和 weather[0].icon 访问它们。

(7) 接下来的几个步骤将使用 useEffect 钩子函数实现 fetch 调用。从 React 中导入 useEffect。

```
import { useState, useEffect } from 'react';
```

(8) REST API 调用使用 useEffect 钩子函数中的 fetch()执行，使用空数组作为第二个参数。因此，获取只在第一次渲染之后执行一次。成功响应后，将天气数据保存到状态中。一旦状态值被更改，组件将被重新渲染。下面是 useEffect 钩子函数的代码。它将在第一次渲染后执行一次 fetch()函数。注意，在代码中应将 YOUR_API_KEY 替换为读者的 API 密钥。

```
useEffect(() =>{
  fetch('https://api.openweathermap.org/data/2.5/
        weather?q=London&APIKey=YOUR_API_KEY&units=metric')
  .then(response =>response.json())
  .then(result =>{
    setWeather({
      temp: result.main.temp,
      desc: result.weather[0].main,
      icon: result.weather[0].icon
    });
  })
  .catch(err =>console.error(err))
}, [])
```

(9) 一旦添加了 useEffect 函数，请求就会在第一次渲染后执行。可以通过 React 开发者工具检查是否一切正常。在浏览器中访问应用程序，打开 React 开发者工具的 Components 选项卡，就可以看到状态已经使用响应中的值进行了更新，如图 10.3 所示。

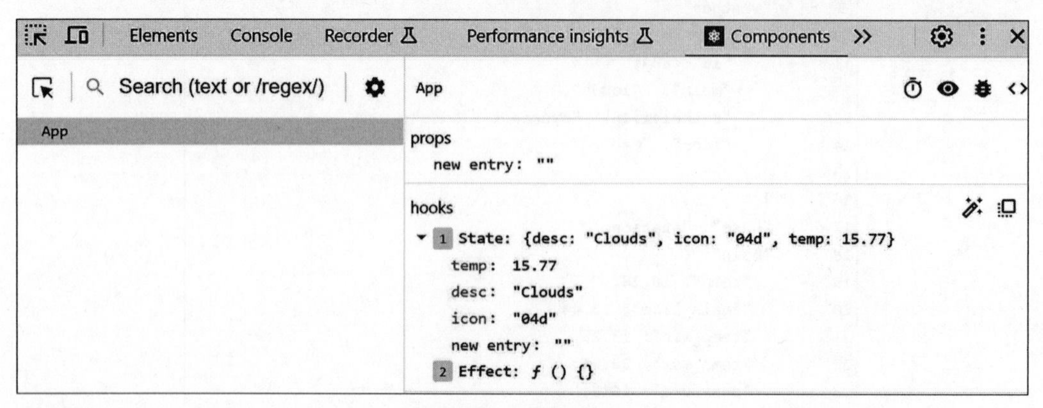

图 10.3　天气组件

读者还可以从 Network 选项卡检查请求状态是否为 200 OK。

(10) 最后，实现 return 语句显示天气信息。这里将使用**条件渲染**(conditional rendering)。否则，将得到一个错误，因为在第一次渲染调用中没有图像代码，并且图像上传不会成功。

要显示天气图标，必须在图标代码之前添加 https://openweathermap.org/img/wn/，在图标代码之后添加@2x.png。

将连接图像的 URL 设置为 img 元素的 src 属性。温度和描述显示在段落元素中，℃是摄氏度符号。代码如下所示。

```
if (weather.icon) {
  return (
    <>
      <p>Temperature: {weather.temp} ℃</p>
      <p>Description: {weather.desc}</p>
      <img src={`http://openweathermap.org/img/wn/${weather.icon}@2x.png`}
             alt="Weather icon" />
    </>
  );
}
else {
  return <div>Loading...</div>
}
```

(11) 打开浏览器，访问应用程序，显示温度为 9.84℃，描述为多云，结果如图 10.4 所示。

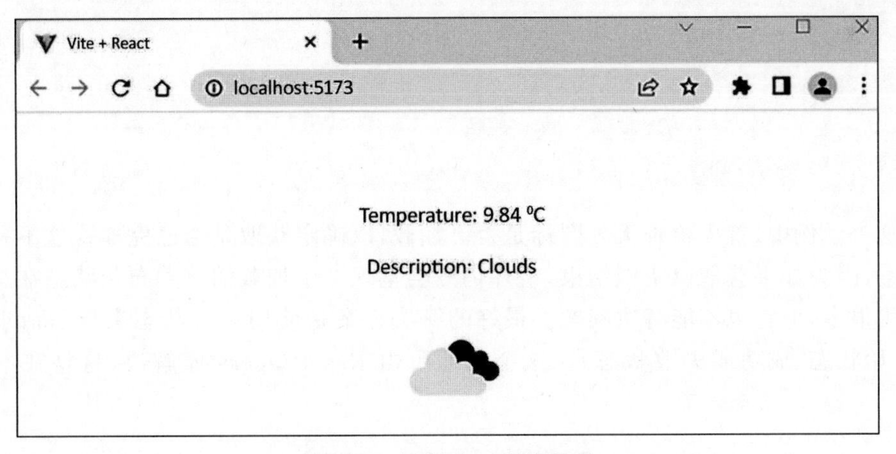

图 10.4　天气 App 运行结果

完整的 App.jsx 文件源代码如下所示。

```
import { useState, useEffect } from 'react';
import './App.css'

function App() {
  const [weather, setWeather] =useState({temp: '', desc: '', icon: ''});
```

```
  useEffect(() =>{
    fetch('https://api.openweathermap.org/data/2.5/weather?q=\
         London&APIKey=YOUR_API_KEY&units=metric')
    .then(response =>response.json())
    .then(result =>{
      setWeather({
        temp: result.main.temp,
        desc: result.weather[0].main,
        icon: result.weather[0].icon
      });
    })
    .catch(err =>console.error(err))
}, [])

  if (weather.icon) {
    return (
      <>
          <p>Temperature: {weather.temp} °C</p>
        <p>Description: {weather.desc}</p>
        <img src={
              `https://openweathermap.org/img/wn/${weather.icon}@2x.png`
        }
        alt="Weather icon" />
      </>
    );
  }
  else {
      return <>Loading...</>
  }
}

export default App
```

在这个示例中，首先检查天气图标是否已加载，以确定获取是否已完成。这不是最优的解决方案，因为如果获取以错误结束，组件仍然会呈现一个加载消息。布尔状态在这样的场景中使用很多，但它也不能解决问题。最好的解决方案是使用一个状态来指示请求的确切状态(初始状态、成功或失败状态)。这个问题可由 React Query 库解决，这将在本章后面讨论。

10.5.2　使用 GitHub API

第二个示例是创建一个应用程序，它使用 GitHub API 通过关键字获取存储库。用户输入一个关键字，应用程序获取包含该关键字的存储库。这里使用 Axios 库处理 Web 请求，在这个例子中还将学习使用 TypeScript。

首先来看如何使用 Axios 库和 TypeScript 发送一个 GET 请求。我们可以发出一个 GET 请求，并使用 TypeScript 泛型指定预期的数据类型，如下面代码所示。

```
import axios from 'axios';

type MyDataType ={
  id: number;
  name: string;
}

axios.get<MyDataType>(apiUrl)
.then(response =>console.log(response.data))
.catch(err =>console.error(err));
```

如果试图访问预期数据类型中某些不存在的字段，那么在开发阶段早期会产生一个错误。在这一点，重要的是要明白 TypeScript 被编译为 JavaScript，所有类型信息都被移除了。因此，TypeScript 对运行时行为没有直接影响。如果 REST API 返回的数据类型与预期的不同，TypeScript 不会将其捕获为运行时错误。

下面，开始开发我们的使用 GitHub API 的应用程序，步骤如下。

(1) 使用 Vite 创建名为 restgithub 的新 React 应用，选择 React 框架和 TypeScript 变体。

(2) 进入项目文件夹，安装依赖项，启动应用程序，在 VS Code 打开项目文件夹。

(3) 在项目文件夹中使用以下 npm 命令安装 axios。

```
npm install axios
```

(4) 从 App.tsx 文件中删除片段(<></>)中的额外代码。App.tsx 结果代码如下所示。

```
import './App.css';

function App() {
  return (
    <>
    </>
  );
}

export default App;
```

读者可以在 https://docs.github.com/en/rest 找到 GitHub REST API 文档。

假设在浏览器中输入 URL 并使用 react 关键字发送请求，返回 JSON 响应，结果如图 10.5 所示。

从响应可以看到，存储库作为一个名为 items 的 JSON 数组返回。对于每个存储库，其结果都包含 full_name 和 html_url 值。

api.github.com/search/repositories?q=react
7 "items": [
8 {
9 "id": 10270250,
10 "node_id": "MDEwOlJlcG9zaXRvcnkxMDI3MDI1MA==",
11 "name": "react",
12 "full_name": "facebook/react",
13 "private": false,
14 "owner": {
15 "login": "facebook",
16 "id": 69631,
17 "node_id": "MDEyOk9yZ2FuaXphdGlvbjY5NjMx",
18 "avatar_url": "https://avatars.githubusercontent.com/u/69631?v=4",
19 "gravatar_id": "",
20 "url": "https://api.github.com/users/facebook",
21 "html_url": "https://github.com/facebook",
22 "followers_url": "https://api.github.com/users/facebook/followers",
23 "following_url": "https://api.github.com/users/facebook/following{/other_user}",
24 "gists_url": "https://api.github.com/users/facebook/gists{/gist_id}",
25 "starred_url": "https://api.github.com/users/facebook/starred{/owner}{/repo}",
26 "subscriptions_url": "https://api.github.com/users/facebook/subscriptions",
27 "organizations_url": "https://api.github.com/users/facebook/orgs",
28 "repos_url": "https://api.github.com/users/facebook/repos",
29 "events_url": "https://api.github.com/users/facebook/events{/privacy}",
30 "received_events_url": "https://api.github.com/users/facebook/received_events",
31 "type": "Organization",
32 "site_admin": false
33 },
34 "html_url": "https://github.com/facebook/react",
35 "description": "A declarative, efficient, and flexible JavaScript library for building user interfaces.",

图 10.5　GitHub REST API

(5) 使用 HTML 表格显示数据，并使用 map()函数将值转换为表行，如第 8 章所示。id 可以用作表行的键。

我们使用来自用户输入的关键字访问 REST API。实现这一点需要创建一个输入字段和按钮。用户在输入字段中键入关键字，然后在单击按钮时访问 REST API。

不能在 useEffect()钩子函数中调用 REST API，因为在那个阶段，当组件第一次渲染时，用户输入是不可用的。

这里创建两个状态，一个用于用户输入，另一个用于存放来自 JSON 响应的数据。使用 TypeScript 时，必须为存储库定义一个类型，如下面的 Repository 类型所示。repodata 状态是 Repository 类型的数组，因为在响应中存储库作为 JSON 数组返回。由于只需要访问 3 个字段，因此，在类型中只需要定义这些字段。还需要导入 axios，发送请求时要用到它。

```
import { useState } from 'react';
import axios from 'axios';
import './App.css';

type Repository = {
    id: number;
    full_name: string;
    html_url: string;
```

```
};

function App() {
    const [keyword, setKeyword] =useState('');
    const [repodata, setRepodata] =useState<Repository[]>([]);

    return (
      <>
      </>
    );
}

export default App;
```

(6) 在 return 语句中实现输入字段和按钮。这里还需要为输入字段添加一个 onChange 监听器，以便将输入值保存到 keyword 状态中。为按钮添加一个 onClick 监听器，它调用 handleClick()函数，该函数使用给定的关键字访问 REST API。

```
const handleClick = () =>{
    // REST API 调用
}
return (
    <>
      <input
        value={keyword}
        onChange={e =>setKeyword(e.target.value)}
    />
    <button onClick={handleClick}>Fetch</button>
    </>
);
```

(7) 在 handleClick()函数中，使用模板字面量连接 url 和 keyword 状态。(注意：模板字面量使用反引号`)。这里使用 axios.get()方法发送请求。如前所述，Axios 不需要在响应上调用.json()方法。Axios 自动解析响应数据，然后将 items 数组从响应数据保存到 repodata 状态。使用 catch()处理错误。因为使用的是 TypeScript，所以将在 GET 请求中定义预期的数据类型。可以看到，响应是一个包含 item 属性的对象。item 属性的内容是一个存储库对象数组。因此，数据类型为<{items：Repository[]}>。

```
const handleClick = () =>{
    axios.get<{items: Repository[]}>(`https://api.github.com/
              search/repositories?q=${keyword}`)
    .then(response =>setRepodata(response.data.items))
    .catch(err =>console.error(err))
}
```

(8) 在 return 语句中，使用 map()函数将 data 状态转换为表行。存储库的 url 属性是<a>元素的 href 值。每个存储库都有一个唯一的 id 属性，可以将其用作表行的键。使用条件渲染处理响应不返回任何存储库的情况。

```
return (
    <>
      <input
        value={keyword}
        onChange={e =>setKeyword(e.target.value)}
      />
      <button onClick={handleClick}>Fetch</button>
      {repodata.length ===0 ? (
        <p>No data available</p>
      ) : (
        <table>
          <tbody>
            {repodata.map(repo =>(
            <tr key={repo.id}>
                <td>{repo.full_name}</td>
                <td>
                    <a href={repo.html_url}>{repo.html_url}</a>
                </td>
            </tr>
          ))}
        </tbody>
        </table>
      )}
    </>
);
```

(9) 在 REST API 调用中使用 react 关键字后,应用程序的最终运行结果如图 10.6 所示。

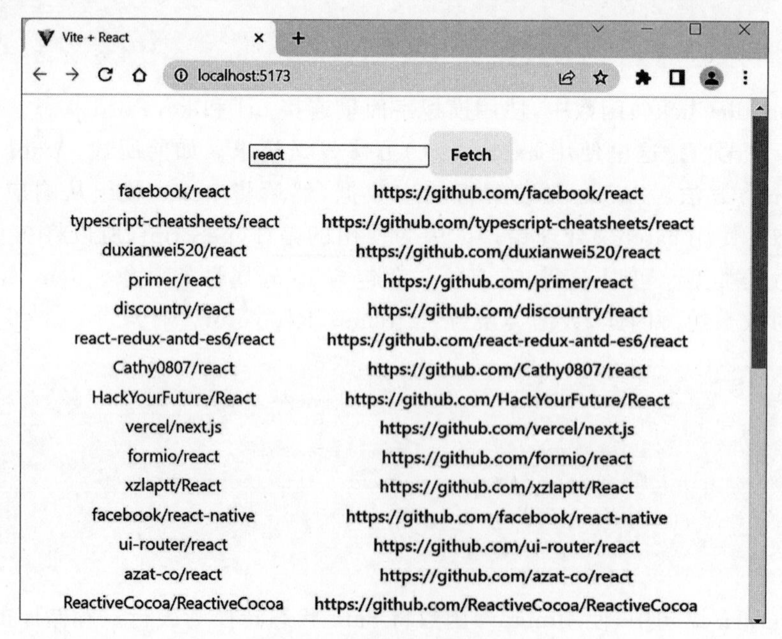

图 10.6　GitHub REST API

App.jsx 文件的完整源代码如下所示。

```
import { useState } from 'react';
import axios from 'axios';
import './App.css';

type Repository = {
    id: number;
    full_name: string;
    html_url: string;
};

function App() {
    const [keyword, setKeyword] = useState('');
    const [repodata, setRepodata] = useState<Repository[]>([]);

    const handleClick = () => {
      axios.get<{ items: Repository[]
        }>(`https://api.github.com/search/repositories?q=${keyword}`)
      .then(response => setRepodata(response.data.items))
      .catch(err => console.error(err));
    }

    return (
      <>
        <input
          value={keyword}
          onChange={e => setKeyword(e.target.value)}
        />
        <button onClick={handleClick}>Fetch</button>
        {repodata.length === 0 ? (
          <p>No data available</p>
        ) : (
          <table>
            <tbody>
              {repodata.map((repo) => (
                <tr key={repo.id}>
                  <td>{repo.full_name}</td>
                  <td>
                    <a href={repo.html_url}>{repo.html_url}</a>
                  </td>
                </tr>
              ))}
            </tbody>
          </table>
        )}
      </>
    );
}

export default App;
```

GitHub API 有一个 API 速率限制(无身份验证的每日请求次数)，所以如果读者的代码不能工作，可能是这种原因。我们正在使用的搜索端点每分钟有 10 个请求的限制。如果超过了限制，必须等待 1 分钟。

10.6 处理竞争条件

如果组件快速发出多个请求，则可能导致**竞争条件**(race condition)，从而产生不可预知或不正确的结果。网络请求是异步的，因此，请求不一定按照发送的顺序完成。

下面的示例代码在 props.carid 值改变时发送一个网络请求。

```
import { useEffect, useState } from 'react';

function CarData(props) {
  const [data, setData] =useState({});

  useEffect(() =>{
      fetch(`https://carapi.com/car/${props.carid}`)
      .then(response =>response.json())
      .then(cardata =>setData(cardata))
    }, [props.carid]);
    if (data) {
      return <div>{data.car.brand}</div>;
    } else {
      return null;
  }
continue...
```

现在，如果多次快速更改 carid，则渲染的数据可能不是最后一次请求发送的数据。

可以使用 useEffect()清理函数避免竞争条件。首先，在 useEffect()中定义一个 ignore 布尔变量，初值为 false。然后，在清理函数中将 ignore 变量的值更新为 true。在状态更新中，检查 ignore 变量的值，只有当值为 false 时才更新状态，这意味着 props.carid 没有用新值替换，结果是并不清理。

```
import { useEffect, useState } from 'react';

function CarData(props) {
    const [data, setData] =useState({});

    useEffect(() =>{
      let ignore =false;
      fetch(`https://carapi.com/car/${props.carid}`)
      .then(response =>response.json())
      .then(cardata =>{
      if (!ignore) {
        setData(cardata)
```

```
      }
    });
      return () =>{
        ignore =true;
      };
    }, [props.carid]);

    if (data) {
      return <div>{data.car.brand}</div>;
    } else {
      return null;
    }
continue...
```

现在,组件每次重新渲染时,都会调用清理函数,并将 ignore 更新为 true,并清理效果。只有最后一个请求的结果被渲染,这样就可以避免竞争条件。

10.7 节介绍 React Query,它提供一些处理竞争条件的机制,例如并发控制。对于给定的查询键,它能保证每次只发送一个请求。

10.7 使用 React Query 库

在真正的 React 应用程序中,如果需要进行大量的网络访问,建议使用第三方网络库。有两个流行的库,一个是 **React Query**,也称为 Tanstack Query,另一个是 **SWR**。这些库提供了很多有用的特性,例如数据缓存和性能优化。

本节学习如何使用 React Query 从 React 应用程序中获取数据。我们将创建一个 React 应用程序,使用 react 关键字从 GitHub REST API 中获取存储库。

(1) 使用 Vite 创建一个名为 gitapi 的 React 应用程序,并选择 React 框架和 JavaScript 变体。进入项目文件夹并安装依赖项。

(2) 使用以下命令在项目中安装 React Query 和 Axios(注意:本书中使用 Tanstack Query v4)。

```
// install v4
npm install @tanstack/react-query@4
npm install axios
```

(3) 在 VS Code 打开项目文件夹。从 App.jsx 文件中删除片段(<></>)中的额外代码。结果 App.jsx 代码如下所示。

```
import './App.css';

function App() {
    return (
      <>
      </>
    );
```

```
}

export default App;
```

(4) React Query 库提供 QueryClient 和 QueryClientProvider 组件，它们处理数据缓存。将这些组件导入 App 组件中。创建一个 QueryClient 实例，并在 App 组件中呈现 QueryClientProvider。

```
import './App.css';
import { QueryClient, QueryClientProvider } from'@tanstack/react-query';

const queryClient =new QueryClient();

function App() {
    return (
      <>
        <QueryClientProvider client={queryClient}>
        </QueryClientProvider>
      </>
    )
}

export default App;
```

React Query 提供了 useQuery()钩子函数，用于调用网络请求。语法如下：

```
const query =useQuery({ queryKey: ['repositories'], queryFn:
    getRepositories })
```

注意：queryKey 是一个查询的唯一键，用于缓存和重新获取数据；queryFn 是一个获取数据的函数，它应该返回一个 Promise。

useQuery()钩子函数返回的 query 对象包含重要的属性，例如查询的状态：

```
const { isLoading, isError, isSuccess } =useQuery({ queryKey:
    ['repositories'], queryFn: getRepositories })
```

可能的状态值如下。

- isLoading：数据还不可用。
- isError：查询以错误结束。
- isSuccess：查询成功结束，查询数据可用。

query 对象的 data 属性包含响应返回的数据。

有了这些知识，就可以使用 useQuery 继续实现 GitHub API 的示例。

(5) 创建一个新组件用于获取数据。在 src 文件夹创建 Repositories.jsx 新文件，输入下面代码。

```
function Repositories() {
    return (
      <></>
    )
```

```
}

export default Repositories;
```

（6）导入 useQuery()钩子和 axios 库，并创建一个 getRepositories()函数，该函数在 GitHub REST API 上调用 axios.get()函数。这里，在 Axios 中使用 async/await。调用 useQuery()钩子函数，并将 queryFn 属性值设置为 getRepositories 函数。

```
import { useQuery } from '@tanstack/react-query';
import axios from 'axios';

function Repositories() {
    const getRepositories =async () =>{
        const response =await axios.get("https://api.github\
        .com/search/repositories?q=react");
        return response.data.items;
    }

  const { isLoading, isError, data } =useQuery({
      queryKey: ['repositories'],
      queryFn: getRepositories,
  })

  return (
      <></>
  )
}

export default Repositories;
```

（7）接下来，实现条件渲染。存储库在数据可用时渲染。如果 REST API 调用以错误结束，也会渲染一条消息。

```
// Repositories.jsx
if (isLoading) {
    return <p>Loading...</p>
}

if (isError) {
    return <p>Error...</p>
}
else {
    return (
      <table>
        <tbody>
          {
```

```
        data.map(repo =>
          <tr key={repo.id}>
              <td>{repo.full_name}</td>
              <td>
                <a href={repo.html_url}>{repo.html_url}</a>
              </td>
          </tr>)
        }
        </tbody>
      </table>
    )
  }
```

(8) 最后，将 Repositories 组件导入 App 组件中，并在 QueryClientProvider 组件内渲染它。

```
// App.jsx
import './App.css'
import Repositories from './Repositories'
import { QueryClient, QueryClientProvider } from '@tanstack/reactquery'

const queryClient = new QueryClient()

function App() {
    return (
      <>
        <QueryClientProvider client={queryClient}>
            <Repositories />
        </QueryClientProvider>
      </>
    )
}

export default App
```

(9) 访问应用程序，结果如图 10.7 所示，使用 React Query 库获取了存储库。这里还通过其内置功能轻松处理了请求状态。不需要任何状态存储响应数据，因为 React Query 处理数据管理和缓存。

读者还应该看到，当浏览器重新聚焦时(用户返回到应用程序的窗口或选项卡时)，React Query 会自动重新抓取，这是一个很好的功能，每次重新聚焦浏览器时都可以看到更新的数据。可以在全局或每个查询中更改此默认行为。

在网络重新连接或装载查询的一个新实例(将组件插入 DOM)时，也会自动进行重新抓取。

React Query 有一个重要的属性称为 staleTime，它定义数据在多长时间后被认为变得陈旧，并在后台触发重新获取。staleTime 的默认值为 0，这意味着，数据在查询成功后立即

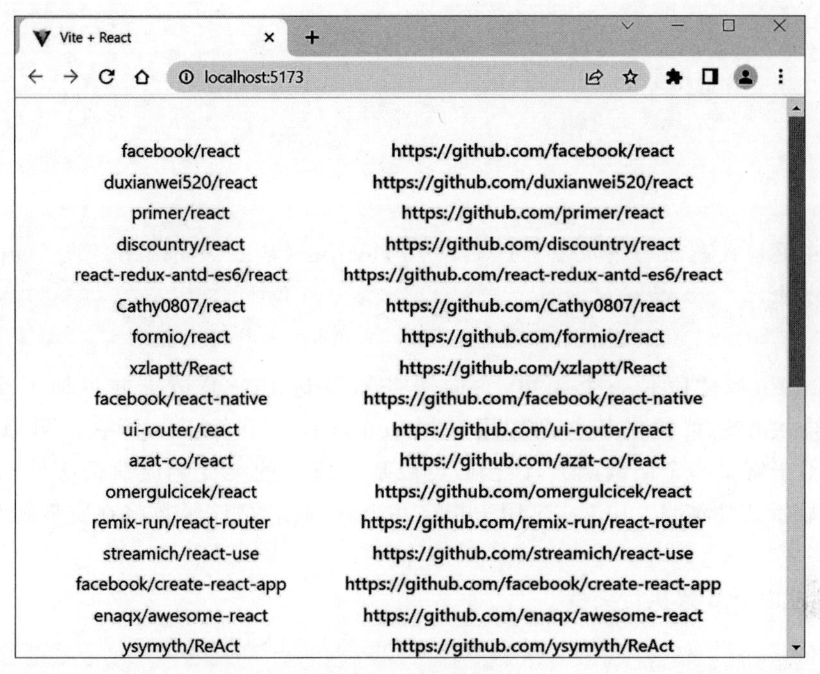

图 10.7　查询结果

变得陈旧。如果数据不经常更改，通过设置 staleTime 值，可以避免不必要的重新获取。下面的例子展示了如何在查询中设置 staleTime。

```
const { isLoading, isError, data } =useQuery({
  queryKey: ['repositories'],
  queryFn: getRepositories,
    staleTime: 60 * 1000,                    // 单位：毫秒 ->1 分钟
})
```

还有一个 cacheTime 属性，用于定义非活动查询何时被作为垃圾回收，默认时间为 5 分钟。

React Query 提供一个 useMutation()钩子函数，用于创建、更新和删除数据，以及处理内置的错误和缓存失效，它简化了**数据突变**(data mutation)的处理。下面是一个添加新车的 useMutation 示例。现在，因为要添加一辆新车，使用 axios.post()方法。

```
// 导入 useMutation 钩子
import { useMutation } from '@tanstack/react-query'
// 使用 useMutation 钩子
const mutation =useMutation({
    mutationFn: (newCar) =>{
      return axios.post('api/cars', newCar);
    },
    onError: (error, variables, context) =>{
          // 改变发生错误
```

```
    },
    onSuccess: (data, variables, context) =>{
        // 改变成功
    },
})
```

在更新或删除的情况下，可以使用 axios.put()、axios.patch()或 axios.delete()方法。

mutationFn 属性值是一个函数，它向服务器发送 POST 请求并返回一个 Promise。React Query 突变还可提供某些副作用，例如 onSuccess 和 onError，它们可以用于突变。onSuccess 用于定义一个回调函数，该函数可以基于成功的突变响应执行必要的操作，例如更新 UI 或显示成功消息。onError 用于指定一个回调函数，该函数将在突变操作遇到错误时执行。

可以通过以下方式执行突变。

```
mutation.mutate(newCar);
```

QueryClient 提供了一个 invalidateQueries()方法，用于使缓存中的查询无效。如果查询在缓存中无效，将再次提取它。在前面的示例中，使用 useMutation 向服务器添加一辆新车。如果有一个获取所有汽车的查询，并且查询 ID 是 cars，则可以在成功添加新车后通过以下方式使其无效。

```
import { useQuery, useMutation, useQueryClient } from
    '@tanstack/react-query'

const queryClient =useQueryClient();

// 获取所有汽车
const { data } =useQuery({
    queryKey: ['cars'], queryFn: fetchCars
})

// 新添加一辆车
const mutation =useMutation({
  mutationFn: (newCar) =>{
    return axios.post('api/cars', newCar);
  },
  onError: (error, variables, context) =>{
      // 改变发生错误
  },
  onSuccess: (data, variables, context) =>{
      // 查询汽车无效 ->重新获取
      queryClient.invalidateQueries({ queryKey: ['cars'] });
  },
})
```

这意味着在将新车添加到服务器后，将再次获取汽车。

使用 React Query 提供的内置功能，可以编写更少的代码来获得适当的错误处理、数据缓存等。学习了这些 React 的网络技能后，就可以在前端实现中使用它们了。

小结

本章主要关注了 React 的网络方面。从讨论 Promise 开始，它使异步网络调用更容易实现。这是处理调用的一种简洁的方式，比使用传统的回调函数好得多。

本书中的前端部分使用 Axios 和 React Query 库进行联网，并介绍了使用这些库的基础知识。我们使用 fetch API 和 Axios 调用 REST API 实现了两个 React 示例应用，并在浏览器中呈现了响应数据。我们学习了竞态条件，并讨论了如何使用 React Query 库获取数据。

第 11 章介绍一些有用的 React 组件，它们将用于前端开发。

思考题

1. 什么是 Promise？
2. 什么是 fetch 和 axios？
3. 什么是 React Query？
4. 使用网络库的好处有哪些？

第 11 章
第三方 React 组件

React 是基于组件的,有很多实用的第三方组件可以用在我们的应用中。本章将介绍几个可在前端使用的组件。我们将讨论如何找到合适的组件,以及如何将它们用在自己的应用程序中。

本章研究如下主题:

- 安装第三方 React 组件;
- 使用 AG Grid;
- 使用 Material UI 组件库;
- 用 React Router 管理路由。

11.1　安装第三方 React 组件

许多有用的 React 组件可用于不同的目的。使用组件可以节省时间,人们不必从头去做所有事情。很多知名的第三方组件经过了良好的测试,并且有很好的社区支持。

首先,需要找到适合需要的组件。Awesome React Components 是一个查找组件的好网站,地址是 https://github.com/brillout/awesome-react-components。进入该站点,即可从组件列表中选择需要的组件。图 11.1 中可以看到组件列表。

组件通常提供很好的文档,说明如何在 React 应用中使用它们。下面来看如何在应用中安装和使用一个第三方组件。

(1) 打开浏览器,进入 Awesome React Components 站点,在组件列表中选择 Form Components(表单组件)下的 Date/Time picker(日期/时间选择器)。

(2) 在列出的各种日期/时间组件中选择需要的组件,如选择 react-date-picker,这是一个可以在 React 应用中使用的日期选择器组件。

(3) 选择 react-date-picker,在打开的页面上可以找到安装说明,以及使用该组件的一些简单示例。还应该检查组件的开发是否仍处于活动状态。信息页面通常还提供组件的网站或 GitHub 存储库的地址,那里可以找到完整的文档。react-date-picker 的信息页面如图 11.2 所示。

(4) 从组件的信息页面可以看到,使用 npm 安装 react-date-picker 组件的命令是 npm install react-date-picker,或者可以使用 yarn,安装命令是 yarn add react-date-picker。

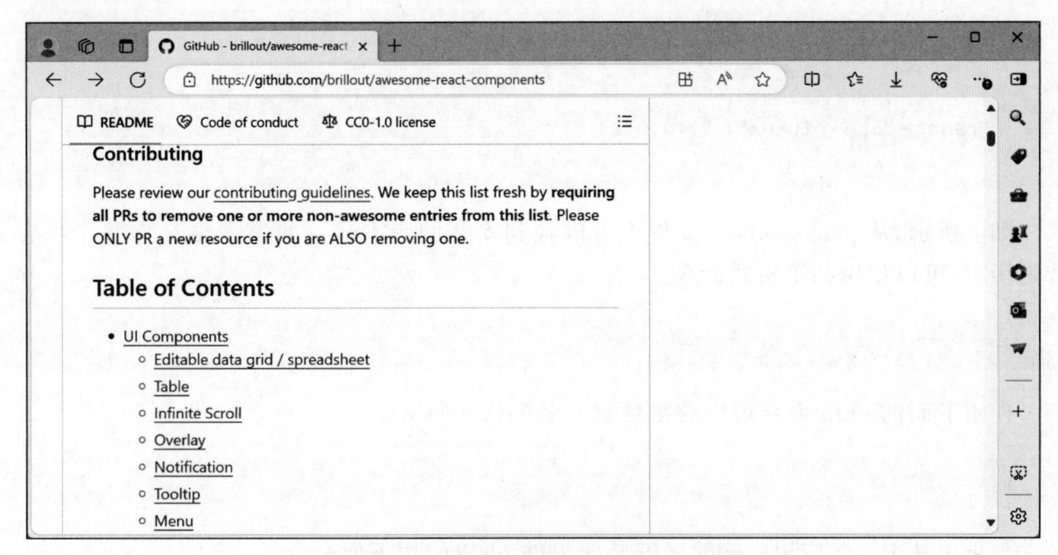

图 11.1　Awesome React Components 页面

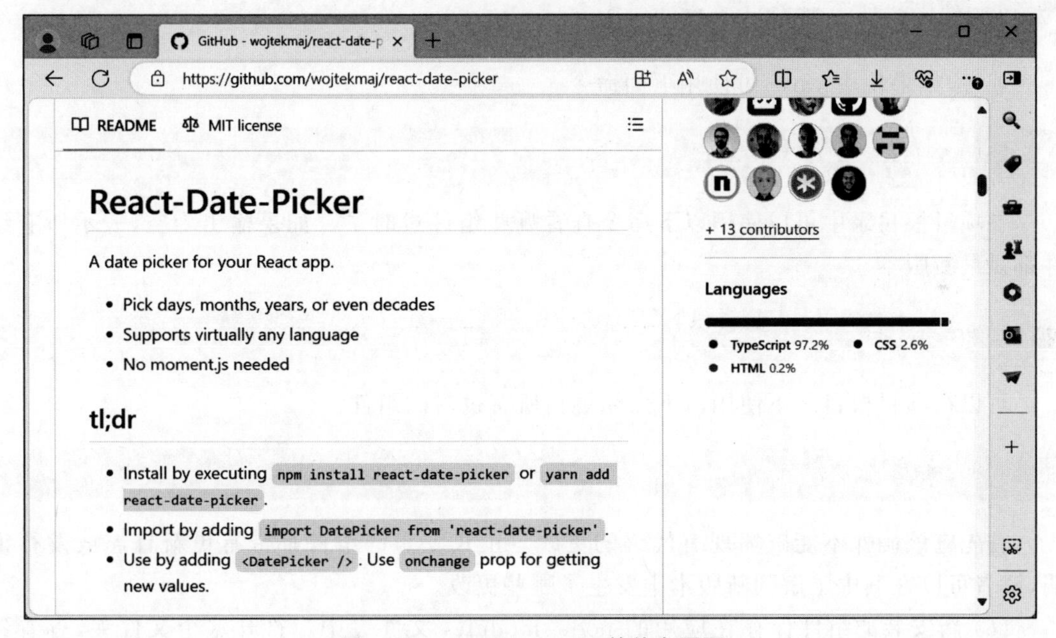

图 11.2　react-date-picker 的信息页面

npm install 和 yarn add 命令将组件的依赖保存到 package.json 文件中，该文件存放在 React 应用的根目录下。

现在，进入第 7 章创建的 myapp 应用程序根目录，把 react-date-picker 组件安装到项目中，命令如下所示。

```
npm install react-date-picker
```

(5) 在 VS Code 中打开 myapp 应用程序，打开根文件夹中的 package.json 文件，可以看到组件被添加到依赖项部分，如下面代码所示。

```
"dependencies": {
  "react": "^18.2.0",
  "react-dom": "^18.2.0"
  "react-date-picker": "^10.0.3",
},
```

如上所示，从 package.json 文件中可以找到安装的版本号。如果需要安装组件的某个特定版本，可以使用如下格式命令。

```
npm install component_name@version
```

使用下面的 npm 命令可以获得项目安装的依赖列表。

```
npm list
```

如果想从 React 应用中删除已安装的组件，可以使用下面命令。

```
npm uninstall component_name
```

或者，如果使用 yarn，可使用下面命令。

```
yarn remove component_name
```

在项目根目录中可以使用以下命令查看哪些组件过时了。如果输出为空，表示所有组件都是最新版本。

```
npm outdated
```

可以在项目根目录下使用以下命令更新所有过时的组件。

```
npm update
```

首先应该确保不能破坏现有代码的更改。正式发布的组件都带有更新日志或发行说明，读者可以在其中了解到新版本中发生了哪些更改。

（6）新安装的组件保存在应用的 node_modules 文件夹中。打开这个文件夹，可看到 react-date-picker 文件夹，如图 11.3 所示。

如果要将 React 应用源代码推送到 GitHub，不应该包括 node_modules 文件夹，因为它包含了大量的文件。Vite 项目包含一个.gitignore 文件，该文件将 node_modules 文件夹从存储库中排除。下面是.gitignore 文件的部分内容，在文件中可以看到 node_modules。

```
#Logs
Logs
*.log
npm-debug.log*
yarn-debug.log*
```

```
yarn-error.log*
pnpm-debug.log*
lerna-debug.log*

node_modules
dist
dist-ssr
*.local
```

图 11.3　node_modules 文件夹

这里的思想是，当从 GitHub 仓库克隆一个 React 应用程序时，输入 npm install 命令，它从 package.json 文件中读取依赖项，并将它们下载到应用程序中。

(7) 要使用已安装的组件，将其导入使用它的文件中，如下所示。

```
import DatePicker from 'react-date-picker';
```

前面学习了如何在 React 应用中安装 React 组件，接下来，我们学习如何在 React 应用中使用第三方组件。

11.2　使用 AG Grid

AG Grid 是 React 应用的一个灵活的数据网格组件。它就像一个电子表格，用来展示数据，它还具有交互性。AG Grid 有许多有用的特性，例如过滤、排序和旋转等。本书使用麻省理工学院许可下的 AG Grid 社区版，它是免费的。

下面修改第 10 章创建的 GitHub REST API 应用程序 restgithub 来演示 AG Grid 的使用，步骤如下。

(1) 打开命令行窗口，进入 restgithub 文件夹，输入以下命令安装 ag-grid 社区版组件。

```
npm install ag-grid-community ag-grid-react
```

(2) 用 VS Code 打开 App.tsx 文件，删除 return 语句中的 table 元素。App.tsx 文件现在应该如下所示。

```
import { useState } from 'react';
import axios from 'axios';
import './App.css';

type Repository ={
    id: number;
    full_name: string;
    html_url: string;
};

function App() {
    const [keyword, setKeyword] =useState('');
    const [repodata, setRepodata] =useState<Repository[]>([]);

    const handleClick = () =>{
      axios.get<{ items: Repository[]
        }>(`https://api.github.com/search/repositories?q=${keyword}`)
      .then(response =>setRepodata(response.data.items))
      .catch(err =>console.error(err));
}

return (
  <>
      <input
        value={keyword}
        onChange={e =>setKeyword(e.target.value)} />
      <button onClick={handleClick}>Fetch</button>
  </>
);

export default App;
```

(3) 在 App.tsx 文件的开头添加以下代码行导入 ag-grid 组件和样式表。

```
import { AgGridReact } from 'ag-grid-react';

import 'ag-grid-community/styles/ag-grid.css';
import 'ag-grid-community/styles/ag-theme-material.css';
```

ag-grid 提供了不同的预定义样式。这里使用的是 Material Design 风格。

(4) 接下来，将导入的 AgGridReact 组件添加到 return 语句中。要用数据填充 ag-grid 组件，必须给组件传递 rowData 属性。数据可以是一个对象数组，因此可以使用 repodata 状态。ag-grid 组件应该被包装在定义样式的<div>元素中，代码如下所示。

```
return (
  <div className="App">
    <input value={keyword}
```

```
        onChange={e =>setKeyword(e.target.value)} />
      <button onClick={fetchData}>Fetch</button>
      <div className="ag-theme-material"
          style={{height: 500, width: 850}}>
          <AgGridReact
            rowData={repodata}
        />
      </div>
    </div>
);
```

(5) 接下来为 ag-grid 定义列。这里定义一个 columnDefs 状态，它是一个列定义对象数组。ag-grid 提供了一个可以在这里使用的 ColDef 类型。在列对象中，必须使用所需的 field 属性定义数据访问器。field 值是该列应该显示的 REST API 响应数据中的属性名。

```
// 导入 ColDef 类型
import { ColDef } from 'ag-grid-community';

// 定义列名
const [columnDefs] =useState<ColDef[]>([
    {field: 'id'},
    {field: 'full_name'},
    {field: 'html_url'},
]);
```

(6) 最后，使用 AG Grid 的 columnDefs 属性定义这些列，如下所示：

```
<AgGridReact
    rowData={data}
    columnDefs={columnDefs}
/>
```

(7) 运行应用程序并在浏览器中打开它。默认情况下，这个表看起来相当不错，如图 11.4 所示。

(8) 排序和过滤在默认情况下是禁用的，但可以使用 ag-grid 列中的 sortable 和 filter 属性启用它们，如下面代码所示。

```
const [columnDefs] =useState<ColDef[]>([
    {field: 'id', sortable: true, filter: true},
    {field: 'full_name', sortable: true, filter: true},
    {field: 'html_url', sortable: true, filter: true}
]);
```

现在，就可以单击列标题对网格中的任何列进行排序和过滤，如图 11.5 所示。

(9) 也可以使用 pagination 和 paginationPageSize 属性在 ag-grid 中启用分页和设置页面大小，如下面代码所示。

```
<AgGridReact
```

```
    rowData={data}
    columnDefs={columnDefs}
    pagination={true}
    paginationPageSize={8}
/>
```

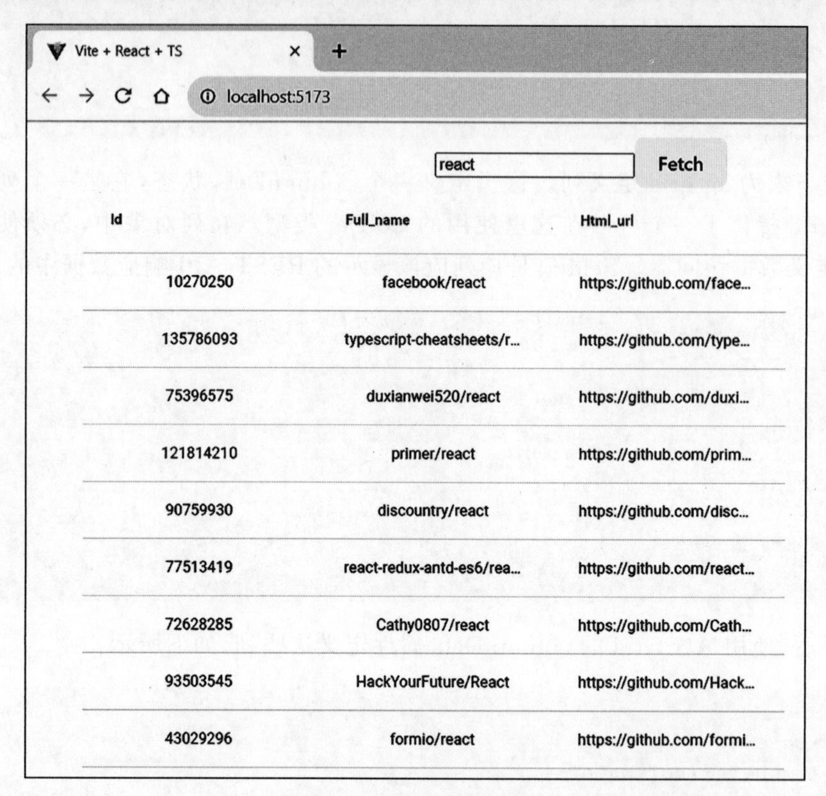

图 11.4　使用 ag-grid 组件

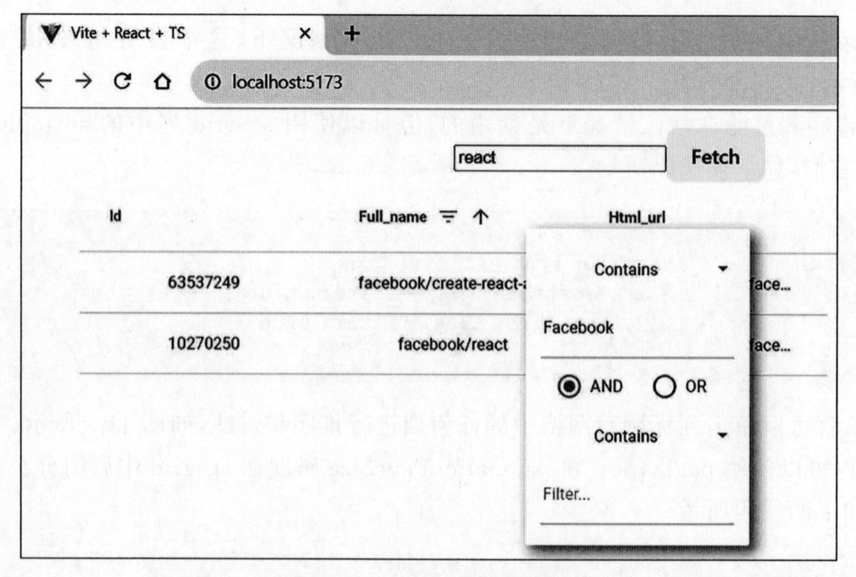

图 11.5　ag-grid 过滤与排序

现在，就可以在表中看到分页功能，如图 11.6 所示。

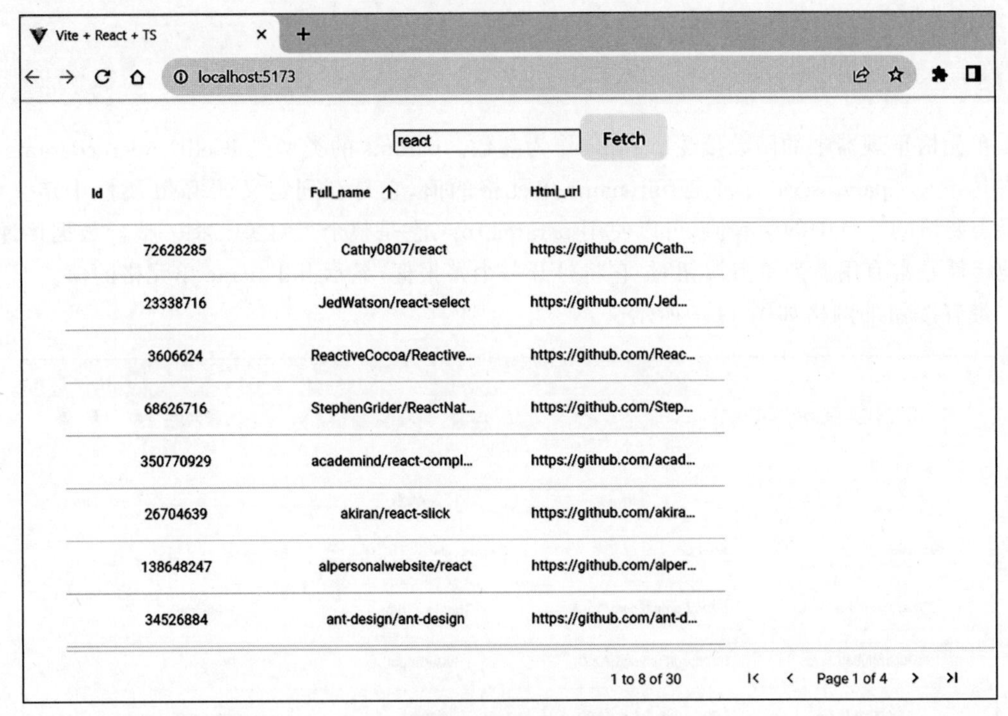

图 11.6 ag-grid 分页

读者可以到 AG Grid 网站 https://www.ag-grid.com/react-data-grid/column-properties/上找到不同网格和列属性的文档。

(10) cellRenderer 属性可用于自定义表格单元格的内容。下面的例子展示如何渲染网格单元格中的按钮。

```
// 导入 ICellRendererParams
import { ICellRendererParams } from 'ag-grid-community';

// 修改 columnDefs
const columnDefs =useState<ColDef[]>([
    {field: 'id', sortable: true, filter: true},
    {field: 'full_name', sortable: true, filter: true},
    {field: 'html_url', sortable: true, filter: true},
    {
    field: 'full_name',
    cellRenderer: (params: ICellRendererParams) =>(
      <button
        onClick={() =>alert(params.value)}>
        Press me
```

```
        </button>
      ),
    },
]);
```

单元格呈现器中的函数接受 params 作为参数。params 的类型是 ICellRendererParams，必须将其导入。params.value 将是 full_name 单元格的值，它是在列定义的 field 属性中定义的。如果需要访问一行中的所有值，可以使用 params.row，它是整个行对象。将一整行数据传递给其他组件非常有用。当单击按钮时，它将打开一个警报框，显示 full_name 单元格的值。

带有按钮的网格如图 11.7 所示。

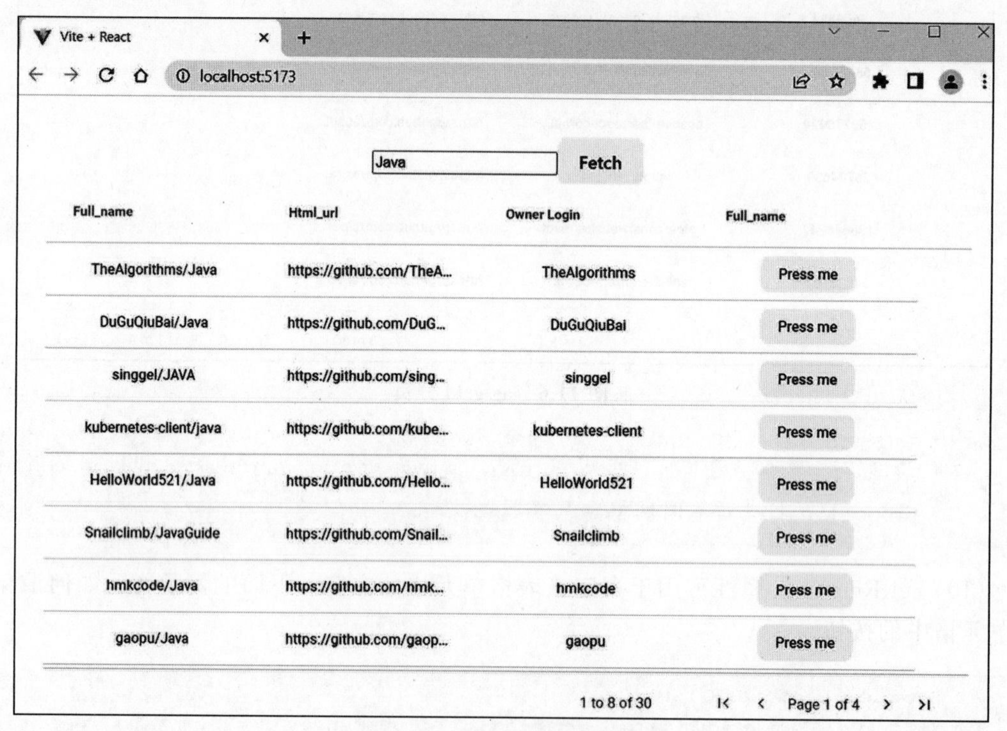

图 11.7　带有按钮的网格

如果单击任何按钮，就会看到一个显示 full_name 单元格值的警告框。

(11) 按钮列有一个 Full_name 标题，因为默认情况下，字段名被用作标题名。如果想使用其他东西，可以在列定义中使用 headerName 属性，如下面代码所示。

```
const columnDefs: ColDef[] =[
  { field: 'id', sortable: true, filter: true },
  { field: 'full_name', sortable: true, filter: true },
  { field: 'html_url', sortable: true, filter: true },
  {
    headerName: 'Actions',
    field: 'full_name',
    cellRenderer: (params: ICellRendererParams) =>(
```

```
      <button
        onClick={() =>alert(params.value)}>
        Press me
      </button>
    ),
  },
];
```

11.3 节将学习如何使用 Material UI 组件库，这是最流行的 React 组件库之一。

11.3　使用 Material UI 组件库

Material UI 也简称为 MUI，是 React 组件库，它实现了谷歌的 Material Design 语言。Material Design 是当今最流行的设计系统之一。MUI 包含许多不同的组件，例如按钮、列表、表格和卡片。使用它们可以实现漂亮而统一的**用户界面**(UI)。

本书使用 MUI 5，MUI 5 版支持 Material Design 2。如果想使用其他版本，请参考官方文档，https://mui.com/ material-ui/gettingstarted/。

本节创建一个小型购物清单应用程序，并使用 MUI 组件对 UI 进行样式化。在该应用中，用户输入包含两个字段的购物项：商品和数量。输入的购物项以列表的形式显示在应用程序中。最终的 UI 如图 11.8 所示。ADD ITEM 按钮打开一个模态表单，用户在其中输入一个新的购物项。

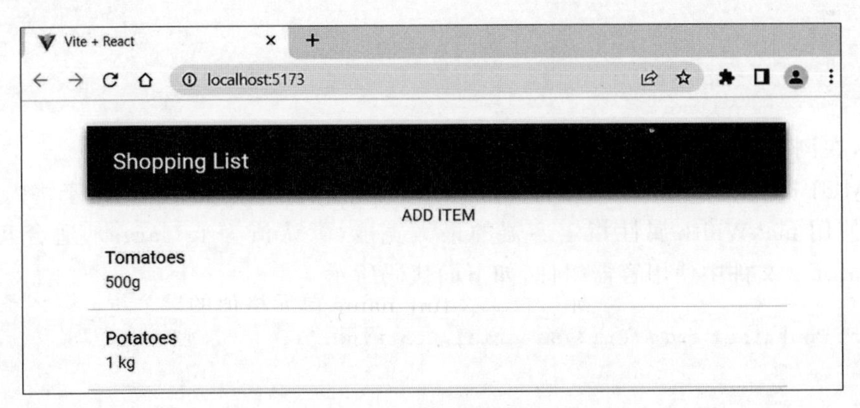

图 11.8　购物清单 UI

下面来实现该应用。

(1) 打开 PowerShell 或其他终端，创建名为 shoppinglist 新的 React 应用，选择 React 框架和 TypeScript 变体，并通过运行 npm install 命令安装依赖项。

```
npm create vite@latest
cd shoppinglist
npm install
```

(2) 输入以下命令安装 MUI。该命令安装 Material UI 核心库和两个 Emotion 库。Emotion 是用 JavaScript 编写的 CSS 库。

```
npm install @mui/material @emotion/react @emotion/styled
```

(3) 在 VS Code 中打开 shoppinglist 应用程序。MUI 默认使用 Roboto 字体,但它不是开箱即用的。安装 Roboto 字体最简单的方法是使用 Google Fonts(谷歌字体)。要使用 Roboto 字体,需要在 index.html 文件的 head 元素中添加以下行。

```
<link
    rel="stylesheet"
    href="https://fonts.googleapis.com/css?family=\
            Roboto:300,400,500,700&display=swap"
/>
```

(4) 打开 App.tsx 文件并删除片段(<></>)中的所有代码。此外,删除未使用的代码和导入。现在,App.tsx 文件如下所示。

```
// App.tsx
import './App.css';

function App() {
    return (
      <>
      </>
    );
}

export default App;
```

现在,在浏览器中访问该应用,看到的是一个空页面。

(5) MUI 提供了不同的布局组件,基本的布局组件是 Container。它用于将内容水平居中。可以使用 maxWidth 属性指定容器的最大宽度,默认值为 lg(large),适合我们使用。下面在 App.tsx 文件中使用容器组件,如下面代码所示。

```
import Container from '@mui/material/Container';
import './App.css';

function App() {
    return (
      <Container>
      </Container>
    );
}

export default App;
```

(6) 从 main.tsx 文件中删除 index.css 文件导入,以便应用程序获得全屏。我们也不想使用 Vite 中的预定义样式。

```
// main.tsx
import React from 'react'
import ReactDOM from 'react-dom/client'
import App from './App.jsx'
import './index.css'          // 删除该行

ReactDOM.createRoot(document.getElementById('root')).render(
    <React.StrictMode>
      <App />
    </React.StrictMode>,
)
```

(7) 使用 AppBar 组件在应用中创建工具栏。将 AppBar、ToolBar 和 Typography 组件导入 App.tsx 文件中。同样从 React 中导入 useState,稍后会用到它。代码如下所示。

```
import { useState } from 'react';
import Container from '@mui/material/Container';
import AppBar from '@mui/material/AppBar';
import Toolbar from '@mui/material/Toolbar';
import Typography from '@mui/material/Typography';
import './App.css'
```

(8) 在 App 组件的 return 语句中添加以下代码渲染 AppBar。Typography 组件提供了预定义的文本大小,后面将在工具栏文本中使用它。variant 属性用来定义文本的大小。

```
function App() {
    return (
      <Container>
        <AppBar position="static">
          <Toolbar>
            <Typography variant="h6">
             Shopping List
            </Typography>
          </Toolbar>
        </AppBar>
    </Container>
  );
}
```

(9) 启动应用程序,打开浏览器,访问应用程序,结果如图 11.9 所示。

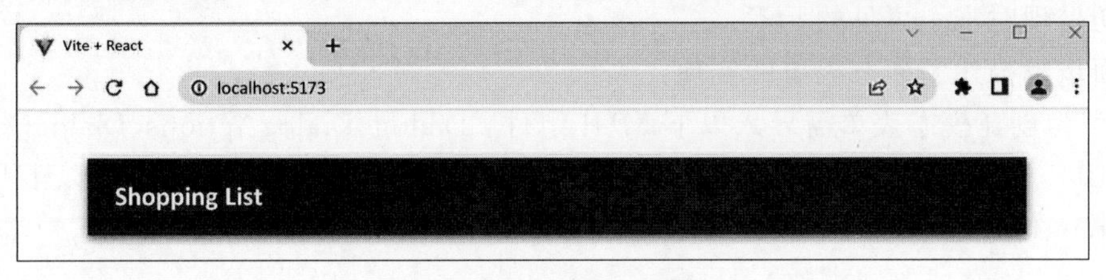

图 11.9　AppBar 组件

(10) 在 App 组件中，需要一个数组状态保存购物清单中的条目。一个购物清单条目包含 product 和 amount 两个字段。为清单条目创建一个 Item 类型，并将它导出，因为稍后需要在其他组件中使用它。Item 类型代码如下所示。

```
// App.tsx
export type Item = {
    product: string;
    amount: string;
}
```

(11) 接下来创建保存购物条目的状态。创建一个名为 items 的状态，它的类型是 Item 类型的数组。

```
const [items, setItems] = useState<Item[]>([]);
```

(12) 创建 addItem 函数，用于将一个新购物条目添加到 items 状态。在 addItem 函数中，使用展开表示法(…)在现有数组的开头添加一个新购物条目。

```
const addItem = (item: Item) => {
    setItems([item, ...items]);
}
```

(13) 添加购物条目需要一个新组件。在应用程序的根文件夹中创建 AddItem.tsx 文件，在该文件中添加以下代码。AddItem 组件从它的父组件接收 props，它的类型在后面定义。

```
function AddItem(props) {
    return(
        <></>
    );
}

export default AddItem;
```

AddItem 组件使用 MUI 模态对话框收集数据。在表单中，需要添加两个输入字段，product 和 amount，以及一个调用 App 组件的 addItem 函数的按钮。为了能够调用 App 组件中的 addItem 函数，必须在渲染 addItem 组件时将其传入 props 中。在模态 Dialog 组件之外，添加一个按钮，用于打开模态表单，用户可以在其中输入新的购物条目。这个按钮是组件最初呈现时唯一可见的元素。

下面步骤描述了模态表单的实现。

(14) 为创建模态表单需导入以下 MUI 组件：Dialog、DialogActions、DialogContent 和 DialogTitle。对于模态表单的 UI，需要以下组件：Button 和 TextField。将以下导入添加到 AddItem.tsx 文件中。

```
import Button from '@mui/material/Button';
```

```
import TextField from '@mui/material/TextField';
import Dialog from '@mui/material/Dialog';
import DialogActions from '@mui/material/DialogActions';
import DialogContent from '@mui/material/DialogContent';
import DialogTitle from '@mui/material/DialogTitle';
```

(15) Dialog组件有一个名为open的属性,如果其值为true,则对话框可见。open属性的默认值为false,对话框被隐藏。下面将声明一个名为open的状态和两个用于打开和关闭模态对话框的函数。open状态的默认值为false。handleOpen函数将open状态设置为true, handleClose函数将open状态设置为false。代码如下所示。

```
// AddItem.tsx
// 导入 useState
import { useState } from 'react';

// 添加 open 状态、handleOpen 和 handleClose 函数
const [open, setOpen] =useState(false);

const handleOpen = () =>{
    setOpen(true);
}

const handleClose = () =>{
    setOpen(false);
}
```

(16) 在AddItem组件的return语句中添加Dialog和Button组件。在对话框外面有一个按钮,当组件第一次呈现时,这个按钮将可见。当按钮被单击时,它调用handleOpen函数打开对话框。对话框中有两个按钮,一个用于取消,另一个用于添加新条目。Add按钮调用addItem函数,稍后我们实现该函数。添加的代码如下所示。

```
return(
    <>
      <Button onClick={handleOpen}>
        Add Item
      </Button>
      <Dialog open={open} onClose={handleClose}>
        <DialogTitle>New Item</DialogTitle>
        <DialogContent>
        </DialogContent>
        <DialogActions>
          <Button onClick={handleClose}>
            Cancel
          </Button>
          <Button onClick={addItem}>
            Add
          </Button>
        </DialogActions>
        </Dialog>
    </>
);
```

(17) 为了收集用户数据，必须再声明一个类型为 Item 的状态，此状态用于存储用户输入的购物条目。可以从 App 组件中导入 Item 类型。

```
// 在 AddItem.tsx 文件中添加下面 import 语句
import { Item } from './App';
```

(18) 将以下状态添加到 AddItem 组件。状态的类型是 Item，这里将它初始化为一个空的 Item 对象。

```
// Item 状态
const [item, setItem] = useState<Item>({
    product: '',
    amount: '',
});
```

(19) 在 DialogContent 组件中，添加两个 TextField 收集用户的数据。这里使用导入的 TextField 组件。margin 属性用于设置文本字段的垂直间距，fullwidth 属性用于使输入占用其容器的整个宽度。可以在 MUI 文档中了解所有的属性。文本字段的 value 属性必须与我们想要保存的状态类型值相同。当用户在文本字段中输入内容时，onChange 事件监听器将输入的值保存到 item 状态中。在 product 字段中，值被保存到 item.product 属性中。在 amount 字段中，值被保存到 item.amount 属性中。代码如下所示。

```
<DialogContent>
    <TextField value={item.product} margin="dense"
      onChange={ e =>setItem({...item, product: e.target.value}) }
      label="Product" fullWidth />
    <TextField value={item.amount} margin="dense"
      onChange={ e =>setItem({...item, amount: e.target.value}) }
      label="Amount" fullWidth />
</DialogContent>
```

(20) 最后，创建一个函数，该函数调用在属性中接收到的 addItem 函数。该函数接收一个新的购物条目作为参数。首先，为属性定义一个类型。从 App 组件传入的 addItem 函数接收一个 Item 类型的参数，并且该函数不返回任何东西。类型定义和属性类型如下所示。

```
// AddItem.tsx
type AddItemProps = {
    addItem: (item: Item) =>void;
}
function AddItem(props: AddItemProps) {
    const [open, setOpen] = useState(false);
    ⋮
```

(21) 新的购物条目现在存储在 item 状态中，它包含用户输入的值。因为从属性中获得 addItem 函数，所以可以使用 props 关键字调用它。还将调用 handleClose 函数，该函数将关闭模态对话框。代码如下所示。

```
// 调用 addItem 函数,将 item 状态传递给它
const addItem = () => {
    props.addItem(item);
    // 清空文本字段并关闭模态对话框
    setItem({ product: '', amount: '' });
    handleClose();
}
```

(22) 现在已经准备好 AddItem 组件,需要将它导入 App.tsx 文件中并在那里渲染它。将以下 import 语句添加到 App.tsx 文件中。

```
import AddItem from './AddItem';
```

(23) 将 AddItem 组件添加到 App.tsx 文件的 return 语句中。将一个属性中的 addItem 函数传递给 addItem 组件,代码如下所示。

```
// App.tsx
return (
    <Container>
      <AppBar position="static">
        <Toolbar>
          <Typography variant="h6">
            Shopping List
          </Typography>
        </Toolbar>
      </AppBar>
      <AddItem addItem={addItem}/>
    </Container>
);
```

(24) 在浏览器中打开应用程序并单击 ADD ITEM 按钮。这将打开模态表单,用于输入一个新条目,如图 11.10 所示。单击 ADD 按钮时,模态表单关闭。

(25) 向 App 组件添加一个显示购物条目的列表。为此,使用 MUI 的 List、ListItem 和 ListItemText 组件。将组件导入 App.tsx 文件中,代码如下。

```
// App.tsx
import List from '@mui/material/List';
import ListItem from '@mui/material/ListItem';
import ListItemText from '@mui/material/ListItemText';
```

(26) 然后渲染 List 组件。在 List 组件中,使用 map()函数生成 ListItem 组件。每个 ListItem 组件都应该有一个唯一的 key 属性,使用 divider 属性在每个列表项的末尾添加一个分隔符。用 ListItemText 组件的 primary 文本显示条目中的 product,用 secondary 文本显示条目中的 amount。代码如下所示。

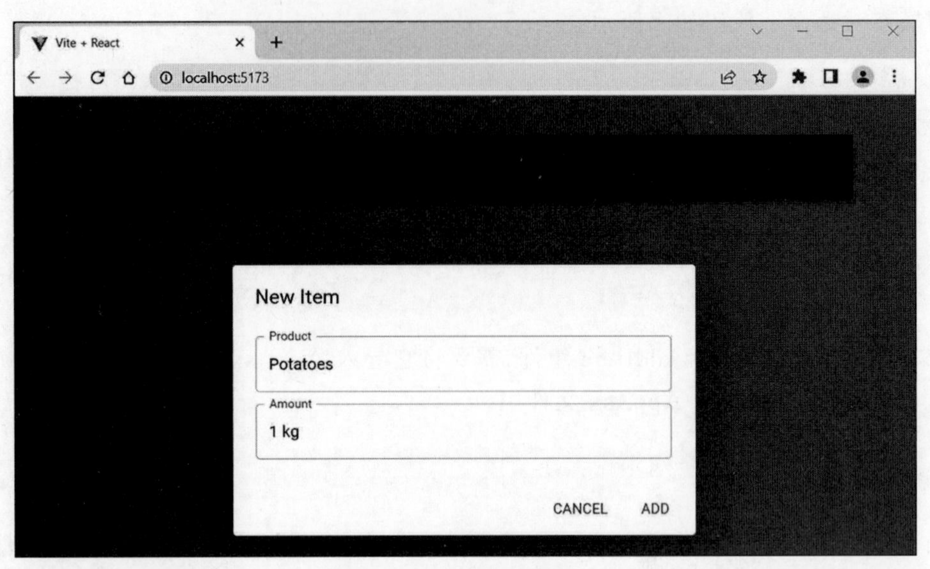

图 11.10　模态对话框

```
// App.tsx
return (
    <Container>
      <AppBar position="static">
          <Toolbar>
            <Typography variant="h6">
              Shopping List
            </Typography>
          </Toolbar>
        </AppBar>
        <AddItem addItem={addItem} />
        <List>
        {
          items.map((item, index) =>
            <ListItem key={index} divider>
            <ListItemText
              primary={item.product}
              secondary={item.amount}/>
            </ListItem>
          )
        }
      </List>
    </Container>
);
```

(27) 现在应用的 UI 如图 11.11 所示。

MUI 的 Button 组件有 3 种变体：text、contained 和 outlined。text 变体是默认的，可以使用 variant 属性更改它。例如，如果需要一个带轮廓的 ADD ITEM 按钮，可以在 AddItem.ts 文件中更改按钮的 variant 属性，如下面代码所示。

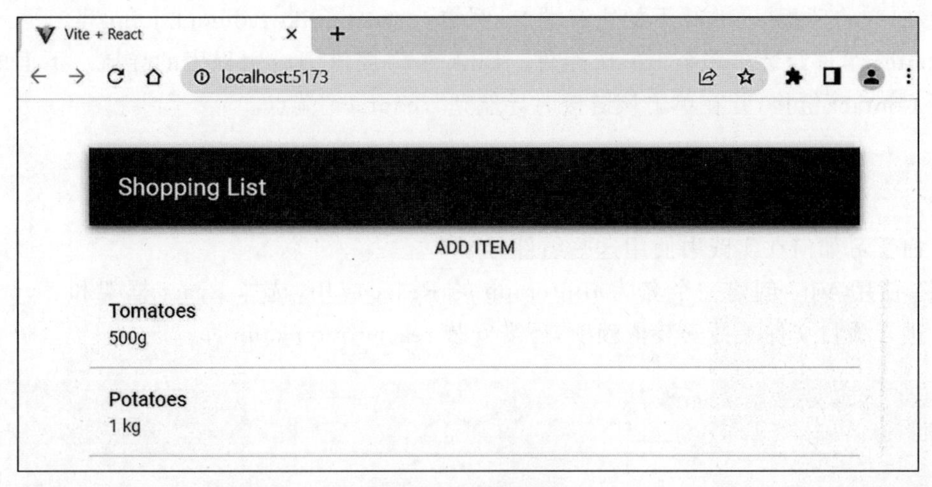

图 11.11　购物清单

```
<Button variant="outlined" onClick={handleOpen}>
    Add Item
</Button>
```

本节学习了如何使用 Material UI 库在 React 应用程序中获得一致的设计。使用 MUI,可以很容易地让应用程序获得精美且专业的外观。接下来学习如何使用 React Router,它是一个流行的路由库。

11.4　用 React Router 管理路由

React 中有一些很好的路由库可以使用。Next.js、Remix 等 React 框架提供了内置路由解决方案。React Router 是一个最流行的库。对于 Web 应用,React Router 提供了 react-router-dom 库。React Router 使用基于 URL 的路由,因此可以基于 URL 定义渲染哪个组件。

要使用 React Router,需要使用以下命令安装依赖项。本书使用 React Router 6 版。

```
npm install react-router-dom@6
```

react-router-dom 库提供用于实现路由的组件。BrowserRouter 是基于 Web 的应用程序路由器。如果给定的位置匹配,Route 组件就会渲染定义的组件。

下面代码提供 Route 组件的一个示例。当用户导航到 path 属性定义的 contact 端点时,element 属性定义了一个渲染的组件。路径是相对于当前位置的。

```
<Route path="contact" element={<Contact />} />
```

可以在 path 属性末尾使用一个星号(*)通配符,如下所示:

```
<Route path="/contact/*" element={<Contact />} />
```

现在，它将匹配 contact 下的所有端点，例如 contact/mike、contact/john 等。

Routes 组件封装了多个 Route 组件。Link 组件提供到应用程序的导航。下面的示例显示了 Contact 链接，并在单击该链接时导航到“/contact”端点。

```
<Link to="/contact">Contact</Link>
```

下面学习如何在实践中使用这些组件。

(1) 使用 Vite 创建一个名为 routerapp 的 React 应用，选择 React 框架和 TypeScript 变体。进入项目文件夹并安装依赖项，还需安装 react-router-dom 库。

```
npm create vite@latest
cd routerapp
npm install
npm install react-router-dom@6
```

(2) 在 VS Code 中打开 routerapp 应用，打开 src 文件夹的 App.tsx 文件。从 react-router-dom 包中导入组件，并从 return 语句中删除额外的代码，以及未使用的导入。经过这些修改后，App.tsx 源代码如下所示。

```
import { BrowserRouter, Routes, Route, Link } from 'react-router-dom';
import './App.css';

function App() {
    return (
      <>
      </>
    );
}

export default App;
```

(3) 首先创建两个在路由中使用的简单组件。在 src 文件夹创建两个新文件 Home.tsx 和 Contact.tsx。然后，在 return 语句中添加标题，以显示组件的名称。两个组件的代码如下所示。

```
// Home.tsx
function Home() {
    return <h3>Home component</h3>;
}

export default Home;

// Contact.tsx
function Contact() {
    return <h3>Contact component</h3>;
}

export default Contact;
```

(4) 打开 App.tsx 文件，添加一个路由器，它允许在组件之间导航，如下面代码所示。

```
import { BrowserRouter, Routes, Route, Link } from 'react-router-dom';
import Home from './Home';
import Contact from './Contact';
import './App.css';

function App() {
  return (
    <>
      <BrowserRouter>
        <nav>
          <Link to="/">Home</Link>{' | '}
          <Link to="/contact">Contact</Link>
        </nav>
        <Routes>
            <Route path="/" element={<Home />} />
            <Route path="contact" element={<Contact />} />
        </Routes>
      </BrowserRouter>
      </>
  );
}

export default App;
```

(5) 启动应用程序，会看到链接和 Home 组件，它显示在根端点(localhost:5173)中，就像第一个 Route 组件中定义的那样，如图 11.12 所示。

图 11.12　React 路由器

(6) 单击 Contact 链接，渲染 Contact 组件，如图 11.13 所示。

(7) 可以在 path 上使用星号(*)通配符创建一个 PageNotFound 路由。在下面的例子中，如果没有其他路由匹配，则使用最后一条路由。首先，创建 PageNotFound 组件来显示没有找到的页面。

```
// 创建 PageNotFound 组件
function PageNotFound() {
    return <h1>Page not found</h1>;
```

```
}

export default PageNotFound;
```

图 11.13　React 路由器(续)

(8) 将 PageNotFound 组件导入 App 组件中,并创建一条新路由,如下面代码所示。

```
// 将 PageNotFound 组件导入 App.tsx 文件
import PageNotFound from './PageNotFound';

// 添加新页面找不到路由
<Routes>
    <Route path="/" element={<Home />} />
    <Route path="contact" element={<Contact />} />
    <Route path="*" element={<PageNotFound />} />
</Routes>
```

(9) 还可以使用嵌套路由,如下面代码所示。嵌套路由表示应用的不同部分可以有自己的路由配置。下面的例子中,Contact 是父路由,它有两个子路由。

```
<Routes>
    <Route path="contact" element={<Contact />}>
        <Route path="london" element={<ContactLondon />} />
        <Route path="paris" element={<ContactParis />} />
    </Route>
</Routes>
```

可以使用 useRoutes()钩子来声明使用 JavaScript 对象而不是 React 元素的路由,但本书不讨论这点。可以在 React Router 文档中找到更多关于钩子的信息:https://reactrouter.com/en/main/start/overview。

到目前为止,我们学习了如何在 React 中安装和使用各种第三方组件。在接下来的章节中构建前端时,我们需要用到这些技能。

小结

本章学习了如何使用第三方 React 组件，并介绍了在前端使用的几个组件。AG Grid 是一个数据网格组件，具有排序、分页和过滤等内置特性。MUI 组件库提供了多种 UI 组件，实现了谷歌的 Material Design 语言。最后，本章还介绍了如何在 React 应用中使用 React Router 实现路由功能。

第 12 章将构建一个环境来为现有的汽车后端开发前端。

思考题

1. 如何找到 React 的组件？
2. 如何安装组件？
3. 如何使用 AG Grid 组件？
4. 如何使用 MUI 组件库？
5. 如何在 React 应用中实现路由？

第三部分
Spring Boot＋React 全栈开发

第 12 章

为 RESTful Web 服务开发前端

本章讨论开发汽车数据库应用前端所需的步骤。首先定义正在开发的功能，然后做一个 UI 的模型。作为后端，本章将使用第 5 章的 Spring Boot 应用程序。我们从非安全的后端版本开始。最后，创建一个用于前端开发的 React 应用程序。

本章研究如下主题：

- 模拟 UI；
- 准备 Spring Boot 后端；
- 为前端创建 React 项目。

12.1 模拟 UI

本书前几章创建了一个提供 RESTful API 的汽车数据库后端。现在，是时候为应用程序构建前端了。

创建的前端应具有以下规范。

(1) 将数据库中的汽车列在一个表格中，并提供分页、排序和过滤功能。

(2) 提供一个按钮，打开一个模态表单，向数据库中添加新车。

(3) 在汽车表格的每一行，都提供用于编辑汽车或从数据库中删除汽车的按钮。

(4) 提供一个链接或按钮将数据从表格导出为 CSV 文件。

通常人们会在开发前端时先设计一个 UI 模型，以便向客户展示用户界面的可视化表示。模型通常由设计师完成，然后提供给开发人员。许多应用程序可用于设计模型，例如 Figma，Balsamiq 和 Adobe XD，甚至可以使用纸笔绘制设计模型。可以设计交互式模型演示更多功能。

如果有一个模型，那么在开始编写实际代码之前就与客户讨论需求会让整个流程更容易。有了模型，客户也更容易理解前端的思想，并提出修改建议。与修改实际前端源代码相比，修改模型会更容易且可快速实现。

汽车列表前端的示例模型如图 12.1 所示。

当用户单击“+ CREATE”按钮时打开的模态表单如图 12.2 所示。

本节已经准备好了 UI 模型，下面来看如何准备 Spring Boot 后端。

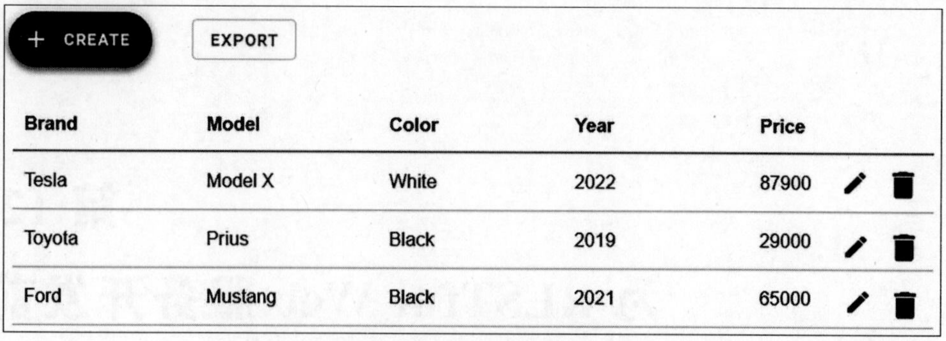

＋ CREATE　EXPORT

Brand	Model	Color	Year	Price
Tesla	Model X	White	2022	87900
Toyota	Prius	Black	2019	29000
Ford	Mustang	Black	2021	65000

图 12.1　前端示例模型

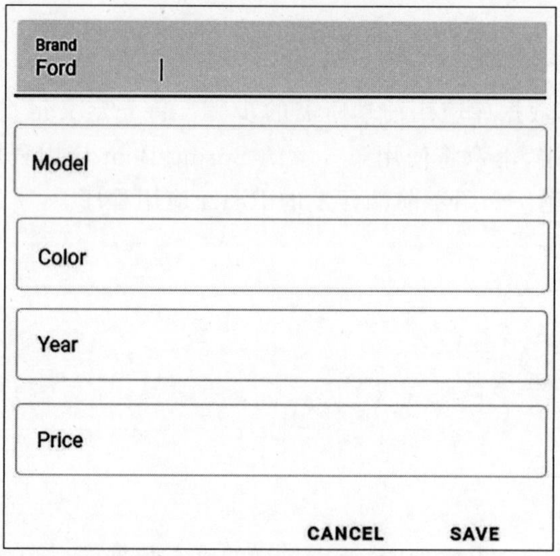

Brand
Ford
Model
Color
Year
Price
CANCEL　SAVE

图 12.2　模态表单模型

12.2　准备 Spring Boot 后端

本章首先通过一个非安全的后端版本开始前端开发，然后本书将在第 13 章实现所有的 CRUD 功能，在第 14 章将继续使用 Material UI 组件来构建 UI，最后在第 16 章对后端启用安全性，做一些必要的修改，并实现身份验证。

在 Eclipse 中，打开第 5 章创建的 Spring Boot 应用程序。打开定义 Spring Security 配置的 SecurityConfig.java 文件。暂时注释掉当前安全配置，允许所有人访问所有端点。参考如下代码的修改。

```
@Bean
public SecurityFilterChain filterChain(HttpSecurity http) throws Exception{
    // 添加下面代码
    http.csrf((csrf) ->csrf.disable()).cors(withDefaults())
        .authorizeHttpRequests((authorizeHttpRequests) ->
            authorizeHttpRequests.anyRequest().permitAll());
    /* 将下面代码注释掉
```

```
    http.csrf((csrf) ->csrf.disable())
        .cors(withDefaults())
        .sessionManagement((sessionManagement) ->
            sessionManagement.sessionCreationPolicy(\
                SessionCreationPolicy.STATELESS))
        .authorizeHttpRequests( (authorizeHttpRequests) ->
            authorizeHttpRequests
        .requestMatchers(HttpMethod.POST, "/login").permitAll()
        .anyRequest().authenticated())
        .addFilterBefore(authenticationFilter,
            UsernamePasswordAuthenticationFilter.class)
        .exceptionHandling((exceptionHandling) ->
            exceptionHandling.authenticationEntryPoint(
                exceptionHandler));
    */
    return http.build();
}
```

确保 MariaDB 数据库已经启动，运行后端，并向 http:/localhost:8080/api/cars 端点发送 GET 请求，在响应中应该获得所有汽车，如图 12.3 所示。

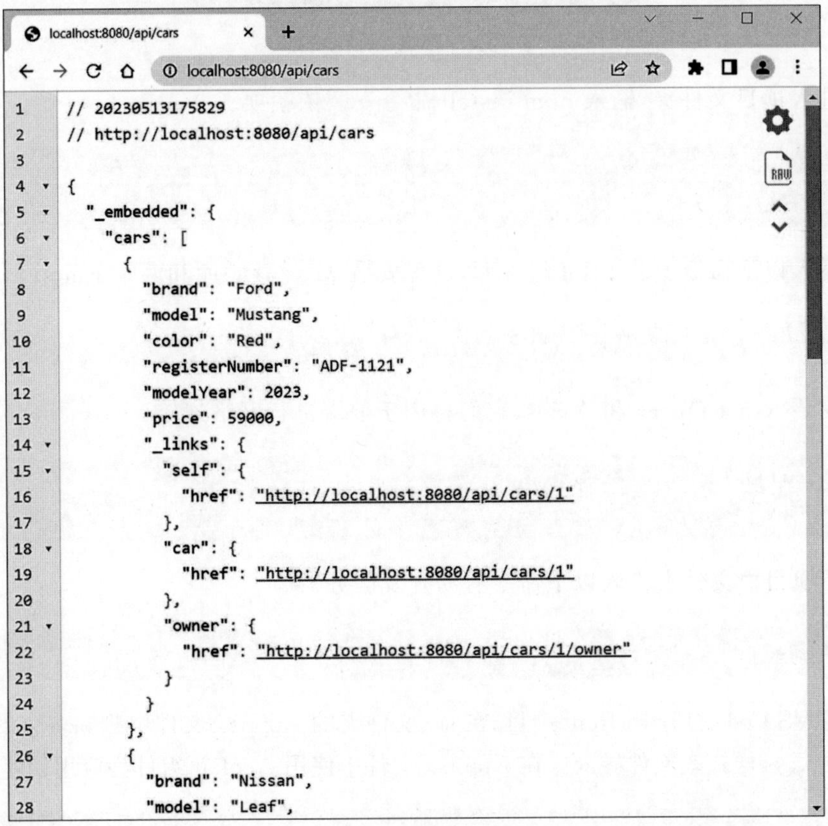

```
localhost:8080/api/cars
// 20230513175829
// http://localhost:8080/api/cars

{
  "_embedded": {
    "cars": [
      {
        "brand": "Ford",
        "model": "Mustang",
        "color": "Red",
        "registerNumber": "ADF-1121",
        "modelYear": 2023,
        "price": 59000,
        "_links": {
          "self": {
            "href": "http://localhost:8080/api/cars/1"
          },
          "car": {
            "href": "http://localhost:8080/api/cars/1"
          },
          "owner": {
            "href": "http://localhost:8080/api/cars/1/owner"
          }
        }
      },
      {
        "brand": "Nissan",
        "model": "Leaf",
```


图 12.3　GET 请求

现在，我们已准备好后端，12.3 节为前端创建 React 项目。

12.3 为前端创建 React 项目

在开始编写前端代码之前，创建一个新的 React 应用程序。在 React 前端使用 TypeScript。

(1) 打开 PowerShell 或其他合适的终端。输入以下命令创建一个新的 React 应用。

```
npm create vite@latest
```

(2) 将项目命名为 carfront，并选择 React 框架和 TypeScript 变体，如图 12.4 所示。

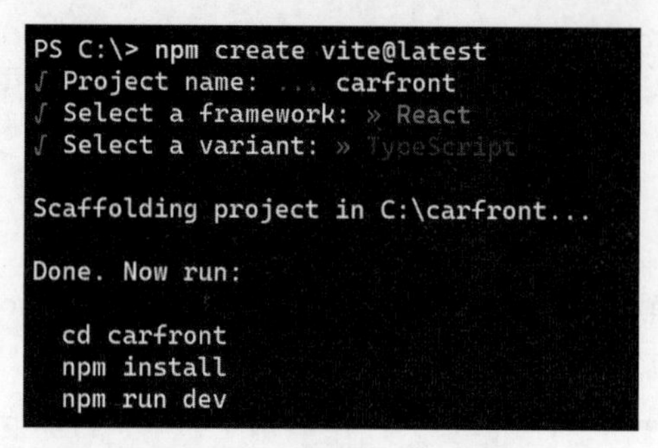

图 12.4　创建 React 项目

(3) 进入项目文件夹，输入 npm install 命令安装依赖项。

```
cd carfront
npm install
```

(4) 输入以下命令安装 MUI 组件库，这里安装 MUI 核心库和两个 Emotion 库。

```
npm install @mui/material @emotion/react @emotion/styled
```

(5) 安装 React Query 和 Axios，它们将用于前端进行网络连接。

```
npm install @tanstack/react-query@4
npm install axios
```

(6) 在项目根文件夹输入以下命令启动开发服务器。

```
npm run dev
```

(7) 用 VS Code 打开 carfront 项目，在 src 文件夹的 App.tsx 文件中删除多余的代码。另外，删除 App.css 样式表文件导入。在 App.tsx 文件中使用 AppBar 组件为应用创建工具栏。

提示，我们已经在第 11 章中使用过 MUI 的 AppBar 组件。

将 AppBar 组件包装在 Container 组件中，Container 组件是一个基本的布局组件，可以水平地将应用程序内容居中。可以使用 position 属性定义应用栏的定位行为。position="fixed"值表示当用户滚动窗口时，应用栏固定在顶部。position= "static"值表示当用户滚动窗口时，应用栏不固定在顶部。代码如下所示。

```
import AppBar from '@mui/material/AppBar';
import Toolbar from '@mui/material/Toolbar';
import Typography from '@mui/material/Typography';
import Container from '@mui/material/Container';
import CssBaseline from '@mui/material/CssBaseline';

function App() {
  return (
      <Container maxWidth="xl">
      <CssBaseline />
        <AppBar position="static">
          <Toolbar>
              <Typography variant="h6">
                Car Shop
              </Typography>
            </Toolbar>
        </AppBar>
      </Container>
    );
}

export default App;
```

maxWidth 属性定义应用程序的最大宽度，这里使用了最大的值。CssBaseline 组件用于修复跨浏览器的不一致性，确保 React 应用程序的外观在不同浏览器之间是统一的。它通常包含在应用程序的顶层，以确保其样式被全局应用。

(8) 删除所有预定义的样式。从 main.tsx 文件中删除 index.css 样式表导入。结果代码如下所示。

```
import React from 'react'
import ReactDOM from 'react-dom/client'
import App from './App.tsx'

ReactDOM.createRoot(document.getElementById('root') as HTMLElement).
    render(
      <React.StrictMode>
          <App />
      </React.StrictMode>,
)
```

现在，应用的前端应如图 12.5 所示。

现在已经为前端创建了 React 项目，第 13 章将继续实现 CRUD 功能。

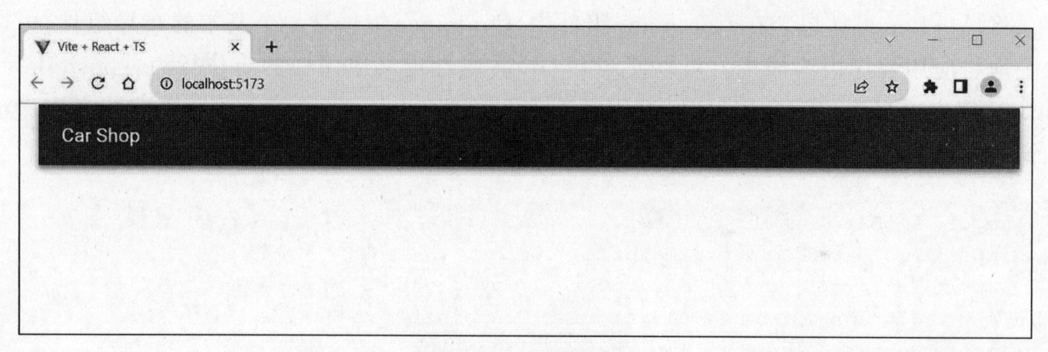

图 12.5　汽车商店

小结

本章使用第 5 章创建的后端开发前端，定义了前端的功能，并创建了 UI 的模型。这里从一个非安全的后端版本开始前端开发，因此对 Spring Security 配置类做了一些修改。最后，本章创建了开发过程中使用的 React 应用程序。

第 13 章将向前端添加创建、读取、更新和删除(CRUD)功能。

思考题

1. 为什么要做 UI 的模型?
2. 如何从后端禁用 Spring Security?

第 13 章
实现 CRUD 功能

本章讨论如何在前端实现创建、读取、更新和删除(CRUD)功能。这里将使用在第 11 章学到的组件。应用程序从后端获取数据,并用表格渲染数据,然后实现删除、编辑和创建功能。本章最后实现将数据导出为 CSV 格式功能。

本章研究如下主题:

- 创建列表页面;
- 实现删除功能;
- 实现添加功能;
- 实现编辑功能;
- 将数据导出为 CSV 格式。

13.1 创建列表页面

本节创建列表页面显示汽车,并实现页面分页、过滤和排序功能,具体步骤如下。

(1) 运行非安全的 Spring Boot 后端。向 http://localhost:8080/api/cars 端点发送 GET 请求来获取汽车,如第 4 章使用 Spring Boot 创建 RESTful Web 服务所示。现在查看响应中的 JSON 数据。汽车数组可以在 JSON 响应数据的_embedded. cars 节点中找到,如图 13.1 所示。

(2) 用 VS Code 打开 carfront 应用程序(第 12 章创建的 React 应用程序)。

(3) 由于使用 React Query 进行联网,因此必须首先初始化 QueryClientProvider,即查询提供程序。

第 10 章中学习了 React Query 的基础知识。

QueryClientProvider 组件用于连接并向应用程序提供 QueryClient。打开 App.tsx 文件,添加导入和必要的代码,如下面粗体代码所示。

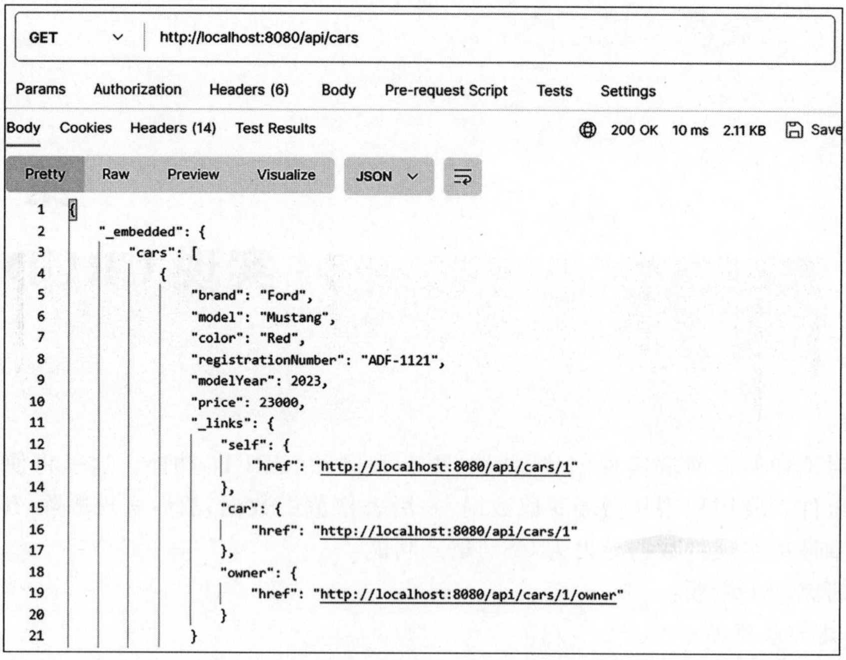
GET
http://localhost:8080/api/cars
Params
Authorization
Headers (6)
Body
Pre-request Script
Tests
Settings
Body
Cookies
Headers (14)
Test Results
200 OK
10 ms
2.11 KB
Save
Pretty
Raw
Preview
Visualize
JSON
{
"_embedded": {
"cars": [
{
"brand": "Ford",
"model": "Mustang",
"color": "Red",
"registrationNumber": "ADF-1121",
"modelYear": 2023,
"price": 23000,
"_links": {
"self": {
"href": "http://localhost:8080/api/cars/1"
},
"car": {
"href": "http://localhost:8080/api/cars/1"
},
"owner": {
"href": "http://localhost:8080/api/cars/1/owner"
}
}

图 13.1　获取 cars 数据

```
import AppBar from '@mui/material/AppBar';
import Toolbar from '@mui/material/Toolbar';
import Typography from '@mui/material/Typography';
import Container from '@mui/material/Container';
import CssBaseline from '@mui/material/CssBaseline';
import { QueryClient, QueryClientProvider } from '@tanstack/reactquery';

const queryClient =new QueryClient();

function App() {
  return (
    <Container maxWidth="xl">
      <CssBaseline />
      <AppBar position="static">
        <Toolbar>
        <Typography variant="h6">
        Car Shop
        </Typography>
        </Toolbar>
      </AppBar>
      <QueryClientProvider client={queryClient}>
      </QueryClientProvider>
    </Container>
  )
}

export default App;
```

下面，让我们来获取一些汽车信息。

13.1.1　从后端获取数据

知道了如何从后端获取汽车后，下面实现列表页面显示汽车信息。具体步骤如下。

（1）当应用包含多个组件时，建议为它们创建一个文件夹。下面在 src 文件夹中创建一个 components 新文件夹。在 VS Code 中右击 src 文件夹，从菜单中选择 New Folder，如图 13.2 所示。

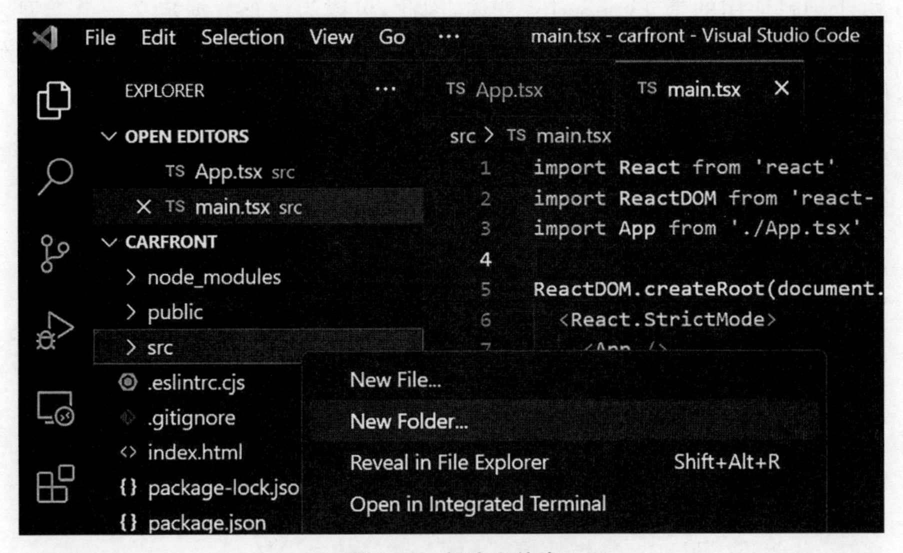

图 13.2　新建文件夹

（2）在 components 文件夹中创建一个 Carlist.tsx 新文件。项目结构如图 13.3 所示。

图 13.3　项目结构

（3）在编辑器视图中打开 Carlist.tsx 文件，输入组件的基础代码，如下所示。

```
function Carlist() {
    return(
        <></>
    );
}
export default Carlist;
```

(4) 由于项目使用的是 TypeScript 变体，因此，可以为汽车数据定义一个类型。创建一个新文件，在其中定义类型。在项目的 src 文件夹中创建 types.ts 文件。从访问汽车的响应数据中，可以看到汽车对象包含汽车的所有属性和链接，如下所示。

```
{
      "brand": "Ford",
      "model": "Mustang",
      "color": "Red",
      "registrationNumber": "ADF-1121",
      "modelYear": 2023,
      "price": 59000,
      "_links": {
        "self": {
          "href": "http://localhost:8080/api/cars/1"
        },
      "car": {
          "href": "http://localhost:8080/api/cars/1"
        },
      "owner": {
          "href": "http://localhost:8080/api/cars/1/owner"
        }
      }
}
```

(5) 在 types.ts 文件中创建以下 CarResponse 类型并将它导出，以便在需要它的文件中使用它。该类型与响应的汽车数据相对应。

```
export type CarResponse = {
    brand: string;
    model: string;
    color: string;
    registrationNumber: string;
    modelYear: number;
    price: number;
    _links: {
        self: {
            href: string;
        },
    car: {
        href: string;
    },
```

```
    owner: {
        href: string;
    }
  };
}
```

(6) 创建一个 getCars()函数，向 http://localhost:8080/api/cars 端点发送 GET 请求，从后端获取汽车。该函数返回一个 Promise，其中包含 types.ts 文件中定义的 CarResponse 对象数组。可以使用 Promise<Type>泛型，其中 Type 表示 Promise 的解析值类型。打开 Carlist.tsx 文件，添加以下导入和函数。

```
import { CarResponse } from '../types';
import axios from 'axios';

function Carlist() {
    const getCars =async (): Promise<CarResponse[]>=>{
      const response =await axios.get("http://localhost:8080/api/cars");
      return response.data._embedded.cars;
    }
    return(
        <></>
    );
}

export default Carlist;
```

(7) 使用 useQuery 钩子函数获取汽车信息，代码如下。

```
import { useQuery } from '@tanstack/react-query';
import { CarResponse } from '../types';
import axios from 'axios';

function Carlist() {
    const getCars =async (): Promise<CarResponse[]>=>{
      const response =await axios.get("http://localhost:8080/api/cars");
      return response.data._embedded.cars;
    }

    const { data, error, isSuccess } =useQuery({
        queryKey: ["cars"],
        queryFn: getCars
    });

    return (
        <></>
    );
}

export default Carlist;
```

useQuery 钩子函数使用 TypeScript 泛型，因为它不获取数据，也不知道数据的类型。但是，React Query 可以推断数据的类型，所以这里不必手动使用泛型。如果显式地设置泛型，代码如下：

```
useQuery<CarResponse[], Error>
```

(8) 使用**条件渲染**(conditional rendering)检查获取数据是否成功以及是否有错误。如果 isSuccess 为 false，则表示数据获取仍在进行中，此时，返回一条加载消息。检查 error，如果其值为 true，这表示存在错误，返回一条错误消息。当有数据可用时，在 return 语句中使用 map()函数将汽车对象转换为表行，并添加 table 元素。

```
// Carlist.tsx
if (!isSuccess) {
    return <span>Loading...</span>
}
else if (error) {
    return <span>Error when fetching cars...</span>
}
else {
    return (
      <table>
        <tbody>
        {
        data.map((car: CarResponse) =>
          <tr key={car._links.self.href}>
            <td>{car.brand}</td>
            <td>{car.model}</td>
            <td>{car.color}</td>
            <td>{car.registrationNumber}</td>
            <td>{car.modelYear}</td>
            <td>{car.price}</td>
          </tr>)
        }
        </tbody>
      </table>
    );
}
```

(9) 最后，在 App.tsx 文件中导入并渲染 Carlist 组件。在 App.tsx 文件中，添加 import 语句，然后在 QueryClientProvider 组件中渲染 Carlist 组件。QueryClientProvider 组件用于为其他组件提供 React Query 上下文，它应该包装发出 REST API 请求的组件。代码如下所示。

```
import AppBar from '@mui/material/AppBar';
import Toolbar from '@mui/material/Toolbar';
import Typography from '@mui/material/Typography';
import Container from '@mui/material/Container';
import CssBaseline from '@mui/material/CssBaseline';
```

```
import { QueryClient, QueryClientProvider } from '@tanstack/react-query';
import Carlist from './components/Carlist';

const queryClient =new QueryClient();

function App() {
    return (
      <Container maxWidth="xl">
      <CssBaseline />
        <AppBar position="static">
          <Toolbar>
            <Typography variant="h6">
              Car shop
            </Typography>
          </Toolbar>
        </AppBar>
        <QueryClientProvider client={queryClient}>
          <Carlist />
        </QueryClientProvider>
      </Container>
    )
}

export default App;
```

(10) 使用 npm run dev 命令启动 React 开发服务器，在浏览器中应该看到汽车列表页面，如图 13.4 所示。注意，后端也应该启动运行。

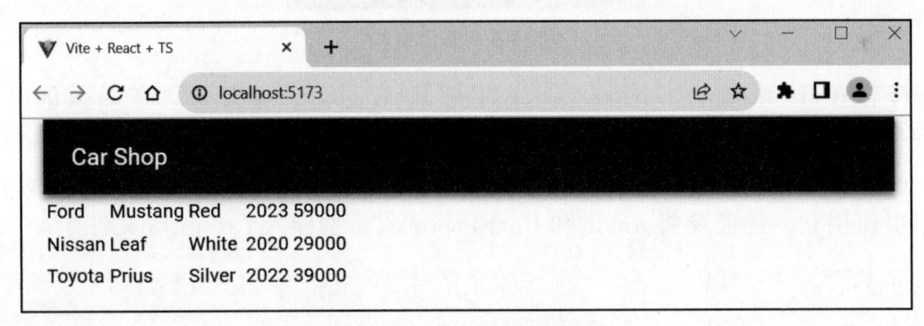

图 13.4　汽车应用前端

13.1.2　使用环境变量

在继续之前，需要做一些代码重构。当实现更多 CRUD 功能时，访问的服务器 URL 可能在源代码中多次重复使用，当后端部署到本地主机以外的服务器时，URL 将发生改变。因此，最好将 URL 定义为**环境变量**(environment variable)。之后，当 URL 值改变时，只需要在一处修改环境变量即可。

使用 Vite 创建项目时，环境变量名应该以 VITE_为前缀。只有以 VITE_为前缀的变量才可暴露在源代码中。下面是具体重构步骤。

(1) 在应用程序的根目录下创建一个.env 文件。在编辑器中打开该文件，并添加下面一行。

```
VITE_API_URL=http://localhost:8080
```

(2) 将所有 API 调用函数分离到它们自己的模块中。在 src 文件夹中创建一个名为 api 的文件夹。在 api 文件夹中创建 carapi.ts 新文件。现在项目结构如图 13.5 所示。

图 13.5　项目结构

(3) 将 getCars 函数从 Carlist.tsx 文件复制到 carapi.ts 文件。在函数的开头添加 export 导出函数,以便在其他组件中使用它。在 Vite 中,环境变量以字符串形式通过 import.meta.env 暴露给应用程序源代码。然后,将服务器 URL 环境变量导入 getCars 函数并在那里使用它。还需要将 axios 和 CarResponse 类型导入 carapi.ts 文件中。

```
// carapi.ts
import { CarResponse } from '../types';
import axios from 'axios';

export const getCars = async (): Promise<CarResponse[]> => {
    const response = await axios.get(`${import.meta.env.VITE_API_URL}/
                                     api/cars`);
    return response.data._embedded.cars;
}
```

(4) 从 Carlist.tsx 文件中删除 getCars 函数和未使用的 axios 导入,并从 carapi.ts 文件中导入它。源代码应如下所示。

```
// Carlist.tsx
// 删除 getCars 函数,从 carapi.ts 文件中导入该函数
```

```
import { useQuery } from '@tanstack/react-query';
import { getCars } from '../api/carapi';

function Carlist() {
    const { data, error, isSuccess } =useQuery({
      queryKey: ["cars"],
      queryFn: getCars
    });

    if (isLoading) {
      return Loading...
    }
    else if (isError) {
      return Error when fetching cars...
    }
    else if (isSuccess) {
      return (
        <table>
          <tbody>
          {
          data.map((car: CarResponse) =>
            <tr key={car._links.self.href}>
              <td>{car.brand}</td>
              <td>{car.model}</td>
              <td>{car.color}</td>
              <td>{car.registrationNumber}</td>
              <td>{car.modelYear}</td>
              <td>{car.price}</td>
            </tr>)
          }
          </tbody>
        </table>
      );
      }
    }

export default Carlist;
```

完成上述重构步骤后，访问应用程序，应该看到与图 13.4 一样的汽车列表页面。

13.1.3　添加分页、过滤和排序功能

在第 11 章，使用 ag-grid 组件实现了一个数据网格，它也可以在这里使用。但这里使用 MUI 的 DataGrid 组件实现分页、过滤和排序功能，步骤如下。

（1）在终端中按 Ctrl ＋ C 快捷键停止开发服务器。

（2）使用以下命令安装 MUI 数据网格社区版。可以到 MUI 文档中查看最新的安装命令和用法。

```
npm install @mui/x-data-grid
```

（3）安装完成后，重新启动开发服务器。

```
npm run dev
```

(4) 将 DataGrid 组件导入 Carlist.tsx 文件中。还需导入 GridColDef，它用于 MUI 数据网格中的列定义的类型。

```
import { DataGrid, GridColDef } from '@mui/x-data-grid';
```

(5) 网格列定义在 columns 变量中，该变量的类型为 GridColDef[]。field 属性定义列中的数据来自何处，这里是汽车对象的属性。headerName 属性用于设置列的标题，还可以设置列的宽度。在 Carlist 组件中添加下列代码。

```
const columns: GridColDef[] =[
    {field: 'brand', headerName: 'Brand', width: 200},
    {field: 'model', headerName: 'Model', width: 200},
    {field: 'color', headerName: 'Color', width: 200},
    {field: 'registrationNumber', headerName: 'Reg.nr.', width: 150},
    {field: 'modelYear', headerName: 'Model Year', width: 150},
    {field: 'price', headerName: 'Price', width: 150},
];
```

(6) 然后，删除 return 语句中 table 及其所有子元素，并添加 DataGrid 组件。还要删除未使用的 CarResponse 导入。数据网格的数据源是 data，其中包含已获取的汽车，并使用 rows 属性进行定义。DataGrid 组件要求所有行都有一个唯一的 ID 属性，该属性是使用 getRowId 属性定义的。可以使用 car 对象的 link 字段，它包含唯一的汽车 ID(_links.self.href)。下面是 return 语句的源代码。

```
if (!isSuccess) {
    return <span>Loading...</span>
}
else if (error) {
    return <span>Error when fetching cars...</span>
}
else {
    return (
      <DataGrid
        rows={data}
        columns={columns}
        getRowId={row => row._links.self.href}
      />
    );
}
```

使用 MUI 的 DataGrid 组件，仅用少量编码就实现了表格的所有主要功能。现在，列表页面如图 13.6 所示。

可以选择列菜单并单击 Filter 菜单项对数据网格列过滤，还可以按列数据值排序以及设置列的可见性，如图 13.7 所示。

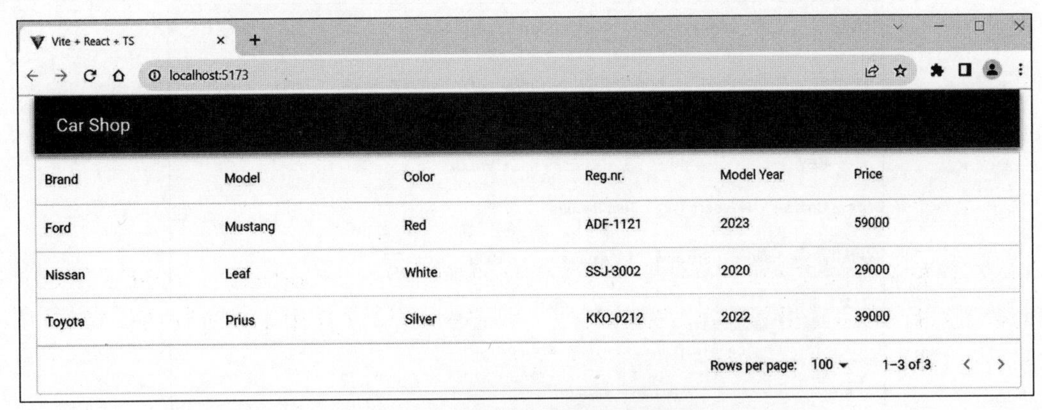

图 13.6　汽车应用前端列表页面

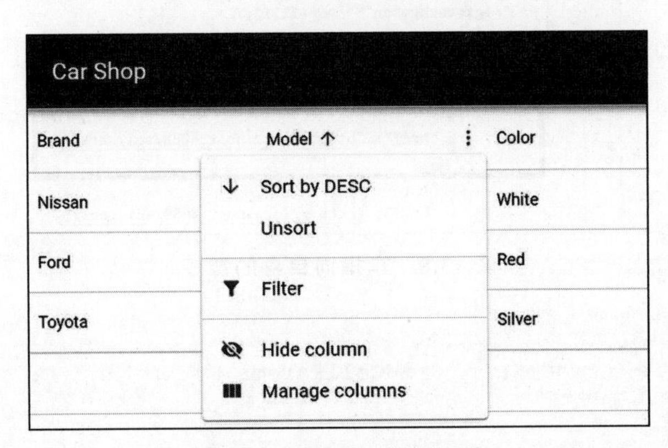

图 13.7　设置列的可见性

接下来，我们将实现删除功能。

13.2　实现删除功能

可以通过向 http://localhost:8080/api/cars/{carId}端点发送 DELETE 请求从数据库中删除记录。如果查看 JSON 响应数据，可以看到每辆车都包含一个指向自身的链接，可以由_links.self.href 节点访问该链接，如图 13.8 所示。

在 13.1 节中使用 link 字段为网格中的每一行设置了唯一 ID。这个行 ID 可用于删除行，这将在后面看到。以下步骤演示如何实现删除行功能。

(1) 首先为 DataGrid 中的每一行创建一个按钮。当需要更复杂的单元格内容时，可以使用 renderCell 列属性来定义如何呈现单元格的内容。

使用 renderCell 向表格添加一个新列呈现 button 按钮元素。传递给函数的 params 参数是一个行对象，其中包含一行中的所有值。参数的类型是 GridCellParams，由 MUI 提供。在该例中，在每行中包含指向汽车的链接，这是删除时需要的。链接在该行的_links.self.href 属性中，把这个值传递给 delete 函数。首先实现在按钮被按下时显示一个带有 ID 的警报框，以测试按钮是否正常工作。请参考以下 Carlist.tsx 源代码。

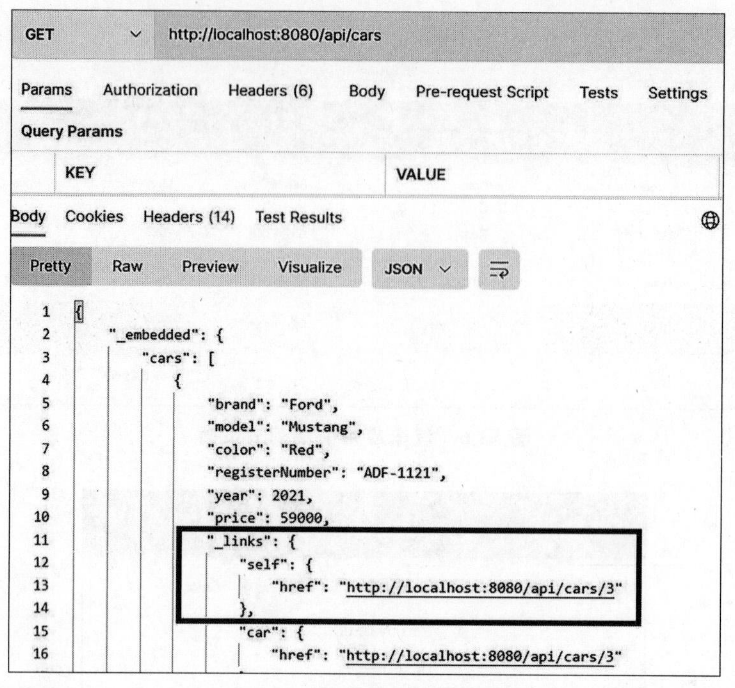

图 13.8　车指向自身的链接

```
// 导入 GridCellParams
import { DataGrid, GridColDef, GridCellParams } from '@mui/x-datagrid';

// 添加删除按钮列
const columns: GridColDef[] =[
    {field: 'brand', headerName: 'Brand', width: 200},
    {field: 'model', headerName: 'Model', width: 200},
    {field: 'color', headerName: 'Color', width: 200},
    {field: 'registrationNumber', headerName: 'Reg.nr.', width: 150},
    {field: 'modelYear', headerName: 'Model Year', width: 150},
    {field: 'price', headerName: 'Price', width: 150},
    {
      field: 'delete',
      headerName: '',
      width: 90,
      sortable: false,
      filterable: false,
      disableColumnMenu: true,
      renderCell: (params: GridCellParams) =>(
        <button
          onClick={() =>alert(params.row._links.car.href)}
        >
          Delete
        </button>
      ),
    },
];
```

这里无须为按钮列启用排序和过滤，因此将 filterable 和 sortable 属性设置为 false。还将 disableColumnMenu 属性设置为 true 来禁用该列的列菜单。按钮在按下时调用 onClick 函数，并将一个链接（row.id）作为参数传递给该函数，链接值显示在警报框中。

（2）现在，应该在每行中看到一个 Delete 按钮，如图 13.9 所示。单击按钮，就弹出显示汽车链接的警报框。要删除一辆车，应该向车的链接发送一个 DELETE 请求。

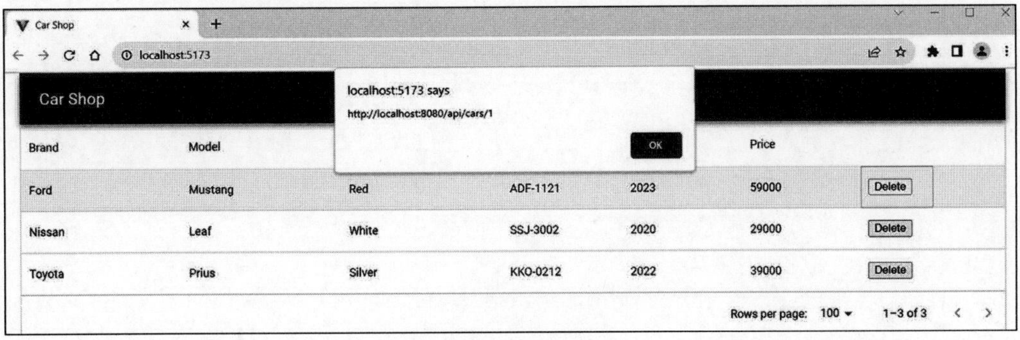

图 13.9　删除按钮

（3）下面实现 deleteCar 函数，该函数使用 Axios 的 delete 方法向汽车链接发送 DELETE 请求。对后端的一个 DELETE 请求返回一个已删除的汽车对象。在 carapi.ts 文件中实现 deleteCar 函数，并导出该函数。打开 carapi.ts 文件添加以下函数。

```
// carapi.ts
export const deleteCar = async (link: string): Promise<CarResponse> =>
{
    const response = await axios.delete(link);
    return response.data
}
```

（4）使用 React Query 的 useMutation 钩子函数来处理删除。在第 10 章已经看到了一个例子。首先，将 useMutation 导入 Carlist.tsx 文件中。还需要从 carapi.ts 文件中导入 deleteCar 函数。

```
// Carlist.tsx
import { useQuery, useMutation } from '@tanstack/react-query';
import { getCars, deleteCar } from '../api/carapi';
```

（5）添加 useMutation 钩子函数，它调用 deleteCar 函数。

```
// Carlist.tsx
const { mutate } = useMutation(deleteCar, {
    onSuccess: () => {
        // 汽车被删除
    },
    onError: (err) => {
        console.error(err);
    },
});
```

(6) 然后，在删除按钮中调用 mutate，并将 car 链接作为参数传递。

```
// Carlist.tsx columns
{
    field: 'delete',
    headerName: '',
    width: 90,
    sortable: false,
    filterable: false,
    disableColumnMenu: true,
    renderCell: (params: GridCellParams) =>(
    <button
        onClick={() =>mutate(params.row._links.car.href)}
    >
      Delete
    </button>
    ),
},
```

(7) 现在，如果启动应用程序并单击了删除按钮，汽车将从数据库中删除，但它仍然存在于前端页面。可以手动刷新浏览器，之后汽车将从表格中消失。

(8) 在删除一辆汽车后还可以自动刷新前端。在 React Query 中，获取的数据被保存到查询客户端处理的缓存中。QueryClient 有一个**查询失效**(query invalidation)特性，可以利用它来再次获取数据。首先，导入并调用 useQueryClient 钩子函数，该函数返回当前查询客户端。

```
// Carlist.tsx
import { useQuery, useMutation, useQueryClient } from '@tanstack/react-query';
import { deleteCar } from '../api/carapi';
import { DataGrid, GridColDef, GridCellParams } from '@mui/x-datagrid';

function Carlist() {
    const queryClient =useQueryClient();
    ⋮
```

(9) queryClient 有一个 invalidateQueries()方法，调用该方法在成功删除行后重新获取数据。可以传递想要重新获取的查询键。获取全部汽车的查询键是 cars，它是在 useQuery 钩子中定义的，修改的代码如下所示。

```
// Carlist.tsx
const { mutate } =useMutation(deleteCar, {
    onSuccess: () =>{
        queryClient.invalidateQueries({ queryKey: ['cars'] });
    },
    onError: (err) =>{
        console.error(err);
    },
});
```

现在，每当删除一辆汽车，所有的汽车都会被再次获取。当按下删除按钮时，被删除的汽车将从列表中消失。做了删除操作后，可以重新启动后端以重新填充数据库。

可以看到，当单击网格中的任何一行时，该行被选中。要禁用这个特性，可将网格中的 disableRowSelectionOnClick 属性设置为 true，代码如下。

```
<DataGrid
    rows={cars}
    columns={columns}
    disableRowSelectionOnClick={true}
    getRowId={row =>row._links.self.href}
/>
```

13.2.1　显示 toast 消息

在成功删除行的情况下，或者发生任何错误时，最好向用户显示一些反馈信息，这种消息通常称为 **toast 消息**。下面实现一个 toast 消息来显示删除的状态。这需要使用 MUI 的 Snackbar 组件。具体步骤如下。

（1）向 Carlist.tsx 文件中添加以下 import 语句来导入 Snackbar 组件。

```
import Snackbar from '@mui/material/Snackbar';
```

（2）Snackbar 组件的 open 属性值是一个布尔值，如果该值为 true，则显示该组件，否则不显示。导入 useState 钩子，并定义一个 open 状态处理 Snackbar 组件的可见性。open 的初值为 false，因为只有在删除行后才显示 toast 消息。

```
//Carlist.tsx
import { useState } from 'react';
import { useQuery, useMutation, useQueryClient } from '@tanstack/react-query';
import { deleteCar } from '../api/carapi';
import { DataGrid, GridColDef, GridCellParams } from '@mui/x-datagrid';
import Snackbar from '@mui/material/Snackbar';

function Carlist() {
  const [open, setOpen] =useState(false);
  const queryClient =useQueryClient();
⋮
```

（3）在 DataGrid 组件之后的 return 语句中添加 Snackbar 组件。autoHideDuration 属性以毫秒为单位定义了 onClose 函数被自动调用并且消息消失的时间。message 属性定义要显示的消息。另外，必须将 DataGrid 和 Snackbar 组件包装在片段(<></>)中。

```
// Carlist.tsx
if (!isSuccess) {
    return <span>Loading...</span>
}
else if (error) {
```

```
    return <span>Error when fetching cars...</span>
}
else {
    return (
      <>
        <DataGrid
          rows={data}
          columns={columns}
          disableRowSelectionOnClick={true}
          getRowId={row =>row._links.self.href} />
          <Snackbar
            open={open}
            autoHideDuration={2000}
            onClose={() =>setOpen(false)}
            message="Car deleted" />
      </>
);
```

（4）最后，当成功删除行后，在 useMutation 钩子中将 open 状态设置为 true。

```
// Carlist.tsx
const { mutate } =useMutation(deleteCar, {
    onSuccess: () =>{
      setOpen(true);
      queryClient.invalidateQueries(["cars"]);
    },
    onError: (err) =>{
        console.error(err);
    },
});
```

现在，当汽车被删除时，将在页面左下角显示 toast 消息，该消息显示 2 秒后消失，如图 13.10 所示。

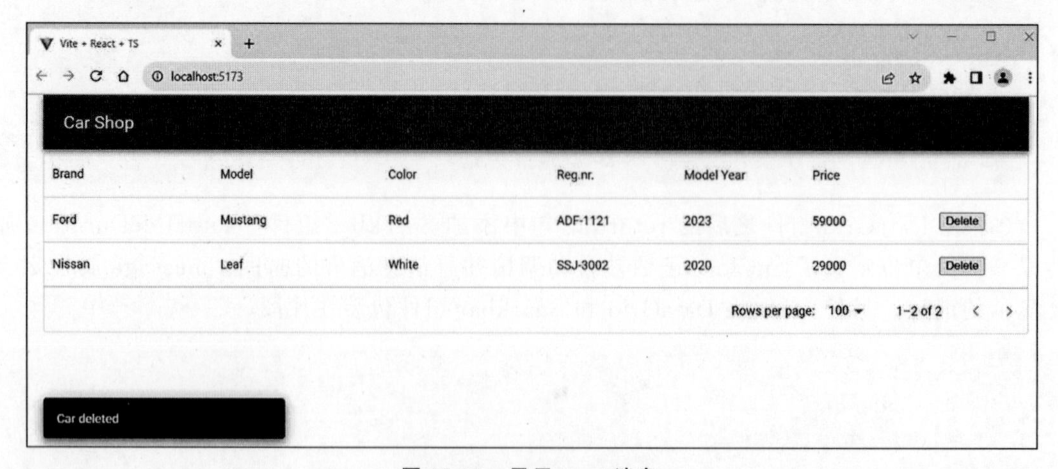

图 13.10　显示 toast 消息

13.2.2　添加确认对话框

为了避免意外删除一辆车，在单击删除按钮之后显示一个确认对话框就很有用。使用 window 对象的 confirm()方法可以实现这个功能。它会打开一个带消息的对话框，如果单击 OK 按钮则返回 true。可以将 confirm()添加到删除按钮的 onClick 事件处理器中。

```
// Carlist.tsx columns
{
    field: 'delete',
    headerName: '',
    width: 90,
    sortable: false,
    filterable: false,
    disableColumnMenu: true,
    renderCell: (params: GridCellParams) =>(
      <button
        onClick={() =>{
          if (window.confirm(`Are you sure you want to delete ${params.row.
                                      brand} ${params.row.model}?`)) {
            mutate(params.row._links.car.href);
          }
      }}
      >
        Delete
      </button>
    ),
}
```

在确认消息中，使用 ES6 字符串插值显示车的品牌和型号(注意：使用的是反引号)。

运行程序后，如果单击删除按钮，将首先显示确认对话框，只有单击 OK 按钮才会删除该汽车，如图 13.11 所示。

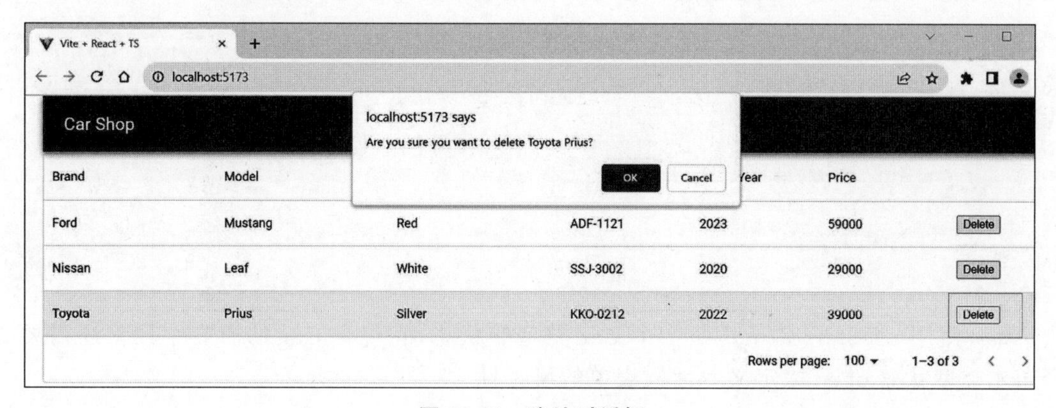

图 13.11　确认对话框

接下来，我们实现添加新车的功能。

13.3　实现添加功能

下一步实现在前端添加新车功能，这里使用 MUI 模态对话框来实现。

我们在第 11 章中学习了 MUI 模态表单。

首先向用户界面添加 New Car 按钮，单击该按钮将打开模态表单。模态表单包含增加新车所需的所有字段，以及用于保存和取消的按钮。

下面的步骤展示如何使用模态对话框组件实现增加新车功能。

(1) 在 components 文件夹中创建一个 AddCar.tsx 文件，并将一些函数组件基础代码写入该文件，为 Dialog 组件添加导入。代码如下所示。

```
import Dialog from '@mui/material/Dialog';
import DialogActions from '@mui/material/DialogActions';
import DialogContent from '@mui/material/DialogContent';
import DialogTitle from '@mui/material/DialogTitle';

function AddCar() {
    return(
      <></>
    );
}

export default AddCar;
```

(2) 前面已经为车响应数据定义了类型(CarResponse，一个带有链接的对象)，下面再为车对象创建一个不包含链接的类型(Car)，因为用户不需要在表单中输入链接。要保存一辆新车状态时，需要这个类型。将以下 Car 类型添加到 types.ts 文件中。

```
export type Car = {
    brand: string;
    model: string;
    color: string;
    registrationNumber: string;
    modelYear: number;
    price: number;
}
```

(3) 使用 useState 钩子声明一个 Car 类型的状态，它包含 Car 的所有字段。还需要一个布尔类型状态 open 来定义对话框表单的可见性。

```
import { useState } from 'react';
import Dialog from '@mui/material/Dialog';
import DialogActions from '@mui/material/DialogActions';
import DialogContent from '@mui/material/DialogContent';
```

```
import DialogTitle from '@mui/material/DialogTitle';
import { Car } from '../types';

function AddCar() {
    const [open, setOpen]=useState(false);
    const [car, setCar]=useState<Car>({
      brand: '',
      model: '',
      color: '',
      registrationNumber: '',
      modelYear: 0,
      price: 0
    });

    return(
        <></>
    );
}

export default AddCar;
```

(4) 添加两个函数用于关闭和打开对话框表单。handleClose 和 handleClickOpen 函数设置 open 状态的值,这会影响模态表单的可见性。

```
// AddCar.tsx
// 打开模态表单
const handleClickOpen = () => {
    setOpen(true);
};

// 关闭模态表单
const handleClose = () => {
    setOpen(false);
};
```

(5) 在 AddCar 组件的 return 语句中添加 Dialog 组件。该表单包含带有按钮的 Dialog 组件和收集车数据所需的输入字段。打开模态窗口的按钮(将显示在车列表页面上)必须位于 Dialog 组件的外部。所有输入字段都应该有一个 name 属性,该属性的值与该值将保存到的状态的名称相同。输入字段也有 onChange 属性,它通过调用 handleChange 函数将值保存到 car 状态。handleChange 函数通过创建一个具有现有状态属性的新对象,并根据输入元素的名称和用户输入的新值更新一个属性,来动态地更新 car 状态。

```
// AddCar.tsx
const handleChange = (event : React.ChangeEvent<HTMLInputElement>) =>
{
    setCar({...car, [event.target.name]:
      event.target.value});
```

```
  }

  return(
    <>
      <button onClick={handleClickOpen}>New Car</button>
      <Dialog open={open} onClose={handleClose}>
        <DialogTitle>New car</DialogTitle>
        <DialogContent>
          <input placeholder="Brand" name="brand"
            value={car.brand} onChange={handleChange}/><br/>
          <input placeholder="Model" name="model"
            value={car.model} onChange={handleChange}/><br/>
          <input placeholder="Color" name="color"
            value={car.color} onChange={handleChange}/><br/>
          <input placeholder="Year" name="modelYear"
            value={car.modelYear} onChange={handleChange}/><br/>
          <input placeholder="Reg.nr" name="registrationNumber"
            value={car.registrationNumber} onChange={handleChange}/><br/>
          <input placeholder="Price" name="price"
            value={car.price} onChange={handleChange}/><br/>
        </DialogContent>
        <DialogActions>
          <button onClick={handleClose}>Cancel</button>
          <button onClick={handleClose}>Save</button>
        </DialogActions>
      </Dialog>
    </>
  );
```

(6) 在 carapi.ts 文件中实现 addCar()函数，该函数将 POST 请求发送到后端 api/cars 端点。使用 Axios 的 post()方法发送 POST 请求。该请求将在 Body 中包含新的 Car 对象和'ContentType':'application/json'报头。还需要导入 Car 类型，因为要传递一个新的 Car 对象作为函数的参数。

```
// carapi.ts
import { CarResponse, Car} from '../types';

// 新添加一辆车
export const addCar = async (car: Car): Promise<CarResponse> => {
  const response = await axios.post(`${import.meta.env.VITE_API_
                    URL}/api/cars`, car, {
    headers: {
      'Content-Type': 'application/json',
    },
  });

  return response.data;
}
```

(7) 接下来，使用 React Query 的 useMutation 钩子函数，就像在删除功能中所做的那样。我们还在成功增加汽车后使 cars 查询无效。在 useMutation 钩子中使用的 addCar 函数是从 carapi.ts 文件中导入的。将以下导入和 useMutation 钩子添加到 AddCar.tsx 文件。使用 useQueryClient 钩子从上下文中获取查询客户(QueryClient)。切记，上下文用于向查询客户提供对组件树深处组件的访问。

```
// AddCar.tsx
// 添加下面 import 语句
import { useMutation, useQueryClient } from '@tanstack/react-query';
import { addCar } from '../api/carapi';

// 在 AddCar 组件中添加函数
const queryClient =useQueryClient();

// 在 AddCar 组件中添加函数
const { mutate } =useMutation(addCar, {
    onSuccess: () =>{
        queryClient.invalidateQueries(["cars"]);
    },
    onError: (err) =>{
        console.error(err);
    },
});
```

(8) 在 Carlist.tsx 文件中导入 AddCar 组件。将 AddCar 组件添加到 Carlist.tsx 文件的 return 语句中。现在，Carlist.tsx 文件的 return 语句应如下所示。

```
// Carlist.tsx
// 添加下面的 import 语句
import AddCar from './AddCar';

// 渲染 AddCar 组件
return (
  <>
    <AddCar />
    <DataGrid
      rows={data}
      columns={columns}
      disableRowSelectionOnClick={true}
      getRowId={row =>row._links.self.href}/>
    <Snackbar
      open={open}
      autoHideDuration={2000}
      onClose={() =>setOpen(false)}
      message="Car deleted"
    />
  </>
);
```

(9) 现在启动汽车商店应用程序，运行结果应如图 13.12 所示。如果单击 New Car 按钮，将打开模态表单。

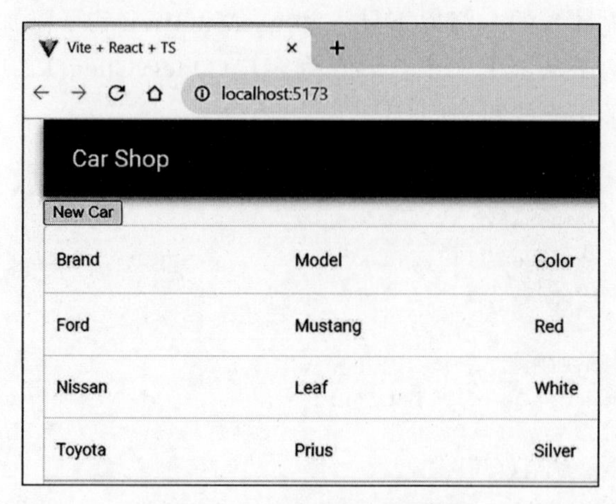

图 13.12　汽车商店应用程序

(10) 要添加一辆新车，在 AddCar.tsx 文件中创建 handleSave 函数。handleSave 函数调用 mutate 函数。然后，将 car 的状态设置回它的初始状态，并关闭模态表单。

```
// AddCar.tsx
// 保存汽车并关闭模态表单
const handleSave = () => {
    mutate(car);
    setCar({ brand: '', model: '', color: '', registrationNumber:'',
             modelYear: 0, price: 0 });
    handleClose();
}
```

(11) 最后，修改 AddCar 组件保存按钮的 onClick 来调用 handleSave 函数。

```
// AddCar.tsx
<DialogActions>
    <button onClick={handleClose}>Cancel</button>
    <button onClick={handleSave}>Save</button>
</DialogActions>
```

(12) 现在，单击 New Car 按钮来打开模态表单，如图 13.13 所示。当字段为空时，每个字段中都有占位符文本。用数据填写表单并单击 Save 按钮，数据将被保存到后端数据库。目前，表单的外观并不美观，第 14 章中将设计它的样式。

(13) 保存完成后，列表页面将刷新，在列表中可以看到新增加的汽车，如图 13.14 所示。

(14) 现在做一些代码重构。在 13.4 节实现编辑功能时，要求 Edit 表单中字段与 New Car 表单中字段相同。创建一个新组件呈现 New Car 表单中的文本字段。具体思想是将文本字段拆分为它们自己的组件，然后可以在 New Car 和 Edit 表单中使用这些组件。在 components 文件夹中创建一个 CarDialogContent.tsx 文件。使用 props 将 car 对象和

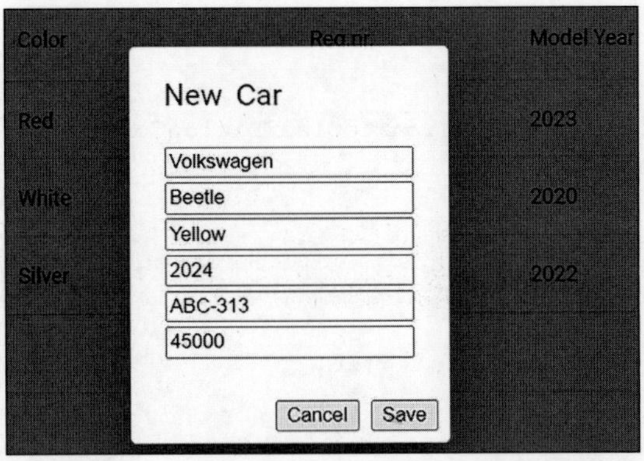

图 13.13　增加新车

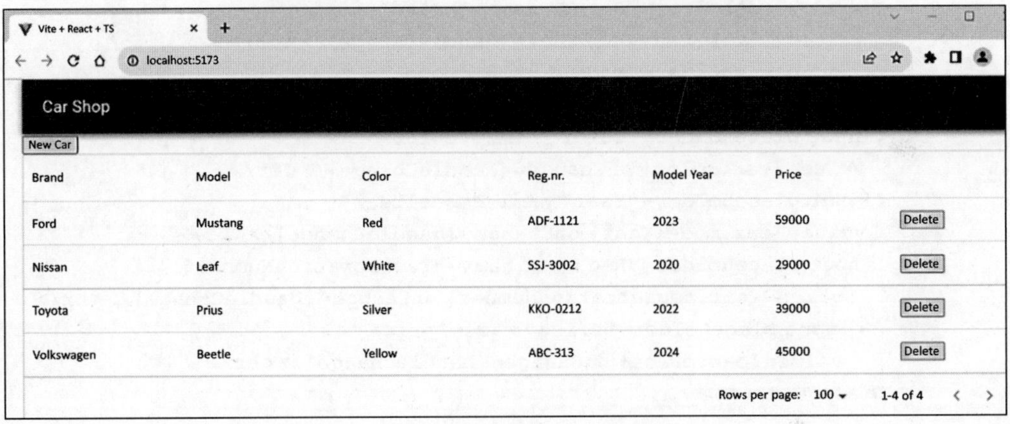

图 13.14　刷新后的汽车商店应用程序

handleChange 函数传递给组件。为此，定义一个 DialogFormProps 类型。可以在同一个文件中定义该类型，因为其他文件中不需要使用它。

```
// CarDialogContent.tsx
import { Car } from '../types';

type DialogFormProps = {
  car: Car;
  handleChange: (event: React.ChangeEvent<HTMLInputElement>) =>
    void;
}

function CarDialogContent({ car, handleChange }: DialogFormProps) {
  return (
    <></>
  );
}

export default CarDialogContent;
```

(15) 然后，将 DialogContent 组件内容从 AddCar 组件移动到 CarDialogContent 组件，

代码应该如下所示。

```
// CarDialogContent.tsx
import DialogContent from '@mui/material/DialogContent';
import { Car } from '../types';

type DialogFormProps = {
    car: Car;
    handleChange: (event: React.ChangeEvent<HTMLInputElement>) =>
        void;
}
function CarDialogContent({ car, handleChange}: DialogFormProps) {
    return (
      <DialogContent>
        <input placeholder="Brand" name="brand"
          value={car.brand} onChange={handleChange}/><br/>
        <input placeholder="Model" name="model"
          value={car.model} onChange={handleChange}/><br/>
        <input placeholder="Color" name="color"
          value={car.color} onChange={handleChange}/><br/>
        <input placeholder="Year" name="modelYear"
          value={car.modelYear} onChange={handleChange}/><br/>
        <input placeholder="Reg.nr." name="registrationNumber"
            value={car.registrationNumber} onChange={handleChange}/><br/>
          <input placeholder="Price" name="price"
            value={car.price} onChange={handleChange}/><br/>
      </DialogContent>
    );
}

export default CarDialogContent;
```

(16) 现在，将 CarDialogContent 导入 AddCar 组件，并在 Dialog 组件中呈现它。使用 props 将汽车状态和 handleChange 函数传递给组件。同样，从 AddCar 组件中删除未使用的 DialogContent 导入。

```
// AddCar.tsx
// 添加下面 import 语句
// 删除未使用的 import: DialogContent
import CarDialogContent from './CarDialogContent';

// 渲染 CarDialogContent 并传递 props
return(
    <div>
      <Button onClick={handleClickOpen}>New Car</Button>
      <Dialog open={open} onClose={handleClose}>
        <DialogTitle>New car</DialogTitle>
        <CarDialogContent car={car} handleChange={handleChange}/>
        <DialogActions>
```

```
            <Button onClick={handleClose}>Cancel</Button>
            <Button onClick={handleSave}>Save</Button>
          </DialogActions>
        </Dialog>
      </div>
  );
```

(17) 运行程序,尝试添加一辆新车,它应该像重构之前一样工作。

13.4 节将实现编辑功能。

13.4　实现编辑功能

可以通过在每个表行添加 Edit(编辑)按钮实现编辑功能。单击编辑按钮时,打开一个模态表单,用户可以在其中编辑现有的车并保存更改。这里的思想是,将汽车数据从网格行传递到编辑表单,并在表单打开时填充表单字段。具体步骤如下。

(1) 在 components 文件夹创建 EditCar.tsx 文件。需要为 props 定义一个 FormProps 类型,因为在其他地方都不需要这个类型,所以在组件内部定义这个类型。传递给 EditCar 组件的数据类型是 CarResponse 类型。还将为汽车数据创建一个状态,就像在实现添加功能一节中所做的那样。EditCar.tsx 文件代码如下所示。

```
// EditCar.tsx
import { useState } from 'react';
import { Car, CarResponse } from '../types';

type FormProps = {
    cardata: CarResponse;
}

function EditCar({ cardata }: FormProps) {
    const [car, setCar] = useState<Car>({
      brand: '',
      model: '',
      color: '',
      registrationNumber: '',
      modelYear: 0,
      price: 0
    });
    return(
      <></>
    );
}

export default EditCar;
```

(2) 创建一个对话框,在单击编辑按钮时打开该对话框。使用 open 状态定义对话框是可见还是隐藏。添加打开和关闭 Dialog 组件以及保存更新的函数。

```
// EditCar.tsx
import { useState } from 'react';
import { Car, CarResponse } from '../types';
import Dialog from '@mui/material/Dialog';
import DialogActions from '@mui/material/DialogActions';
import DialogTitle from '@mui/material/DialogTitle';
type FormProps = {
    cardata: CarResponse;
}

function EditCar({ cardata }: FormProps) {
    const [open, setOpen]=useState(false);
    const [car, setCar] =useState<Car>({
      brand: '',
      model: '',
      color: '',
      registrationNumber: '',
      modelYear: 0,
      price: 0
    });
    const handleClickOpen = () =>{
        setOpen(true);
    };
    const handleClose = () =>{
        setOpen(false);
    };
    const handleSave = () =>{
        setOpen(false);
    }

    return(
      <>
        <button onClick={handleClickOpen}>
          Edit
        </button>
        <Dialog open={open} onClose={handleClose}>
          <DialogTitle>Edit car</DialogTitle>
          <DialogActions>
            <button onClick={handleClose}>Cancel</button>
            <button onClick={handleSave}>Save</button>
          </DialogActions>
        </Dialog>
      </>
    );
}

export default EditCar;
```

(3) 接下来，导入 CarDialogContent 组件并在 Dialog 组件中渲染它。还需要添加 handleChange 函数，该函数将编辑后的值保存到 car 状态中。使用 props 传入 car 状态和

handleChange 函数，就像之前实现增加功能一样。

```
// EditCar.tsx
// 添加下面的 import 语句
import CarDialogContent from './CarDialogContent';

// 添加 handleChange 函数
const handleChange = (event : React.ChangeEvent<HTMLInputElement>) =>
{
    setCar({...car, [event.target.name]: event.target.value});
}

// 在对话框中渲染 CarDialogContent
return(
    <>
      <button onClick={handleClickOpen}>
        Edit
      </button>
      <Dialog open={open} onClose={handleClose}>
        <DialogTitle>Edit car</DialogTitle>
        <CarDialogContent car={car} handleChange={handleChange}/>
        <DialogActions>
            <button onClick={handleClose}>Cancel</button>
            <button onClick={handleSave}>Save</button>
        </DialogActions>
      </Dialog>
    </>
);
```

(4) 现在，handleClickOpen 函数中使用 cardata 的属性设置车状态的值。

```
// EditCar.tsx
const handleClickOpen = () => {
    setCar({
      brand: cardata.brand,
      model: cardata.model,
      color: cardata.color,
      registrationNumber: cardata.registrationNumber,
      modelYear: cardata.modelYear,
      price: cardata.price
    });

    setOpen(true);
};
```

这样，表单将使用 car 对象的值来填充，car 对象通过属性传递给组件。

(5) 接下来，向 Carlist 组件中的数据网格添加编辑功能。打开 Carlist.tsx 文件并导入 EditCar 组件。创建一个新列，使用 renderCell 列属性呈现 EditCar 组件，就像在实现删除功能一节所做的那样。将行对象传递给 EditCar 组件，该对象包含 car 对象。

```
// Carlist.tsx
// 添加下面的 import 语句
import EditCar from './EditCar';

// 添加一个新列
const columns: GridColDef[] =[
    {field: 'brand', headerName: 'Brand', width: 200},
    {field: 'model', headerName: 'Model', width: 200},
    {field: 'color', headerName: 'Color', width: 200},
    {field: 'registrationNumber', headerName: 'Reg.nr.', width: 150},
    {field: 'modelYear', headerName: 'Model Year', width: 150},
    {field: 'price', headerName: 'Price', width: 150},
    {
      field: 'edit',
      headerName: '',
      width: 90,
      sortable: false,
      filterable: false,
      disableColumnMenu: true,
      renderCell: (params: GridCellParams) =>
        <EditCar cardata={params.row} />
    },
    {
      field: 'delete',
      headerName: '',
      width: 90,
      sortable: false,
      filterable: false,
      disableColumnMenu: true,
      renderCell: (params: GridCellParams) =>(
        <button
          onClick={() =>{
            if (window.confirm(`Are you sure you want to delete
                  ${params.row.brand} ${params.row.model}?`))
              mutate(params.row._links.car.href)
          }}>
          Delete
        </button>
      ),
    },
];
```

(6) 现在，在汽车列表的每个表行中可看到编辑按钮，如图 13.15 所示。当单击编辑按钮时，应该打开 car 表单并使用按钮所在行的 car 填充字段。

(7) 接下来，必须实现将更新后的汽车发送到后端的更新请求。要更新汽车数据，必须向 http://localhost:8080/api/cars/[card]发送一个 PUT 请求。该链接与用于删除功能的链接相同。在请求体中包含更新后的 car 对象，以及'Content-Type':'application/json'报头。对于更新功能，需要一个新的类型。在 React Query 中，mutate()函数只能接收一个参数，

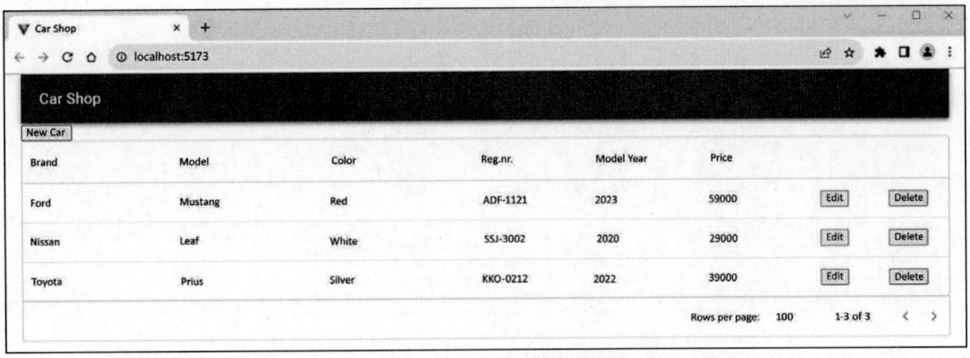

图 13.15　编辑按钮

但在我们的示例中，必须发送汽车对象（Car 类型）及其链接。

可以通过传递一个包含两个值的对象来解决这个问题。打开 types.ts 文件并创建以下 CarEntry 类型。

```
export type CarEntry = {
    car: Car;
    url: string;
}
```

(8) 打开 carapi.ts 文件，创建 updateCar 函数，并将其导出。该函数获取 CarEntry 类型对象作为参数，它有 car 和 url 属性，我们在其中获得请求中需要的值。

```
// carapi.ts
// 将 CarEntry 添加到 import 语句
import { CarResponse, Car, CarEntry } from '../types';

// 添加 updateCar 函数
export const updateCar = async (carEntry: CarEntry):
    Promise<CarResponse> => {
    const response = await axios.put(carEntry.url, carEntry.car, {
        headers: {
          'Content-Type': 'application/json'
        },
    });
    return response.data;
}
```

(9) 接下来，将 updateCar 函数导入 EditCar 组件，并使用 useMutation 钩子发送请求。我们使 cars 查询无效，以便在编辑成功后重新获取列表，因此，还必须获得查询客户。

```
// EditCar.tsx
// 添加下面的 import 语句
import { updateCar } from '../api/carapi';
import { useMutation, useQueryClient } from '@tanstack/react-query';

// 得到查询客户
const queryClient = useQueryClient();
```

```
// 使用 useMutation 钩子
const { mutate } =useMutation(updateCar, {
    onSuccess: () =>{
        queryClient.invalidateQueries(["cars"]);
    },
    onError: (err) =>{
        console.error(err);
    }
});
```

(10) 然后，在 handleSave 函数中调用 mutate 函数。正如前面已经提到的，mutate 只接收一个参数，我们必须传递 car 对象和 URL。因此，创建一个包含这两个值的对象，并传递该对象。我们还需要导入 CarEntry 类型。

```
// EditCar.tsx
// 在 import 语句中添加 CarEntry
import { Car, CarResponse, CarEntry } from '../types';
// 修改 handleSave 函数
const handleSave = () =>{
    const url =cardata._links.self.href;
    const carEntry: CarEntry ={car, url}
    mutate(carEntry);
    setCar({ brand: '', model: '', color: '', registrationNumber:'',
          modelYear: 0, price: 0 });
    setOpen(false);
}
```

(11) 最后，如果按下表中的编辑按钮，它将打开模态表单并显示该行中的汽车，如图 13.16 所示。当在表单中按下 Save 按钮时，更新的值将被保存到数据库中。

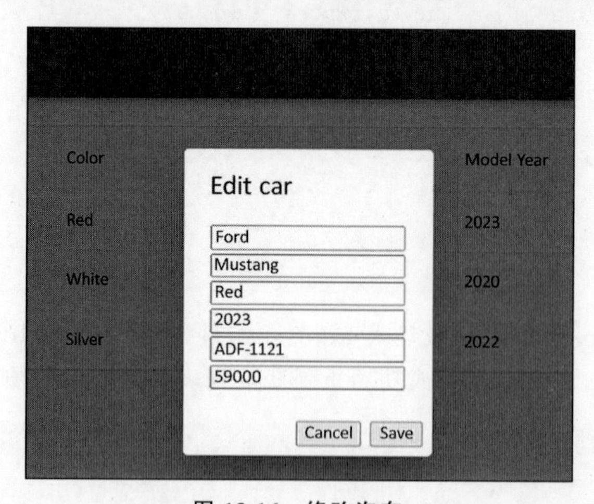

图 13.16　修改汽车

类似地，如果按下 New Car 按钮，它将打开一个空表单，在填写表单并按下 Save 按钮时将新车保存到数据库中。我们通过使用组件属性，利用一个组件来处理这两个用例。

(12) 在编辑一辆汽车后还可以看到后端发生了什么。在成功编辑后查看 Eclipse 控制台，可以看到有一条 SQL 更新语句更新数据库，如图 13.17 所示。

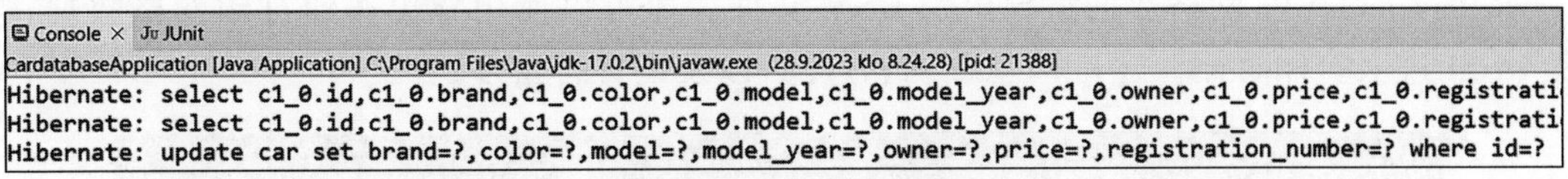

```
Console × Jυ JUnit
CardatabaseApplication [Java Application] C:\Program Files\Java\jdk-17.0.2\bin\javaw.exe (28.9.2023 klo 8.24.28) [pid: 21388]
Hibernate: select c1_0.id,c1_0.brand,c1_0.color,c1_0.model,c1_0.model_year,c1_0.owner,c1_0.price,c1_0.registrati
Hibernate: select c1_0.id,c1_0.brand,c1_0.color,c1_0.model,c1_0.model_year,c1_0.owner,c1_0.price,c1_0.registrati
Hibernate: update car set brand=?,color=?,model=?,model_year=?,owner=?,price=?,registration_number=? where id=?
```

图 13.17　更新汽车语句

至此，我们实现了所有的 CRUD 功能。

13.5　将数据导出为 CSV 格式

可以将应用数据导出为 CSV(comma-separated values)格式的文件。导出不需要额外的库，因为 MUI 数据网格本身提供此功能。这只需要激活数据网格工具栏，它包含很多好用的功能。具体步骤如下。

(1) 将以下导入添加到 Carlist.tsx 文件中。GridToolbar 组件是用于 MUI 数据网格的工具栏，它包含一些很好的功能，例如导出功能。

```
import {
    DataGrid,
    GridColDef,
    GridCellParams,
    GridToolbar
} from '@mui/x-data-grid';
```

(2) 启用网格工具栏，其中包含 Export(导出)按钮和其他按钮。要在 MUI 数据网格中启用工具栏，必须使用 slots 属性并将值设置为 toolbar：GridToolbar。slots 属性可以用来覆盖数据网格的内部组件。

```
return(
    <>
      <AddCar />
      <DataGrid
        rows={cars}
        columns={columns}
        disableRowSelectionOnClick={true}
        getRowId={row => row._links.self.href}
        slots={{ toolbar: GridToolbar }}
      />
      <Snackbar
        open={open}
        autoHideDuration={2000}
        onClose={() => setOpen(false)}
        message="Car deleted"
      />
    </>
);
```

（3）现在，在网格中就可看到导出按钮 EXPORT，如图 13.18 所示。单击该按钮后，选择 Download as CSV，网格数据将导出为 CSV 文件。还可以使用导出按钮打印网格数据，选择 Print 进入打印页面。还可以隐藏列和过滤，以及设置行密度。

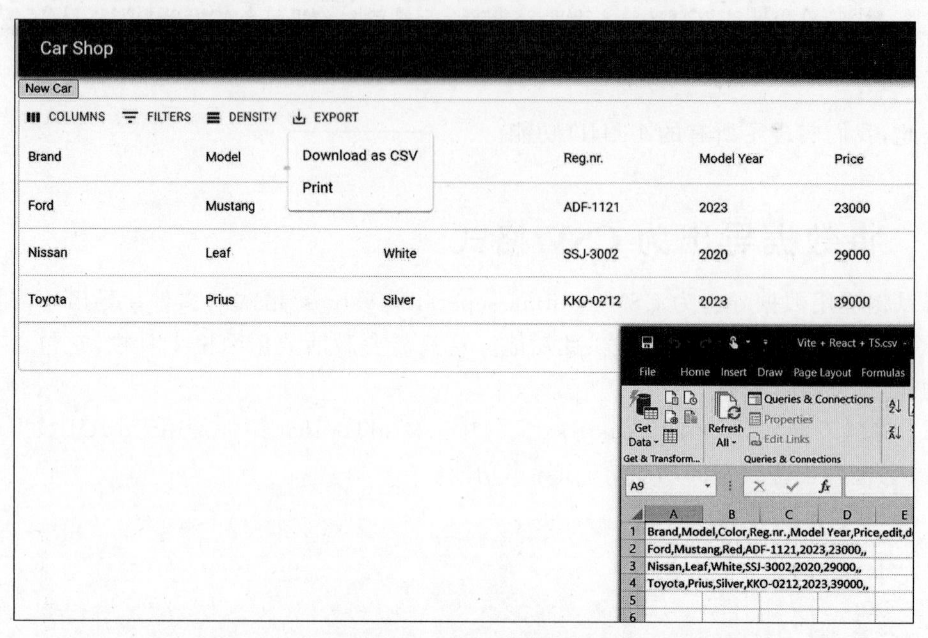

图 13.18　导出 CSV 文件

（4）可以编辑 index.html 页面来更改页面标题和图标，如下面的代码所示。这个图标可以在项目的 public 文件夹中找到，你也可以使用自己的图标，而非 Vite 的默认图标。

```
<!DOCTYPE html>
<html lang="en">
    <head>
      <meta charset="UTF-8" />
      <link rel="icon" type="image/svg+xml" href="/vite.svg" />
      <meta name="viewport" content="width=device-width, initialscale=1.0" />
      <title>Car Shop</title>
    </head>
    <body>
        <div id="root"></div>
        <script type="module" src="/src/main.tsx"></script>
    </body>
</html>
```

现在，我们实现了所有的 CRUD 功能。第 14 章将使用 React MUI 对前端进行样式化，将重点关注前端的样式设计。

小结

本章实现了应用程序的所有功能。首先从后端获取汽车，并在 MUI DataGrid 中显示这些汽车，DataGrid 提供了分页、排序和过滤功能。之后实现了记录删除功能，并使用

SnackBar 组件向用户提供反馈信息。

添加和编辑功能是使用 MUI 模态对话框组件实现的。最后，实现了将数据导出到 CSV 文件的功能。

第 14 章使用 Material UI 组件库对前端的其余部分进行样式设计。

思考题

1. 如何在 React 中使用 REST API 获取和呈现数据？
2. 如何在 React 中使用 REST API 删除数据？
3. 如何用 React 和 MUI 显示 toast 消息？
4. 如何在 React 中使用 REST API 添加数据？
5. 如何在 React 中使用 REST API 更新数据？
6. 如何用 React 将数据导出为 CSV 文件？

第14章
用MUI设置前端样式

本章讨论如何在前端使用MUI组件,包括使用Button组件对按钮进行样式设计,使用MUI的IconButton组件以及使用TextField组件替代模态表单中的输入字段。

本章研究如下主题:

- 使用MUI Button组件;
- 使用MUI的Icon和IconButton组件;
- 使用MUI TextField组件。

在本章的最后,我们将获得一个专业而精美的用户界面,并且React前端的代码变化很小。

14.1 使用MUI Button组件

本书的前端项目中已经用到一些MUI组件,例如AppBar和Dialog,但是很多HTML元素没有应用任何样式。本节将使用MUI按钮组件替换HTML按钮元素。

执行以下步骤,在New car和Edit car模态表单中使用Button组件。

(1) 将MUI Button组件导入AddCar.tsx和EditCar.tsx文件,代码如下。

```
// AddCar.tsx & EditCar.tsx
import Button from '@mui/material/Button';
```

(2) 在AddCar组件中将按钮更改为使用Button组件。这里使用的是text按钮,这是默认的Button类型。

如果想使用其他类型的按钮,如outlined,可以通过使用variant属性来改变它,参见https://mui.com/material-ui/api/button/#Button-prop-variant。

修改后的AddCar组件的return语句如下所示。

```
// AddCar.tsx
return(
    <>
      <Button onClick={handleClickOpen}>New Car</Button>
```

```
        <Dialog open={open} onClose={handleClose}>
          <DialogTitle>New car</DialogTitle>
          <CarDialogContent car={car} handleChange={handleChange}/>
          <DialogActions>
            <Button onClick={handleClose}>Cancel</Button>
            <Button onClick={handleSave}>Save</Button>
          </DialogActions>
        </Dialog>
      </>
    );
```

（3）将 EditCar 组件中的按钮更改为 Button 组件。将编辑按钮的 size 设置为 small，因为按钮显示在汽车网格中。下面的代码显示了 EditCar 组件的 return 语句。

```
    // EditCar.tsx
    return(
      <>
        <Button size="small" onClick={handleClickOpen}>
          Edit
        </Button>
        <Dialog open={open} onClose={handleClose}>
          <DialogTitle>Edit car</DialogTitle>
          <CarDialogContent car={car} handleChange={handleChange}/>
          <DialogActions>
            <Button onClick={handleClose}>Cancel</Button>
            <Button onClick={handleSave}>Save</Button>
          </DialogActions>
        </Dialog>
      </>
    );
```

（4）现在，汽车列表如图 14.1 所示。观察 NEW CAR 按钮和 EDIT 按钮与之前按钮的不同。

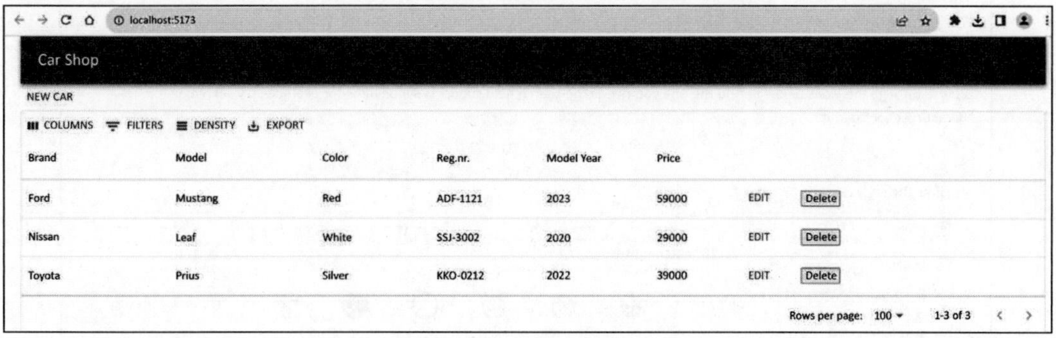

图 14.1　汽车列表

模态表单按钮样式如图 14.2 所示。

现在，表单中添加功能和编辑功能的按钮使用 MUI Button 组件实现了。

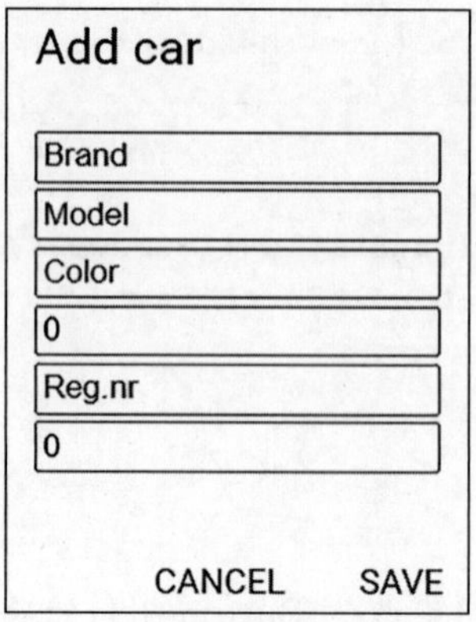

图 14.2　模态表单按钮样式

14.2　使用 MUI 的 Icon 和 IconButton 组件

本节为网格中的编辑按钮和删除按钮应用 IconButton 组件。MUI 提供了预建的 SVG 图标，使用下面命令安装这些图标。

```
npm install @mui/icons-material
```

下面首先在网格中实现删除按钮。MUI 的 IconButton 组件可用于显示图标按钮。在安装的@mui/icons-material 包中有许多可以与 MUI 一起使用的图标。

在 MUI 文档(https://mui.com/material-ui/material-icons/)中可以找到可用的图标列表，如图 14.3 所示。可以搜索找到需要的图标，单击列表中的图标，就可看到使用该图标

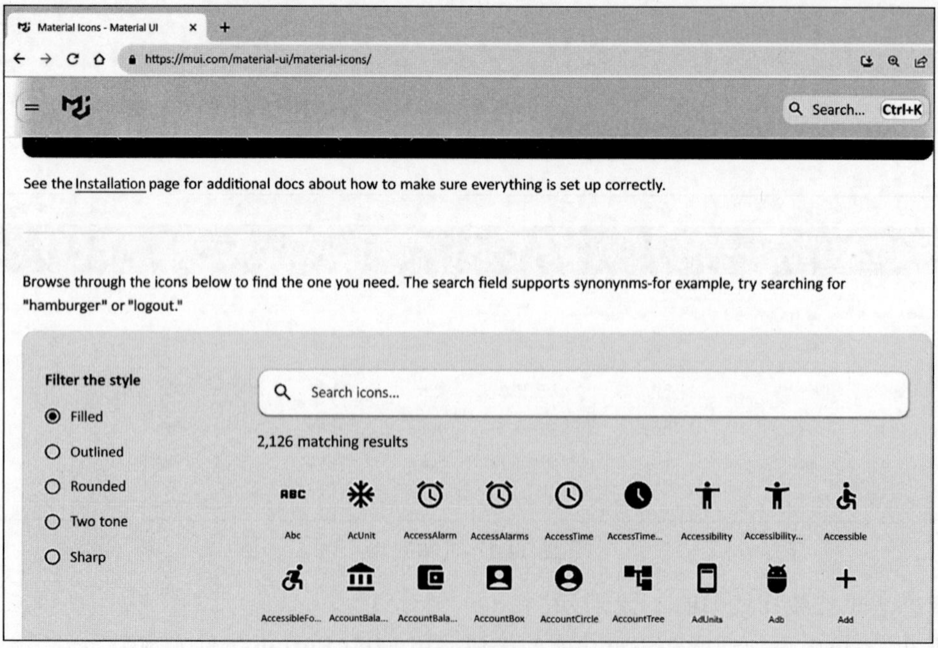

图 14.3　Material 图标

的导入语句。

要将删除按钮换成一个图标，可以使用 DeleteIcon 图标。具体操作步骤如下。

(1) 打开 Carlist.tsx 文件，添加以下导入。

```
// Carlist.tsx
import IconButton from '@mui/material/IconButton';
import DeleteIcon from '@mui/icons-material/Delete';
```

(2) 在网格中渲染 IconButton 组件。在定义网格列的代码中修改 DELETE 按钮。将按钮元素更改为 IconButton 组件，并在 IconButton 组件中呈现 DeleteIcon。将按钮和图标的大小都设置为 small。图标按钮没有一个可访问的名称，所以使用 aria-label 定义一个字符串来标记删除图标按钮。aria-label 属性仅对屏幕阅读器等辅助技术可见。

```
// Carlist.tsx
const columns: GridColDef[] =[
    {field: 'brand', headerName: 'Brand', width: 200},
    {field: 'model', headerName: 'Model', width: 200},
    {field: 'color', headerName: 'Color', width: 200},
    {field: 'registrationNumber', headerName: 'Reg.nr.', width: 150},
    {field: 'modelYear', headerName: 'Model Year', width: 150},
    {field: 'price', headerName: 'Price', width: 150},
    {
        field: 'edit',
        headerName: '',
        width: 90,
        sortable: false,
        filterable: false,
        disableColumnMenu: true,
        renderCell: (params: GridCellParams) =>
            <CarForm mode="Edit" cardata={params.row} />
    },
    {
        field: 'delete',
        headerName: '',
        width: 90,
        sortable: false,
        filterable: false,
        disableColumnMenu: true,
        renderCell: (params: GridCellParams) =>(
          <IconButton aria-label="delete" size="small"
            onClick={() =>{
              if (window.confirm(`Are you sure you want to delete
                  ${params.row.brand} ${params.row.model}?`))
                mutate(params.row._links.car.href)
            }}>
            <DeleteIcon fontSize="small" />
```

```
            </IconButton>
          ),
        },
];
```

(3) 现在，网格中的删除按钮样式如图 14.4 所示。

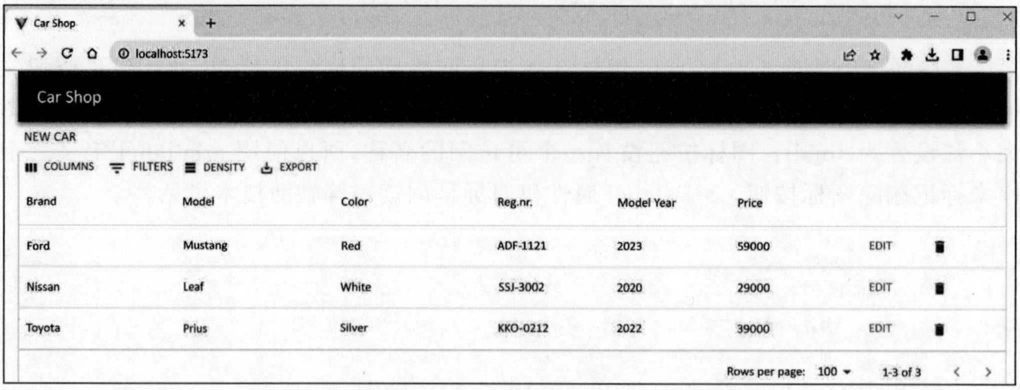

图 14.4 删除图标按钮

(4) 下面使用 IconButton 组件实现编辑按钮。打开 EditCar.tsx 文件并导入 IconButton 组件和 EditIcon 图标。

```
// EditCar.tsx
import IconButton from '@mui/material/IconButton';
import EditIcon from '@mui/icons-material/Edit';
```

(5) 在 return 语句中呈现 IconButton 和 EditIcon。与删除按钮一样，将按钮和图标的大小设置为 small。

```
// EditCar.tsx
return(
    <>
      <IconButton aria-label="edit" size="small"
        onClick={handleClickOpen}>
        <EditIcon fontSize="small" />
      </IconButton>
      <Dialog open={open} onClose={handleClose}>
        <DialogTitle>Edit car</DialogTitle>
        <CarDialogContent car={car} handleChange={handleChange}/>
        <DialogActions>
          <Button onClick={handleClose}>Cancel</Button>
          <Button onClick={handleSave}>Save</Button>
        </DialogActions>
      </Dialog>
    </>
);
```

(6) 最后，页面中的两个按钮都渲染为图标，如图 14.5 所示。

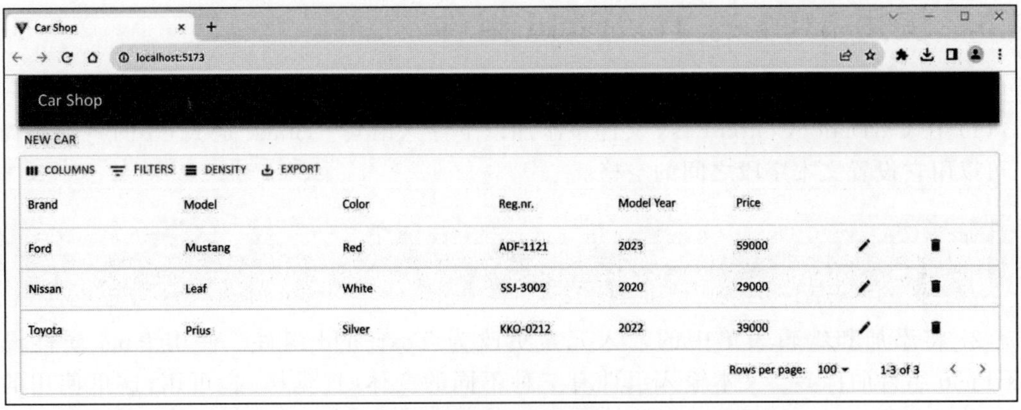

图 14.5　图标按钮

还可以使用 Tooltip 组件向编辑和删除图标按钮添加**工具提示**(tooltips)。Tooltip 组件包装要添加工具提示的组件。下面展示如何为编辑按钮添加工具提示。

(1) 在 EditCar 组件中添加如下语句导入 Tooltip 组件。

```
import Tooltip from '@mui/material/Tooltip';
```

(2) 用 Tooltip 组件包装 IconButton 组件。title 属性定义工具提示中显示的文本。

```
// EditCar.tsx
<Tooltip title="Edit car">
    <IconButton aria-label="edit" size="small"
      onClick={handleClickOpen}>
      <EditIcon fontSize="small" />
    </IconButton>
</Tooltip>
```

(3) 现在，若把鼠标悬停在编辑按钮上，会看到一个工具提示，如图 14.6 所示：

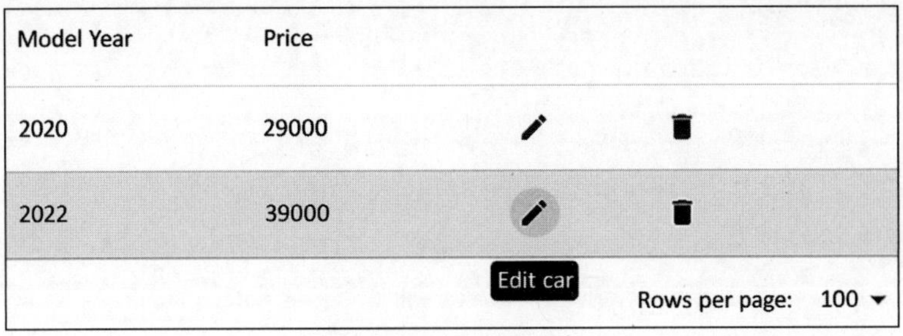

图 14.6　工具提示

14.3 节使用 MUI 的 TextField 组件实现文本字段。

14.3 使用 MUI 的 TextField 组件

本节把模态表单中的文本输入字段改为 MUI 的 TextField 组件和 Stack 组件。

(1) 在 CarDialogContent.tsx 文件中添加以下导入语句。Stack 是 MUI 的一个布局组件,可以用它设置文本字段之间的空格。

```
import TextField from '@mui/material/TextField';
import Stack from '@mui/material/Stack';
```

(2) 将添加和编辑表单中的输入元素更改为 TextField 组件。使用 label 属性设置 TextField 组件的标签。文本输入组件有三种不同的变体(视觉样式)可用,这里使用的是 outlined 变体,它是默认变体。其他变体有 standard 和 filled。可以使用 variant 属性更改该值。文本字段被包围在 Stack 组件中,以获得组件之间的一些间距,并设置上边距。

```
// CarDialogContent.tsx
return (
    <DialogContent>
      <Stack spacing={2} mt={1}>
        <TextField label="Brand" name="brand"
          value={car.brand} onChange={handleChange}/>
        <TextField label="Model" name="model"
          value={car.model} onChange={handleChange}/>
        <TextField label="Color" name="color"
          value={car.color} onChange={handleChange}/>
        <TextField label="Year" name="modelYear"
          value={car.modelYear} onChange={handleChange}/>
        <TextField label="Reg.nr." name="registrationNumber"
          value={car.registrationNumber} onChange={handleChange}/>
        <TextField label="Price" name="price"
          value={car.price} onChange={handleChange}/>
      </Stack>
    </DialogContent>
);
```

读者可以在 https://mui.com/system/spacing/上阅读更多关于组件间距和使用的单位的信息。

(3) 修改后,添加和编辑模态表单显示效果如图 14.7 所示,因为这两个表单中都使用了 CarDialogContent 组件。

现在,我们已经使用 MUI 组件完成了前端界面的样式化。

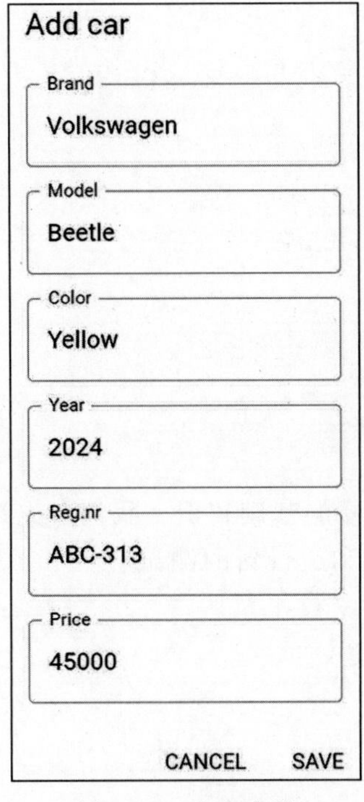

图 14.7　文本字段

小结

本章使用 MUI 完成了前端开发，MUI 是 React 组件库，实现了谷歌的 Material Design。本章用 Button 和 IconButton 组件替换了按钮，从而使模态表单有了 MUI TextField 组件的新外观。经过这些修改，前端页面看起来更加专业和统一。

第 15 章将重点讨论前端测试。

思考题

1. 什么是 MUI？
2. 如何使用不同的 Material UI 组件？
3. 如何使用 MUI 图标？

第 15 章
测试 React 应用

本章讨论测试 React 应用程序的基础知识。我们首先讨论 Jest，它是一个 JavaScript 测试框架。本章还将介绍如何创建和运行新的测试套件和测试。为测试 React Vite 项目，还将学习如何使用 React 测试库和 Vitest。

本章研究如下主题：

- 使用 Jest；
- 使用 React 测试库；
- 使用 Vitest；
- 在测试中触发事件；
- 端到端测试。

15.1 使用 Jest

Jest 是一个 JavaScript 测试框架，由 Meta 公司开发。它与 React 一起被广泛使用，并为测试提供许多有用的特性。例如，可以创建一个**快照测试**(snapshot)，这样就可以从 React 树中获取快照，并研究状态是如何变化的。Jest 具有模拟功能，可以使用它来测试异步 REST API 调用。它还提供了测试用例中断言所需的功能。

下面来看如何为一个基本的 TypeScript 函数创建一个测试用例，该函数执行某种简单的计算。下面函数接受两个数值参数，返回两个数值的乘积。

```
// multi.ts
export const calcMulti = (x: number, y: number): number => {
    return x * y;
}
```

下面的代码片段给出了上述函数的 Jest 测试。

```
// multi.test.ts
import { calcMulti } from './multi';

test("2 * 3 equals 6", () => {
    expect(calcMulti(2, 3)).toBe(6);
});
```

测试用例以 test()方法开始，它运行测试用例。test()方法带有两个必需的参数：测试名称（一个描述性字符串）和包含测试代码的匿名函数。当想要测试值时使用 expect()函数，它允许访问多个**匹配器**（matchers）。toBe()函数是一个匹配器，它检查 expect()函数的结果是否等于匹配器中的值。

在 Jest 中有多种不同的匹配器，读者可以在 https://jestjs.io/docs/using-fmatchers 文档中找到它们。

describe()是一个函数，用于在测试套件中对相关测试用例进行分组。它有助于根据功能组织测试，或者在 React 中根据被测试的组件组织测试。下面的例子是一个测试套件，它包含 App 组件的两个测试用例。

```
describe("App component", () =>{
    test("App component renders", () =>{
      // 第一个测试用例
    })
    test("Header text", () =>{
      // 第二个测试用例
    })
});
```

15.2　使用 React 测试库

React 测试库（https://testing-library.com/）是一组用于测试 React 组件的工具和 API，它用于 DOM 测试和查询。React 测试库提供一组查询函数，可以帮助我们根据文本内容、标签等查询元素。它还提供了模拟用户操作的工具，例如单击按钮和在输入字段中输入内容。

下面来看 React 测试库的一些重要概念。测试库提供了一个 render()方法，它将一个 React 元素渲染到 DOM 中，并使其可用于测试。下面代码导入和使用 render()方法。

```
import { render } from '@testing-library/react';

render(<MyComponent />);
```

查询（queries）可用于查找页面上的元素。screen 对象是一个实用程序，用于查询呈现的组件。它提供了一组查询方法，可用于查找页面上的元素。有多种不同类型的查询，它们以不同的关键字开头：getBy、findBy 或 queryBy。如果没有找到任何元素，getBy 和 findBy 查询将抛出错误。如果没有找到元素，queryBy 查询将返回 null。

使用正确的查询取决于具体情况，可以访问 https://testing-library.com/docs/dom -testing-library/cheatsheet/了解更多关于各种查询的信息。

例如，getByText()方法在文档中查询包含指定文本的元素。

```
import { render, screen } from '@testing-library/react'

render(<MyComponent />);
// 查找 Hello World 文本 (不区分大小写)
screen.getByText(/Hello World/i);
```

“/Hello World/i”中的斜杠(/)用于定义正则表达式模式，末尾的 i 标志表示不区分大小写。这表示在渲染的内容中查找包含“Hello World”的文本，且不区分大小写。如果传递一个字符串作为参数，表示查找完全匹配的字符串，且区分大小写。

```
screen.getByText("Hello World");
```

然后，就可以使用 expect 做出断言。jest-dom 是 React 测试库的配套库，它提供了自定义匹配器，在测试 React 组件时非常有用。例如，它的 toBeInTheDocument()匹配器检查元素是否存在于文档中。如果以下断言通过，测试用例将通过，否则，它将失败。

```
import { render, screen } from '@testing-library/react'
import matchers from '@testing-library/jest-dom/matchers ';

render(<MyComponent />);
expect(screen.getByText(/Hello World/i)).toBeInTheDocument();
```

可以在 jest-dom 文档 https://github.com/testing-library/jest-dom 中找到所有匹配器。

前面学习了 Jest 和 React 测试库的基础知识。测试 React 应用程序需要用到这两个库。Jest 是一个测试框架，它提供了一个测试环境和断言库。React 测试库是一个用于测试 React 组件的实用程序库。接下来学习如何在 Vite 项目中进行测试。

15.3　使用 Vitest

Vitest 是 Vite 项目的测试框架。在 Vite 项目中也可以使用 Jest，并且有一些库为 Jest 提供了 Vite 集成。本书使用 Vitest，因为它更容易使用 Vite 项目。Vitest 类似于 Jest，也提供了 test、describe 和 expect 等方法，这在 Jest 一节中已经介绍。

本节使用 Vitest 和 React 测试库为第 14 章中建立的前端项目创建测试。

15.3.1　安装和配置

首先需要在项目中安装 Vitest 和 React 测试库，具体步骤如下。

(1) 打开 PowerShell 终端，进入项目文件夹，执行以下 npm 命令安装测试依赖项。

```
npm install -D vitest @testing-library/react @testing-library/jest-dom jsdom
```

npm 命令中的-D 选项表示一个库应该作为开发依赖保存在 package.json 文件的 devDependencies 部分中。这些包对于开发和测试是必需的,但对于应用程序的生产运行则不是必需的。

(2) 在 VS Code 中打开项目,使用 Vite 配置文件 vite.config.ts 来配置 Vitest。打开文件并添加一个新的 test 属性,如下面加粗代码所示。

```
import { defineConfig } from 'vite/config'
import react from '@vitejs/plugin-react'

// https://vitejs.dev/config/
export default defineConfig({
    plugins: [react()],
    test: {
      globals: true,
      environment: 'jsdom',
    },
})
```

默认情况下,Vitest 不提供全局 API。globals: true 设置允许全局引用 API(test、expect 等),就像 Jest 一样。environment: ' jsdom'设置定义了使用的是浏览器环境而不是 Node.js。

(3) 现在,在 test 属性中会看到一个 TypeScript 类型错误,因为 test 类型在 Vite 的配置中不存在。可以从 Vitest 导入扩展的 Vite 配置来消除错误。修改 defineConfig 导入,如下面代码所示。

```
// 修改导入 defineConfig 的语句
import { defineConfig } from 'vitest/config'
```

(4) 将测试脚本添加到 package.json 文件中。注意:替换原文件中的 scripts 部分内容。

```
"scripts": {
    "dev": "vite",
    "build": "tsc && vite build",
    "lint": "eslint src --ext ts,tsx --report-unused-disable-directives
            --max-warnings 0",
    "preview": "vite preview",
    "test":"vitest"
},
```

(5) 使用下面的 npm 命令运行测试。结果会得到一个错误,因为此时还没有任何测试。

```
npm run test
```

如果想在 VS Code IDE 中运行测试,也可以找到一个 Visual Studio Code 扩展:https://marketplace.visualstudio.com/items? itemName=ZixuanChen.vitest-explorer。

默认情况下,要包含在测试运行中的文件是使用以下 glob 模式定义的。

```
['**/*.{test,spec}.?(c|m)[jt]s?(x)']
```

我们将使用 component.test.tsx 约定来命名测试文件。

15.3.2　运行第一个测试

现在,创建一个测试用例验证 App 组件能够被渲染,并且可以找到应用的标题文本。步骤如下。

(1) 在 React 应用的 src 文件夹中创建一个 App.test.tsx 新文件,并创建一个新的测试用例。这里使用 Vitest,因此从 vitest 导入 describe 和 test。

```
import { describe, test } from 'vitest';

describe("App tests", () =>{
    test("component renders", () =>{
        // 测试用例代码
    })
});
```

(2) 使用 React 测试库中的 render 方法渲染 App 组件。

```
import { describe, test } from 'vitest';
import { render } from '@testing-library/react';
import App from './App';

describe("App tests", () =>{
    test("component renders", () =>{
      render(<App />);
    })
});
```

(3) 使用 screen 对象和它的查询 API 验证应用标题文本是否已经渲染。

```
import { describe, test, expect } from 'vitest';
import { render, screen } from '@testing-library/react';
import App from './App';

describe("App tests", () =>{
    test("component renders", () =>{
      render(<App />);
      expect(screen.getByText(/Car Shop/i)).toBeDefined();
    })
});
```

(4) 如果要使用 jest-dom 库匹配器,例如之前使用的 toBeInTheDocument(),应该导入 jest-dom/vitest 包,它扩展了匹配器。

```
import { describe, test, expect } from 'vitest';
```

```
import { render, screen } from '@testing-library/react';
import App from './App';
import '@testing-library/jest-dom/vitest';

describe("App tests", () =>{
    test("component renders", () =>{
      render(<App />);
      expect(screen.getByText(/Car Shop/i
          )).toBeInTheDocument();
    })
});
```

(5) 最后，在终端输入以下命令来运行测试。

```
npm run test
```

我们应该看到测试通过，如图 15.1 所示。

```
√ src/App.test.tsx (1)

Test Files  1 passed (1)
     Tests  1 passed (1)
  Start at  11:07:01
  Duration  2.98s (transform 174ms, setup 0ms, collect 1

 PASS  Waiting for file changes...
       press h to show help, press q to quit
```

图 15.1　测试运行结果

测试以**监视模式**(watch mode)运行，这意味着每次对源代码进行更改时，都会重新运行与代码更改相关的测试。按 Q 键可以退出监视模式，也可以按 R 键手动调用测试重新运行。

> 如果需要，可以创建测试设置文件，该文件可用于设置运行测试所需的环境和配置。设置文件将在每个测试文件之前运行。
>
> 必须在 vite.config.ts 文件中 test 节点内指定测试设置文件的路径：
>
> ```
> // vite.config.ts
>   test: {
>       setupFiles: ['./src/testSetup.ts'],
>       globals: true,
>       environment: 'jsdom',
>   },
> ```
>
> 还可以在测试用例之前或之后执行所需的任务。Vitest 提供了 beforeEach 和 afterEach 函数，使用它们在测试用例之前或之后调用代码。例如，可以在每个测试用例之后运行 React 测试库的 cleanup 功能来卸载已挂载的 React 组件。如果只想在所有测试用例之前或之后仅对某些代码调用一次，可以使用 beforeAll 或 afterAll 函数。

15.3.3 测试 Carlist 组件

本节为 Carlist 组件编写一个测试，这里使用后端 REST API。本节需要运行第 14 章中使用的后端。在测试中使用真正的 API 更接近真实场景，并允许端到端集成测试。然而，真正的 API 总有一些延迟，使测试运行速度变慢。

如果开发人员无法访问真正的 API，可以使用**模拟 API**(mock API)，这种情况很常见。使用模拟 API 需要创建和维护模拟 API 实现。有几个库可以在 React 中使用，比如 **msw**(Mock Service Worker)和 **nock**。

下面开始测试 Carlist 组件。

(1) 在 src 文件夹中创建一个名为 Carlist.test.tsx 的新文件。导入 Carlist 组件并使用 render()函数渲染它。当后端数据还不可用时，组件将呈现"Loading…"文本。启动代码如下所示。

```
import { describe, expect, test } from 'vitest';
import { render, screen } from '@testing-library/react';
import '@testing-library/jest-dom/vitest';
import Carlist from './components/Carlist';
describe("Carlist tests", () =>{
    test("component renders", () =>{
      render(<Carlist />);
      expect(screen.getByText(/Loading/i)).toBeInTheDocument();
    })
});
```

(2) 如果现在运行测试用例，将得到以下错误：No QueryClient set, use QueryClientProvider to set one。由于在 Carlist 组件中使用 React Query 进行联网，因此，在组件中需要 QueryClientProvider。下面的源代码显示了如何做到这一点。这里必须创建一个新的 QueryClient，并将重试(retry)设置为 false。默认情况下，React Query 重试查询 3 次，如果想测试错误用例，那么可能会导致测试用例超时。

```
import { QueryClient, QueryClientProvider } from
  '@tanstack/react-query';
import { describe, test } from 'vitest';
import { render, screen } from '@testing-library/react';
import '@testing-library/jest-dom/vitest';
import Carlist from './components/Carlist';

const queryClient =new QueryClient({
    defaultOptions: {
      queries: {
          retry: false,
      },
    },
});
```

```
const wrapper = ({
    children } : { children: React.ReactNode }) => (
      <QueryClientProvider client = {
        queryClient}>{children}
      </QueryClientProvider>);

describe("Carlist tests", () => {
    test("component renders", () => {
      render(<Carlist />, { wrapper });
      expect(screen.getByText(/Loading/i)).toBeInTheDocument();
    })
});
```

这里创建了一个返回 QueryClientProvider 组件的包装器，然后将该包装器作为第二个参数传递给 render()函数，它是一个 React 组件，因此 wrapper 包装 Carlist 组件。当想用额外的包装器包装组件时，这是一个有用的功能。最终的结果是 Carlist 组件被包装在 QueryClientProvider 中。

(3) 重新运行测试，不会产生错误，新测试用例将通过，如图 15.2 所示。测试运行包括两个测试文件和两个测试。

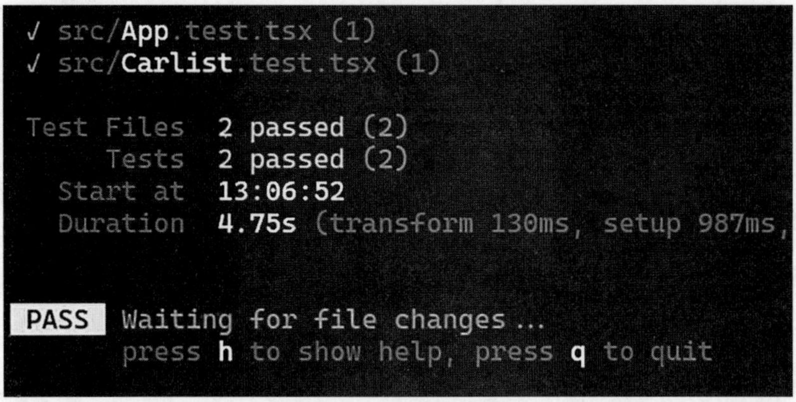

```
✓ src/App.test.tsx (1)
✓ src/Carlist.test.tsx (1)

Test Files  2 passed (2)
     Tests  2 passed (2)
  Start at  13:06:52
  Duration  4.75s (transform 130ms, setup 987ms,

 PASS  Waiting for file changes...
       press h to show help, press q to quit
```

图 15.2　测试运行结果

(4) 下面测试 getCars()方法是否被调用，以及汽车是否呈现在数据网格中。网络调用是异步的，因此不知道响应何时到达。这里使用 React 测试库的 waitFor 函数等待，直到 NEW CAR 按钮被渲染，因为那时才知道网络请求已经成功。条件满足后，测试将继续进行。

最后，使用一个匹配器检查是否可以在文档中找到 Ford 文本。将以下的导入添加到 Carlist.test.tsx 文件中。

```
import { render, screen, waitFor } from '@testing-library/react';
```

(5) 测试代码如下所示。

```
describe("Carlist tests", () => {
    test("component renders", () => {
      render(<Carlist />, { wrapper });
```

```
    expect(screen.getByText(/Loading/i)
      ).toBeInTheDocument();
  })
  test("Cars are fetched", async () =>{
    render(<Carlist />, { wrapper });

    await waitFor(() =>screen.getByText(/New Car/i));
    expect(screen.getByText(/Ford/i)).toBeInTheDocument();
  })
});
```

(6) 重新运行测试,可以看到有 3 个测试通过,如图 15.3 所示。

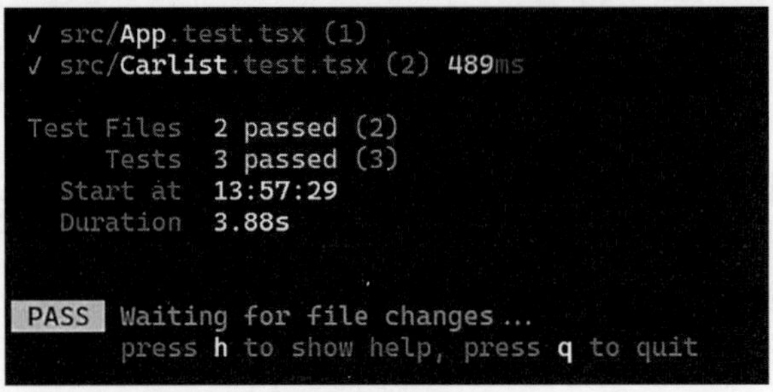

```
✓ src/App.test.tsx (1)
✓ src/Carlist.test.tsx (2) 489ms

Test Files  2 passed (2)
     Tests  3 passed (3)
  Start at  13:57:29
  Duration  3.88s


PASS  Waiting for file changes...
      press h to show help, press q to quit
```

图 15.3　测试运行结果

本节学习了 Vitest 的基础知识,以及如何在 React 应用程序中创建和运行测试用例。接下来学习如何在测试用例中模拟用户操作。

15.4　在测试中触发事件

React 测试库提供了一个 fireEvent()方法,在测试用例中可用于触发 DOM 事件。要使用 fireEvent()方法,必须从 React 测试库中导入。

```
import { render, screen, fireEvent } from '@testing-library/react';
```

接下来,必须找到元素并触发它的事件。下面例子展示了如何触发一个输入元素的 change 事件和一个按钮的 click 事件。

```
//通过占位符文本查找输入元素
const input =screen.getByPlaceholderText('Name');

//设置输入元素值
fireEvent.change(input, {target: {value: 'John'}});

//通过文本查找按钮元素
const btn =screen.getByText('Submit');

//单击按钮
fireEvent.click(btn);
```

触发事件后，就可以断言预期的行为。

还有一个与测试库配套的库，称为 user-event。fireEvent 函数触发元素事件，但是浏览器不仅触发一个事件。例如，如果用户在 input 元素中输入一些文本，则首先使其获得焦点，然后触发键盘和输入事件。user-event 模拟完整的用户交互过程。

要使用 user-event 库，必须用下面的 npm 命令将它安装到项目中。

```
npm install -D @testing-library/user-event
```

接下来，需要在测试文件中导入 userEvent，如下所示。

```
import userEvent from '@testing-library/user-event';
```

然后，可以使用 userEvent.setup()函数创建 userEvent 的实例。也可以直接调用 API，它将在内部调用 userEvent.setup()，下面的示例就使用了这种方式。userEvent 提供多个与 UI 交互的函数，例如 click()和 type()等。

```
// 单击按钮
await userEvent.click(element);

// 在输入元素中键入一个值
await userEvent.type(element, value);
```

作为例子，下面创建一个新测试用例，模拟 Carlist 组件中的 NEW CAR 按钮单击，然后检查是否打开了模态表单。

(1) 打开 Carlist.test.tsx 文件并导入 userEvent。

```
import userEvent from '@testing-library/user-event';
```

(2) 在包含 Carlist 组件测试的 describe()函数中创建一个新测试。在测试中，渲染 Carlist 组件并等待 NEW CAR 按钮被渲染。

```
test("Open new car modal", async () =>{
    render(<Carlist />, { wrapper });

    await waitFor(() =>screen.getByText(/New Car/i));
})
```

(3) 然后，使用 getByText 查询找到 NEW CAR 按钮，并使用 userEvent.click()函数单击按钮。使用匹配器来验证 Save 按钮是否可以在文档中找到。

```
test("Open new car modal", async () =>{
    render(<Carlist />, { wrapper });

    await waitFor(() =>screen.getByText(/New Car/i));
    await userEvent.click(screen.getByText(/New Car/i));
    expect(screen.getByText(/Save/i)).toBeInTheDocument();
})
```

(4) 重新运行测试,可看到有 4 个测试用例通过,如图 15.4 所示。

```
✓ src/App.test.tsx (1)
✓ src/Carlist.test.tsx (3) 674ms

Test Files  2 passed (2)
     Tests  4 passed (4)
  Start at  14:35:58
  Duration  4.06s


PASS  Waiting for file changes...
      press h to show help, press q to quit
```

图 15.4　测试运行结果

可以使用 getByRole 基于角色查找元素,例如按钮、链接等。下面使用 getByRole 查找包含 Save 文本的按钮。第一个参数定义了角色,第二个参数 name 选项定义按钮文本。

```
screen.getByRole('button', { name: 'Save' });
```

(5) 还可以通过改变测试匹配器中的文本来产生一个失败的测试,如下所示。

```
expect(screen.getByText(/Saving/i)).toBeInTheDocument();
```

重新运行测试,可以看到有一个测试失败,也可以看到失败的原因,如图 15.5 所示。

```
❯ src/Carlist.test.tsx (3) 722ms
  ❯ Carlist tests (3) 722ms
    ✓ component renders
    ✓ cars are fetched 432ms
    × Open new car modal

──────────────────────────────────────────── Failed Tests 1 ────

FAIL  src/Carlist.test.tsx > Carlist tests > Open new car modal
TestingLibraryElementError: Unable to find an element with the text: /Saving/i.
 up by multiple elements. In this case, you can provide a function for your text
ble.
```

图 15.5　失败的测试

现在,我们学习了在 React 组件中测试用户交互的基础知识。

15.5　端到端测试

端到端测试(end-to-end testing,E2E)是一种侧重于测试整个应用程序工作流的方法。本书不准备详细介绍这种测试,这里仅介绍一下它的思想,并介绍一些常用工具。

端到端测试的目标是模拟用户场景和与应用程序的交互,以确保所有组件正确地协同工作。这种测试包括前端、后端以及所有接口或被测试软件的外部依赖项。端到端测试范围也可以是**跨浏览器或跨平台的**,即使用多种不同的 Web 浏览器或移动设备测试应用程序。

端到端测试有助于验证应用程序是否满足其功能需求。可用于端到端测试的工具主要有以下两种。

- **Cypress**：这是一个为 Web 应用程序创建端到端测试的工具。Cypress 测试编写和阅读都很简单。可以在浏览器中看到应用程序在测试执行期间的行为，它还可以帮助调试是否有任何失败。Cypress 可免费使用，但有一些限制。
- **Playwright**：这是一个为端到端测试设计的测试自动化框架，由微软开发。Playwright 可以作为 Visual Studio Code 的一个扩展获得，并在项目中使用。使用 Playwright 编写测试的默认语言是 TypeScript，也可以使用 JavaScript 编写。

小结

本章介绍了测试 React 应用程序的基本方法。首先介绍了 Jest（一个 JavaScript 测试框架）和 React 测试库（可用于测试 React 组件），之后介绍了如何使用 Vitest 在 Vite React 应用程序中创建和运行测试，最后简要讨论了端到端测试。

第 16 章将学习如何保护应用程序并在前端添加登录功能。

思考题

1. 什么是 Jest？
2. 什么是 React 测试库？
3. 什么是 Vitest？
4. 如何在测试用例中触发事件？
5. 端到端测试的目标是什么？

第 16 章 保护应用程序

本章我们将学习如何保护应用程序，讨论当在后端使用 JWT(JSON Web Token)身份验证时，如何在前端实现身份验证。首先，在后端打开安全性以启用 JWT 身份验证。然后，为登录功能创建一个组件。最后，修改 CRUD 功能，将请求授权报头中的令牌发送到后端，并实现注销功能。

本章研究如下主题：

- 保护后端；
- 保护前端。

16.1 保护后端

第 13 章中使用非安全的后端在前端实现了 CRUD 功能。现在，是时候为后端打开安全开关了。让我们回到第 5 章中创建的项目。

(1) 在 Eclipse 中打开后端项目，并在编辑窗口打开 SecurityConfig.java 文件。之前已经注释掉了安全性，并允许每个人访问所有端点。现在，删除这一行，并从原始版本中删除注释。现在，SecurityConfig.java 文件的 filterChain()方法应该如下所示。

```
@Bean
public SecurityFilterChain filterChain(HttpSecurity http)
            throws Exception {
    http.csrf((csrf) ->csrf.disable()).cors(withDefaults())
      .sessionManagement((sessionManagement) ->
          sessionManagement.sessionCreationPolicy(
          SessionCreationPolicy.STATELESS))
      .authorizeHttpRequests( (authorizeHttpRequests) ->
          authorizeHttpRequests.requestMatchers(HttpMethod.POST, "/
          login").permitAll().anyRequest().authenticated())
      .addFilterBefore(authenticationFilter,
          UsernamePasswordAuthenticationFilter.class)
      .exceptionHandling((exceptionHandling) ->
          exceptionHandling.authenticationEntryPoint(exceptionHandler));
    return http.build();
}
```

(2) 测试后端再次受到保护时会发生什么。在 Eclipse 中单击 Run 按钮运行后端，并从控制台检查应用程序是否正确启动。在终端中输入 npm run dev 命令启动开发服务器，打开浏览器访问 localhost：5173 地址。

(3) 现在应该看到列表页面和汽车列表正在加载。如果打开开发者工具和 Network 选项卡，可以看到响应状态是 401 Unauthorized(401 未经授权)，如图 16.1 所示。这正是我们想要的效果，因为还没有对前端执行身份验证。

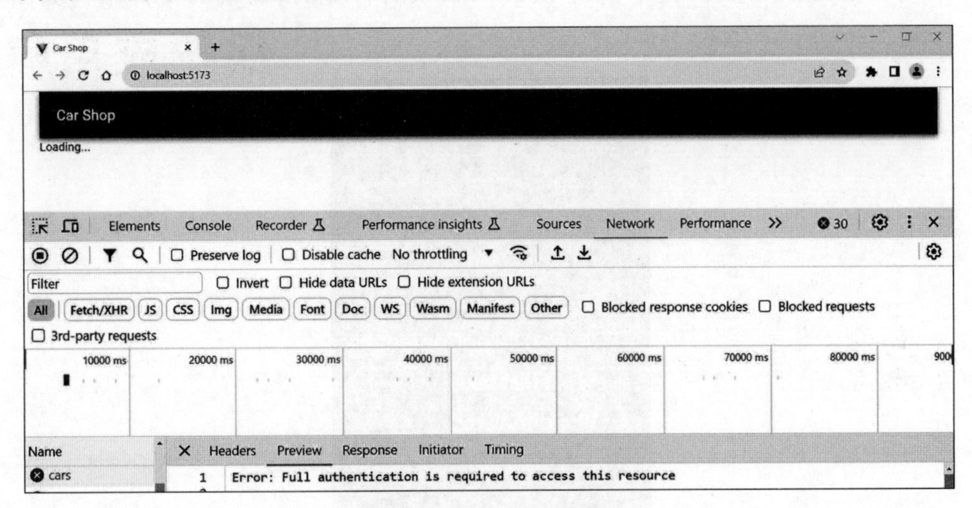

图 16.1　401 未经授权

现在，我们准备使用前端。

16.2　保护前端

第 5 章中讨论了 JWT 身份验证，并允许每个人在没有身份验证的情况下访问"/login"端点。现在，在前端登录页面上，必须使用用户凭据向"/login"端点发送 POST 请求以获取令牌。之后，令牌将包含在发送到后端的所有请求中，其过程如图 16.2 所示。

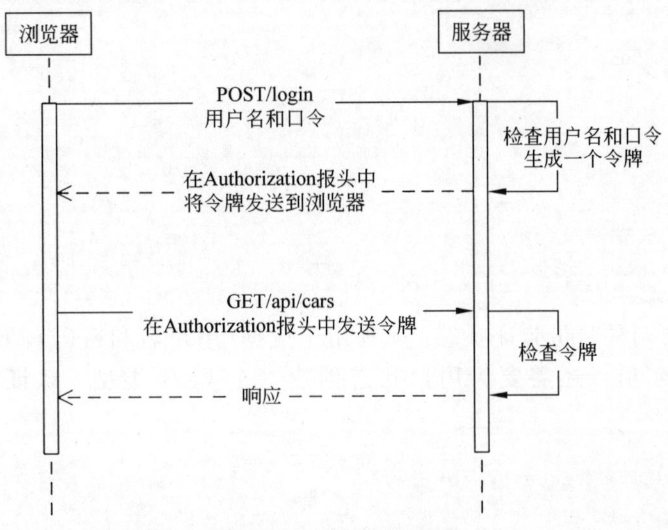

图 16.2　安全的应用程序

有了这些知识,下面开始实现前端登录功能。首先实现输入用户凭据的登录页面,然后发送一个登录请求以从服务器获取令牌,并在发送给服务器的请求中使用存储的令牌。

16.2.1　创建登录组件

首先创建一个登录组件,它向用户请求凭据,以从后端获取令牌。

(1) 在 components 文件夹中创建 Login.tsx 文件。此时,前端的文件结构如图 16.3 所示。

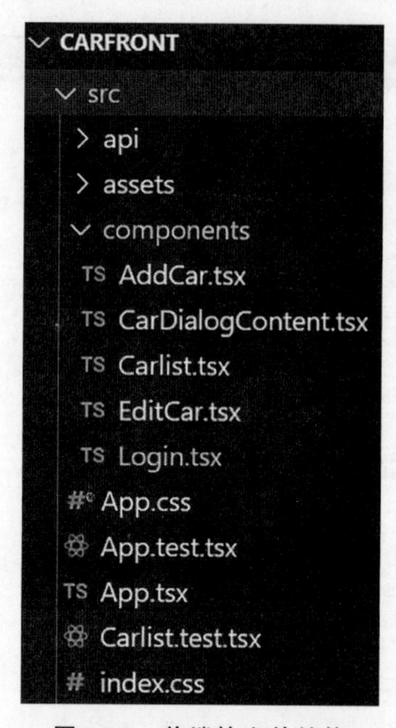

图 16.3　前端的文件结构

(2) 在 VS Code 编辑器中打开该文件,将以下代码添加到 Login 组件中。这里需要使用 Axios 向"/login"端点发送 POST 请求。

```
import { useState } from 'react';
import axios from 'axios';

function Login() {
  return(
    <></>
  );
}
export default Login;
```

(3) 这里需要两种身份验证状态：一种用于凭据(用户名和密码),另一种用于指示身份验证状态的布尔值。还需要为用户状态创建一个 User 类型。认证状态的初始值为 false。

```
import { useState } from 'react';
import axios from 'axios';
```

```
type User = {
    username: string;
    password: string;
}
function Login() {
    const [user, setUser]=useState<User>({
        username: '',
        password: ''
    });
    const [isAuthenticated, setAuth]=useState(false);

    return(
      <></>
    );
}
export default Login;
```

(4) 用户界面使用 MUI 组件库，就像在用户界面的其他部分那样。这里使用 TextField 组件输入用户凭据，用 Button 组件调用登录函数，用 Stack 组件布局。将组件的导入添加到 Login.tsx 文件。

```
import Button from '@mui/material/Button';
import TextField from '@mui/material/TextField';
import Stack from '@mui/material/Stack';
```

在第 14 章中已经使用过这三种组件类型对 UI 进行样式设计。

(5) 在 return 语句中添加组件。这里有两个 TextField 组件，一个用于输入用户名，另一个用于输入密码。一个 Button 组件调用本节后面实现的登录函数。使用 Stack 组件使 TextField 组件居中对齐，并指定它们之间的间距。

```
return(
    <Stack spacing={2} alignItems="center" mt={2}>
      <TextField
        name="username"
        label="Username"
        onChange={handleChange} />
      <TextField
        type="password"
        name="password"
        label="Password"
        onChange={handleChange}/>
      <Button
        variant="outlined"
```

```
        color="primary"
        onClick={handleLogin}>
          Login
      </Button>
    </Stack>
);
```

(6) 为 TextField 组件实现更改处理程序函数,以便将类型值保存到状态。这里必须使用展开语法,因为它可以确保保留了用户对象的所有其他属性,这些属性在本次更新中不会被修改。

```
const handleChange = (event: React.ChangeEvent<HTMLInputElement>) =>
  {
    setUser({...user,
      [event.target.name] : event.target.value
    });
}
```

(7) 如第 5 章所示,登录使用 POST 方法调用"/login"端点并在请求体内发送 user 对象完成。如果身份验证成功,将在响应 Authorization 报头获得一个令牌。然后将令牌保存到会话存储中,并将 isAuthenticated 状态值设置为 true。

会话存储(session storage)类似于本地存储,但是当页面会话结束时(页面关闭时),会话存储将被清除。localStorage 和 sessionStorage 是 Window 接口的属性。

当 isAuthenticated 状态值被改变时,用户界面将被重新渲染。

```
const handleLogin = () => {
    axios.post(import.meta.env.VITE_API_URL + "/login", user, {
        headers: { 'Content-Type': 'application/json' }
    })
    .then(res => {
      const jwtToken = res.headers.authorization;
      if (jwtToken !== null) {
          sessionStorage.setItem("jwt", jwtToken);
          setAuth(true);
      }
    })
    .catch(err => console.error(err));
}
```

(8) 这里将实现条件渲染,当 isAuthenticated 状态为 false 时渲染 Login 组件,为 true 时渲染 Carlist 组件。首先,在 Login.tsx 文件导入 Carlist 组件。

```
import Carlist from './Carlist';
```

然后，对 return 语句进行如下修改：

```
if (isAuthenticated) {
    return <Carlist />;
}
else {
    return(
      <Stack spacing={2} alignItems="center" mt={2} >
        <TextField
          name="username"
          label="Username"
          onChange={handleChange} />
        <TextField
          type="password"
          name="password"
          label="Password"
          onChange={handleChange}/>
        <Button
          variant="outlined"
          color="primary"
          onClick={handleLogin}>
            Login
        </Button>
      </Stack>
}
```

(9) 为了显示登录表单，必须渲染 Login 组件，而不是 App.tsx 文件中的 Carlist 组件。导入并渲染 Login 组件，并删除未使用的 Carlist 导入。

```
// App.tsx
import AppBar from '@mui/material/AppBar';
import Toolbar from '@mui/material/Toolbar';
import Typography from '@mui/material/Typography';
import Container from '@mui/material/Container';
import CssBaseline from '@mui/material/CssBaseline';
import Login from './components/Login';
import { QueryClient, QueryClientProvider } from '@tanstack/reactquery';

const queryClient =new QueryClient();

function App() {
    return (
      <Container maxWidth="xl">
        <CssBaseline />
        <AppBar position="static">
          <Toolbar>
            <Typography variant="h6">
              Carshop
            </Typography>
          </Toolbar>
```

```
        </AppBar>
        <QueryClientProvider client={queryClient}>
          <Login />
        </QueryClientProvider>
      </Container>
    )
  }

export default App;
```

现在，若前端和后端都在运行，前端运行结果如图 16.4 所示。

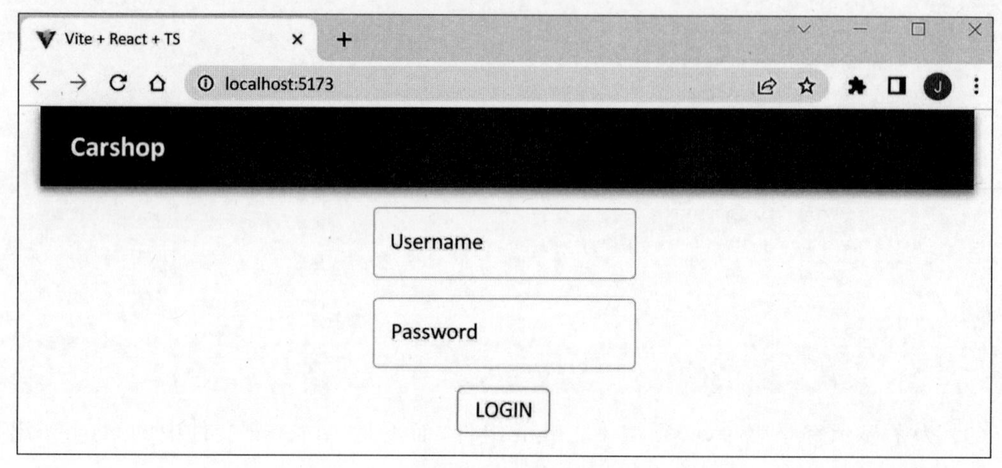

图 16.4　登录页面

如果现在使用数据库中的“user/user”或“admin/admin”凭据登录，应该会看到汽车列表页面。如果打开开发者工具的 Application 选项卡，可以看到令牌现在被保存到会话存储中，如图 16.5 所示。

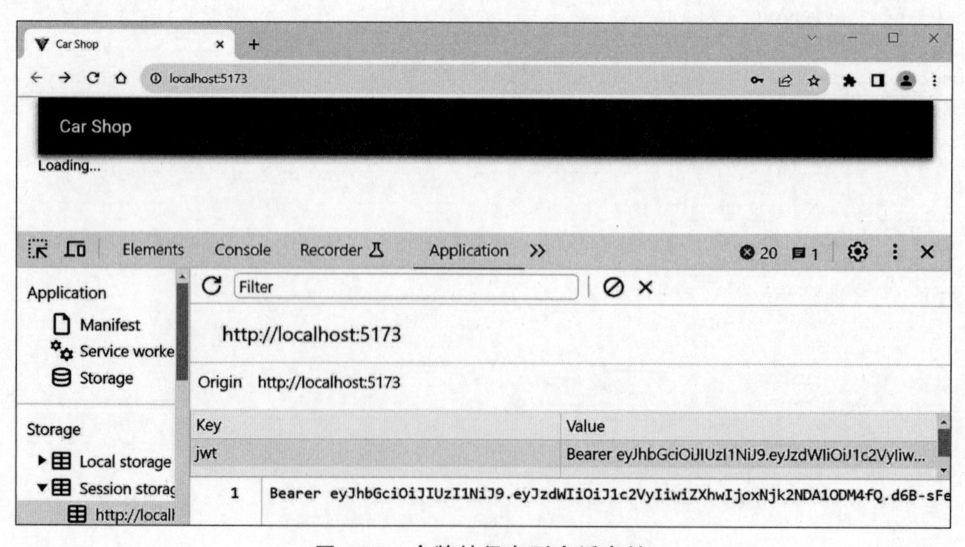

图 16.5　令牌被保存到会话存储

16.2.2　实现 REST API 调用

在 16.2.1 节结束时，汽车列表仍在加载，我们无法获取汽车。这是正确的行为，因为现在令牌不被包含在任何请求中。这是 JWT 身份验证所必需的，下面实现该功能。

(1) 在 VS Code 编辑器中打开 carapi.ts 文件。为了获取汽车，首先必须从会话存储中读取令牌，然后将带有令牌值的 Authorization 报头添加到 GET 请求中。下面是 getCars 函数的源代码。

```
// carapi.ts
export const getCars = async (): Promise<CarResponse[]> => {
    const token = sessionStorage.getItem("jwt");
    const response = await axios.get(`${import.meta.env.VITE_API_URL}/
                    api/cars`, {
      headers: { 'Authorization' : token }
    });
    return response.data._embedded.cars;
}
```

(2) 现在登录前端，应该看到来自数据库中的汽车填充的汽车列表。

(3) 检查来自开发者工具的请求内容，可以看到它包含了带有令牌的 Authorization 报头，如图 16.6 所示。

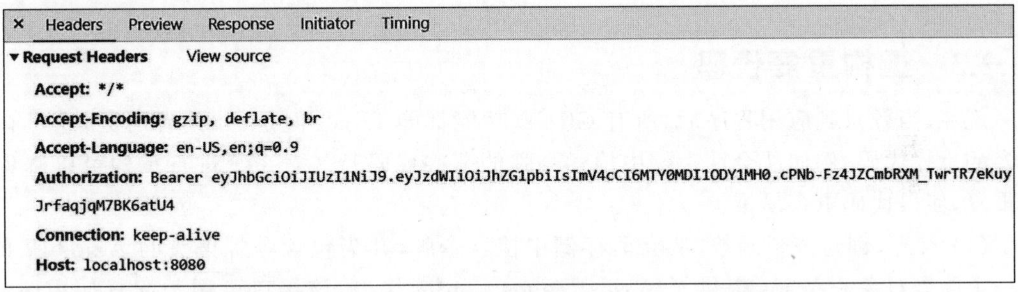

```
×  Headers   Preview   Response   Initiator   Timing
▾ Request Headers     View source
  Accept: */*
  Accept-Encoding: gzip, deflate, br
  Accept-Language: en-US,en;q=0.9
  Authorization: Bearer eyJhbGciOiJIUzI1NiJ9.eyJzdWIiOiJhZG1pbiIsImV4cCI6MTY0MDI1ODY1MH0.cPNb-Fz4JZCmbRXM_TwrTR7eKuy
  JrfaqjqM7BK6atU4
  Connection: keep-alive
  Host: localhost:8080
```

图 16.6　请求报头

(4) 以同样的方式修改其他 CRUD 功能，使其正常工作。修改后的 deleteCar 函数源代码如下所示。

```
// carapi.ts
export const deleteCar = async (link: string): Promise<CarResponse> =>
{
    const token = sessionStorage.getItem("jwt");
    const response = await axios.delete(link, {
        headers: { 'Authorization': token }
    })
    return response.data
}
```

修改后的 addCar 和 editCar 函数的源代码如下所示。

```
// carapi.ts
export const addCar = async (car: Car): Promise<CarResponse> => {
    const token = sessionStorage.getItem("jwt");
    const response = await axios.post(`${import.meta.env.VITE_API_
                  URL}/api/cars`, car, {
      headers: {
      'Content-Type': 'application/json',
      'Authorization': token
      },
    });
    return response.data;
}

export const updateCar = async (carEntry: CarEntry):
  Promise<CarResponse> => {
    const token = sessionStorage.getItem("jwt");
    const response = await axios.put(carEntry.url, carEntry.car, {
      headers: {
        'Content-Type': 'application/json',
        'Authorization': token
      },
    });

    return response.data;
}
```

16.2.3　重构重复代码

现在，当登录到应用程序后，所有 CRUD 功能都能工作。但是，如读者所见，这里有相当多的重复代码，例如从会话存储中检索令牌的那些代码行。对系统进行重构可以避免代码重复，使得代码更容易维护。

(1) 首先，创建一个函数，从会话存储中检索令牌，并为包含令牌报头的 Axios 请求创建一个配置对象。Axios 提供了 AxiosRequestConfig 接口，该接口可用于配置使用 Axios 发送的请求。还需要将 Content-Type 报头值设置为 application/json。

```
// carapi.ts
import axios, { AxiosRequestConfig } from 'axios';
import { CarResponse, Car, CarEntry } from '../types';

const getAxiosConfig = (): AxiosRequestConfig => {
    const token = sessionStorage.getItem("jwt");

    return {
      headers: {
      'Authorization': token,
      'Content-Type': 'application/json',
      },
    };
};
```

(2) 然后，删除配置对象并调用 getAxiosConfig()函数，从而无须在每个函数中检索令牌，如下面的代码所示。

```
// carapi.ts
export const getCars =async (): Promise<CarResponse[]>=>{
    const response =await axios.get(`${import.meta.env.VITE_API_URL}/
                    api/cars`, getAxiosConfig());
    return response.data._embedded.cars;
}

export const deleteCar =async (link: string): Promise<CarResponse>=>
{
    const response =await axios.delete(link, getAxiosConfig())
    return response.data
}

export const addCar =async (car: Car): Promise<CarResponse>=>{
    const response =await axios.post(`${import.meta.env.VITE_API_
                   URL}/api/cars`, car, getAxiosConfig());
    return response.data;
}

export const updateCar =async (carEntry: CarEntry):
    Promise<CarResponse>=>{
    const response =await axios.put(carEntry.url, carEntry.car,
                                    getAxiosConfig());
    return response.data;
}
```

Axios 还提供了拦截器(interceptor)，可用于在请求和响应被处理或捕获之前拦截和修改它们。可以在 Axios 文档(https://axioshttp.com/docs/interceptors)中阅读更多关于拦截器的信息。

16.2.4　显示错误消息

下面实现如果身份验证失败，给用户显示一条错误消息的功能。这里用 MUI 的 Snackbar 组件显示消息。

(1) 在 Login.tsx 文件中添加以下导入。

```
import Snackbar from '@mui/material/Snackbar';
```

(2) 添加一个名为 open 的新状态用于控制 Snackbar 的可见性。

```
const [open, setOpen] =useState(false);
```

(3) 将 Snackbar 组件添加到 return 语句中，就在 Button 组件下面的堆栈中。Snackbar 组件用于显示 toast 消息。如果 open 属性值为 true，则显示组件。autoHideDuration 定义了 onClose 函数被调用前等待的时间(以毫秒为单位)。

```
<Snackbar
    open={open}
    autoHideDuration={3000}
    onClose={() =>setOpen(false)}
    message="Login failed: Check your username and password"
/>
```

(4) 如果身份验证失败，通过将 open 状态值设置为 true 来打开 Snackbar 组件。

```
const handleLogin = () =>{
    axios.post(import.meta.env.VITE_API_URL +"/login", user, {
      headers: { 'Content-Type': 'application/json' }
    })
    .then(res =>{
      const jwtToken =res.headers.authorization;
      if (jwtToken !==null) {
        sessionStorage.setItem("jwt", jwtToken);
        setAuth(true);
      }
    })
    .catch(() =>setOpen(true));
}
```

(5) 如果现在尝试使用错误的凭据登录，屏幕左下角将显示登录失败消息，如图 16.7 所示。

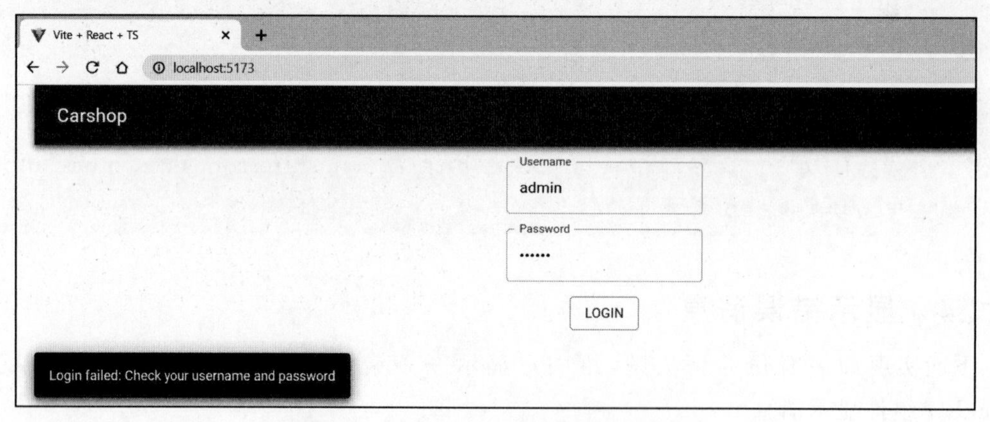

图 16.7　屏幕左下角显示登录失败消息

16.2.5　退出登录

本节在 Login 组件中实现注销功能。注销按钮显示在汽车列表页面上。Carlist 组件是 Login 组件的子组件，因此，可以使用 props 将 logout 函数传递给汽车列表。具体步骤如下。

(1) 为 Login 组件创建一个 handleLogout() 函数，它将 isAuthenticated 状态更新为 false，并从会话存储中清除令牌。

```
// Login.tsx
const handleLogout = () =>{
```

```
    setAuth(false);
    sessionStorage.setItem("jwt", "");
}
```

（2）使用 props 将 handleLogout 函数传递给 Carlist 组件，如**高亮显示**的代码所示。

```
// Login.tsx
if (isAuthenticated) {
    return <Carlist logOut={handleLogout}/>;
}
else {
    return(
    ...
```

（3）为 Carlist 组件中接收到的属性创建一个新类型。这个属性的名称是 logOut，它是一个不接收参数的函数，将这个属性标记为可选的。将以下类型添加到 Carlist 组件中，并在函数参数中接收 logOut 属性。

```
//Carlist.tsx
type CarlistProps ={
    logOut?: () =>void;
}

function Carlist({ logOut }: CarlistProps) {
    const [open, setOpen] =useState(false);
    ⋮
```

（4）现在，调用注销函数并添加注销按钮。使用 Stack 组件对齐按钮，这样 NEW CAR 按钮显示在屏幕的左侧，LOG OUT 按钮显示在屏幕的右侧。

```
// Carlist.tsx
// 添加下面的 import 语句
import Button from '@mui/material/Button';
import Stack from '@mui/material/Stack';

// 渲染 Stack 和 Button
if (!isSuccess) {
    return <span>Loading...</span>
}
else if (error) {
    return <span>Error when fetching cars...</span>
}
else {
    return (
      <>
      <Stack direction="row" alignItems="center"
        justifyContent="space-between">
        <AddCar />
        <Button onClick={logOut}>Log out</Button>
      </Stack>
```

```
      <DataGrid
        rows={data}
        columns={columns}
        disableRowSelectionOnClick={true}
        slots={{ toolbar: GridToolbar }}
        getRowId={row =>row._links.self.href} />
      <Snackbar
        open={open}
        autoHideDuration={2000}
        onClose={() =>setOpen(false)}
        message="Car deleted" />
      </>
    );
}
```

(5) 现在登录到前端，就可以在汽车列表页面上看到 LOG OUT 按钮，如图 16.8 所示。单击该按钮，将显示登录页面，因为 isAuthenticated 状态被设置为 false，令牌从会话存储中被清除。

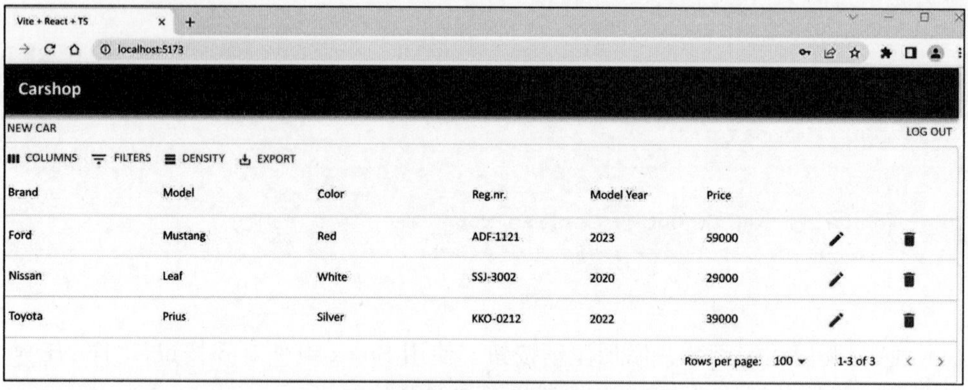

图 16.8　退出登录

如果有一个包含多个页面的更复杂的前端，那么明智的做法是在应用程序栏中呈现注销按钮，以便在每个页面上显示它。然后，就可以使用状态管理技术与应用程序中的整个组件树共享状态。一种解决方案是使用第 8 章介绍的 React Context API。在这个场景中，可以使用上下文来共享应用程序组件树中的 isAuthenticated 状态。

随着应用程序变得越来越复杂，管理状态对于确保组件能够有效地访问和更新数据变得至关重要。除了 React Context API 之外，还有其他可以用来管理状态的替代方案。React Redux(https://react-redux.js.org)和 MobX(https://github.com/mobxjs/mobx)是两个最常见的状态管理库。

第 15 章中为 Carlist 组件创建了测试用例，那时应用程序是非安全的。在这个阶段，我们的 Carlist 组件测试用例将会失败，读者应该重构它们。要创建一个模拟登录过程的 React 测试，然后测试是否从后端 REST API 获取数据，还可以使用 axios-mock-adapter (https://github.com/ctimmerm/axios-mock-adapter)等库。mock Axios 允许模拟登录过程和数据获取，而无须进行实际的网络请求。有关细节这里不再赘述，读者可以自行探究。

现在,汽车应用程序已经准备就绪。

小结

本章介绍了如何使用 JWT 身份验证为前端实现登录和注销功能。在身份验证成功之后,使用会话存储保存从后端接收到的令牌。然后在发送到后端的所有请求中使用令牌。因此,必须修改 CRUD 功能,以便正确地处理身份验证。

第 17 章也是最后一章,将讨论后端和前端的部署,并演示如何创建 Docker 容器。

思考题

1. 如何创建登录表单?
2. 应该如何使用 JWT 登录到后端?
3. 什么是会话存储?
4. 如何在 CRUD 函数中将令牌发送到后端?

第 17 章 部署应用程序

本章讨论如何将后端和前端部署到服务器上。成功的部署是软件开发过程的关键部分，了解现代部署过程的工作方式非常重要。有各种各样的云服务器或 PaaS 提供商可用，例如 AWS(Amazon Web Services)、DigitalOcean、Microsoft Azure、Railway 和 Heroku 等。

本书使用 AWS 和 Netlify，它们支持 Web 开发中使用的多种编程语言。本章还将展示如何在部署中使用 Docker 容器。

本章研究如下主题：

- 使用 AWS 部署后端；
- 使用 Netlify 部署前端；
- 使用 Docker 容器。

17.1 使用 AWS 部署后端

如果打算使用自己的服务器，部署 Spring Boot 应用程序的最简单方法是使用可执行 JAR 文件。使用 Spring Boot Gradle 包装器就可创建可执行的 JAR 文件。在项目文件夹中使用下面的 Gradle 包装器命令构建项目。

```
./gradlew build
```

另一种方法是在 Eclipse 中运行 Gradle 任务。具体是选择 Window→Show View→Other 菜单，然后从列表中选择 Gradle→Gradle Tasks。这将打开 Gradle 任务列表，双击 **build** 任务启动构建过程，如图 17.1 所示。如果 Gradle Tasks 窗口是空的，单击 Eclipse 中项目的根目录。

这将为项目创建一个新的 build/libs 文件夹，生成的 JAR 文件就存放在该文件夹中。默认情况下有两个 JAR 文件。

- 扩展名为-plain.jar 的文件包含 Java 字节码和其他资源，但它不包含任何应用程序框架或依赖项。
- 另一个.jar 文件是一个完全可执行的归档文件，可以使用 java -jar your_appfile.jar 命令运行，如图 17.2 所示。

如今，向最终用户提供应用程序的主要手段是云服务器。本书将把后端部署到

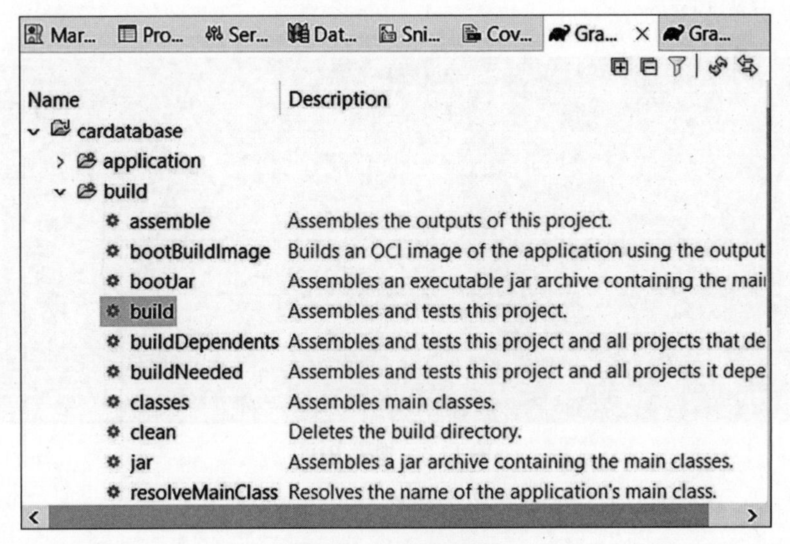

图 17.1　Gradle 任务

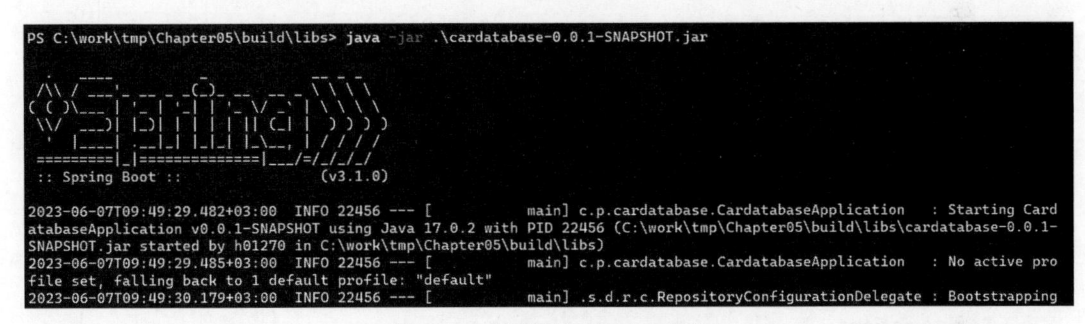

图 17.2　运行可执行 JAR 文件

Amazon Web Services(AWS)上。AWS Free Tier 为用户提供了一个免费使用产品的机会。

要使用 AWS,首先需要注册一个 AWS Free Tier 账户,这需要提供联系信息,包括可用的手机号码。AWS 会给你发送确认短信以验证账户。还必须为 AWS Free Tier 所开通的账户添加有效的信用卡、借记卡或其他付款方式。

可以在 https://repost.aws/knowledge-center/free-tier-payment-method 上阅读有关需要一种付款方式的原因。

17.1.1　部署 MariaDB 数据库

下面介绍如何把 MariaDB 数据库部署到 AWS。Amazon RDS(Relational Database Service)可用于建立和操作关系数据库。Amazon RDS 支持几种流行的数据库,包括 MariaDB。在 RDS 中创建数据库的具体步骤如下。

(1) 在 AWS 上创建 Free Tier 账户后,请登录 AWS 网站。AWS 仪表板包含一个搜索栏,使用它可以查找不同的服务。在搜索栏中输入 rds 查找 RDS,结果如图 17.3 所示。在

Services 列表中单击 RDS。

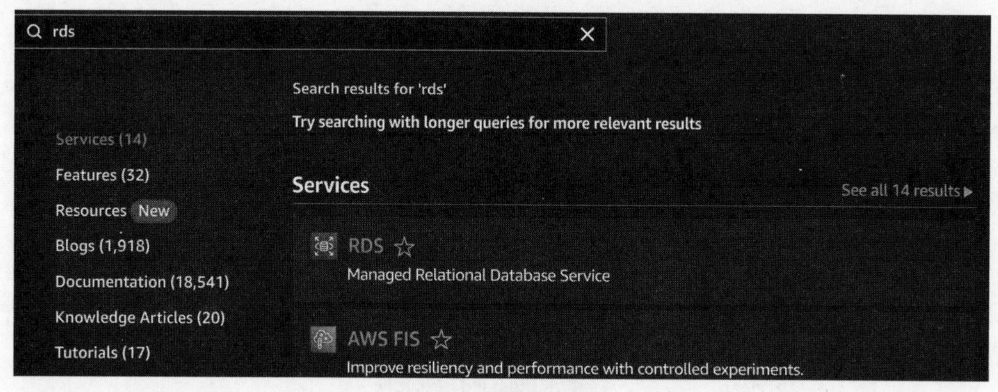

图 17.3　搜索 RDS

(2) 单击 Create database 按钮开始创建数据库过程，如图 17.4 所示。

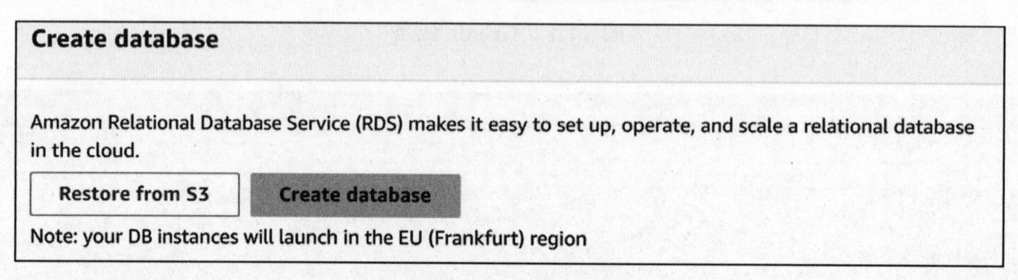

图 17.4　创建数据库

(3) 从数据库引擎选项中选择 MariaDB 数据库(MariaDB)，如图 17.5 所示。

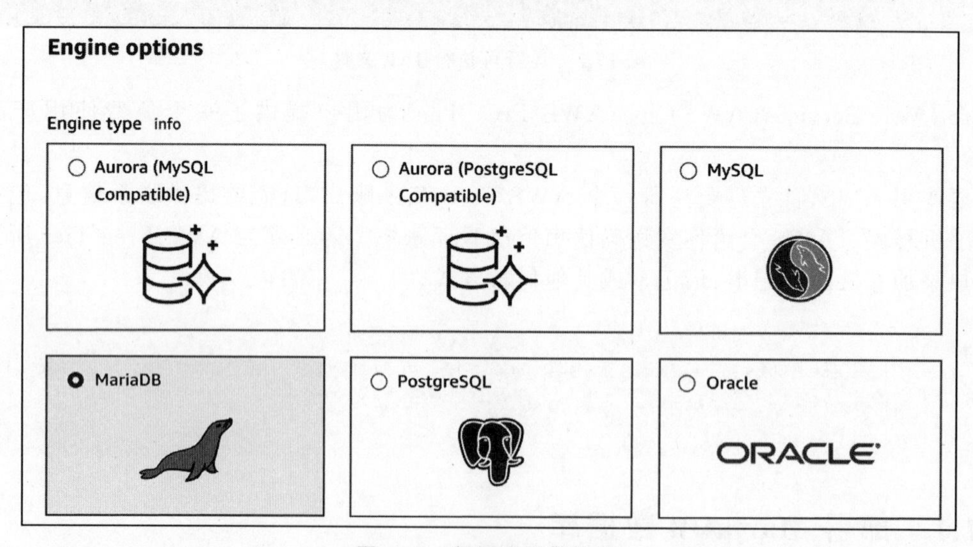

图 17.5　数据库引擎选项

(4) 从模板中选择 Free tier。

(5) 键入数据库实例标识名和数据库主用户的密码。可以使用默认主用户名(admin)，如图 17.6 所示。

(6) 在 Public access 部分选中 Yes 以允许对数据库的公开访问，如图 17.7 所示。

Settings

DB instance identifier Info

Type a name for your DB instance. The name must be unique across all DB instances owned by your AWS account in the current AWS Region.

cardatabase

The DB instance identifier is case-insensitive, but is stored as all lowercase (as in "mydbinstance"). Constraints: 1 to 60 alphanumeric characters or hyphens. First character must be a letter. Can't contain two consecutive hyphens. Can't end with a hyphen

▼ **Credentials Settings**

Master username Info

Type a login ID for the master user of your DB instance.

admin

1 to 16 alphanumeric characters. The first character must be a letter.

☐ Manage master credentials in AWS Secrets Manager

Manage master user credentials in Secrets Manager. RDS can generate a password for you and manage it throughout its lifecycle.

ⓘ If you manage the master user credentials in Secrets Manager, some RDS features aren't supported.
Learn more

☐ Auto generate a password

Amazon RDS can generate a password for you, or you can specify your own password.

Master password Info

••••••••••••••••••••••••••••••

图 17.6　数据库实例名

Public access Info

◉ Yes

RDS assigns a public IP address to the database. Amazon EC2 instances and other resources outside of the VPC can connect to your database. Resources inside the VPC can also connect to the database. Choose one or more VPC security groups that specify which resources can connect to the database.

○ No

RDS doesn't assign a public IP address to the database. Only Amazon EC2 instances and other resources inside the VPC can connect to your database. Choose one or more VPC security groups that specify which resources can connect to the database.

图 17.7　Public access(公开访问)

(7) 在页面底部的 Additional configuration 部分,将数据库名指定为 cardb,如图 17.8 所示。

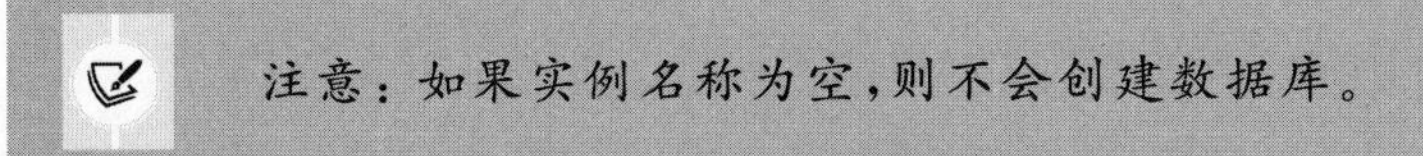

注意:如果实例名称为空,则不会创建数据库。

(8) 最后,单击 Create database 按钮。RDS 将开始创建数据库实例,这可能需要几分钟时间。

(9) 数据库成功创建后,单击 View connection details 按钮打开一个窗口,其中显示数据库连接的详细信息。Endpoint 是数据库的地址,如图 17.9 所示。可复制这些连接细节供以后使用。

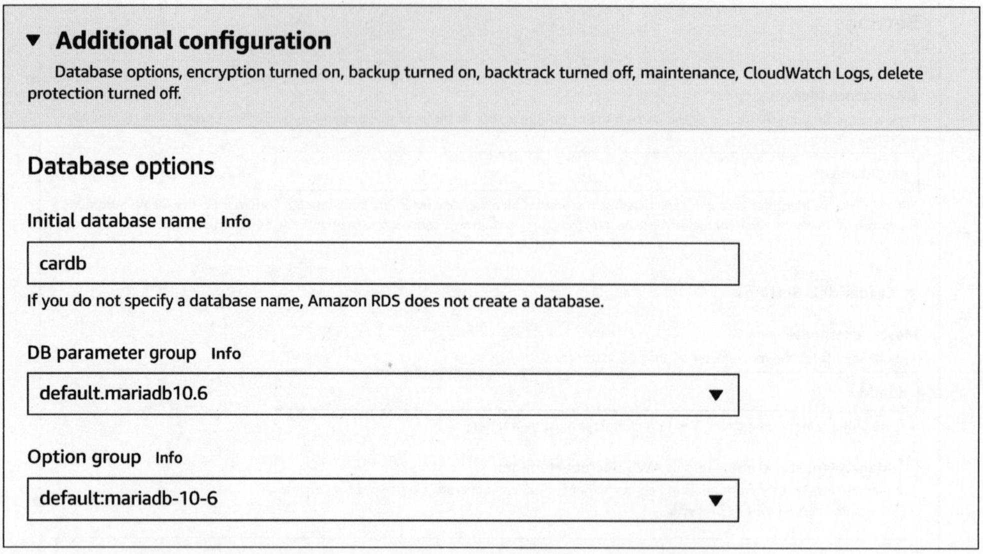

▼ **Additional configuration**

Database options, encryption turned on, backup turned on, backtrack turned off, maintenance, CloudWatch Logs, delete protection turned off.

Database options

Initial database name Info

cardb

If you do not specify a database name, Amazon RDS does not create a database.

DB parameter group Info

default.mariadb10.6

Option group Info

default:mariadb-10-6

图 17.8　Additional configuration(附加配置)

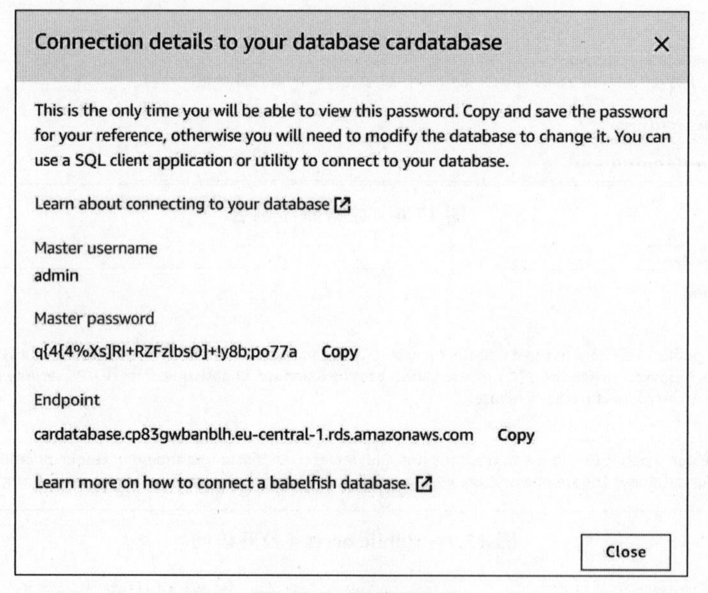

图 17.9　连接细节

(10) 测试创建的数据库,这里使用本地 Spring Boot 应用程序。为此,必须允许从外部访问数据库。要实现这一点,在 RDS 数据库列表中单击数据库。然后,单击 VPC security groups 按钮,如图 17.10 所示。

(11) 在打开的页面上,从 Inbound rules 选项卡单击 Edit inbound rules 按钮(以编辑入站规则)。单击 Add rule 按钮添加新规则。对于新规则,在 Type 列表中选择 MySQL/Aurora,在 Source 列表中选择 My IP。My IP 目的地会自动将本地计算机的当前 IP 地址添加为允许的目的地,如图 17.11 所示。

(12) 添加新规则后,单击 Save rules 按钮。

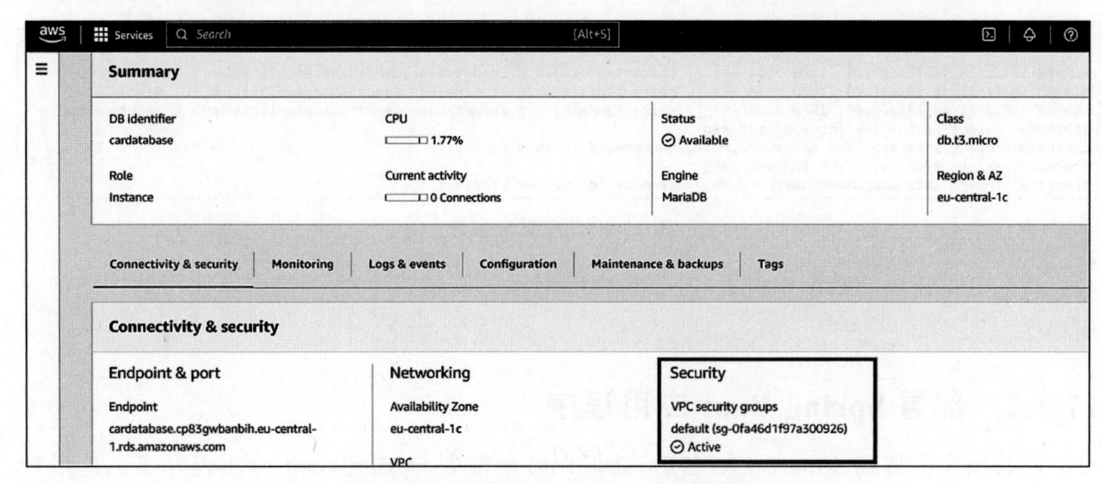

图 17.10　单击 VPC security groups 按钮

Edit inbound rules Info

Inbound rules control the incoming traffic that's allowed to reach the instance.

Inbound rules Info

Security group rule ID	Type Info	Protocol Info	Port range Info	Source Info		Description - optional Info	
sgr-0dd7b879735c31564	All traffic	All	All	Custom	sg-0fa46d1f97a300926		Delete
sgr-09d862754145f5787	MYSQL/Aurora	TCP	3306	My IP			Delete

图 17.11　编辑入站规则

（13）打开第 5 章中创建的 Spring Boot 应用程序。更改 application.properties 文件中的 url、username 和 password 数据库设置，以匹配在 Amazon RDS 上创建的数据库。spring.datasource.url 属性值的格式为 jdbc：mariadb：//your_rds_db_domain：3306/your_db_name，如图 17.12 所示。

application.properties ×

```
1 spring.jpa.show-sql=true
2 spring.datasource.url=jdbc:mariadb://cardatabase.cp83gwbanblh.eu-central-1.rds.amazonaws.com:3306/cardb
3 spring.datasource.username=admin
4 spring.datasource.password=q{4{4%Xs]RI+RZhzIbs0}+!y6b;po77s
5 spring.datasource.driver-class-name=org.mariadb.jdbc.Driver
6 spring.jpa.generate-ddl=true
7 spring.jpa.hibernate.ddl-auto=create-drop
8 spring.data.rest.basePath=/api
```

图 17.12　application.properties 文件

（14）运行应用程序，从控制台可以看到创建了数据库表，并且向 Amazon RDS 数据库中插入了演示数据，如图 17.13 所示。

（15）下一步，需要构建 Spring Boot 应用程序。在 Eclipse 中运行 Gradle 构建任务，方法是选择 Window→Show View→Other 菜单，从列表中选择 Gradle→Gradle Tasks，打开 Gradle 任务列表，双击 **build** 任务启动构建过程。Eclipse 将在 build/libs 文件夹中创建一个新的 JAR 文件。

```
Console × Ju JUnit
CardatabaseApplication [Java Application] C:\Program Files\Java\jdk-17.0.2\bin\javaw.exe (16.8.2023 klo 12.21.39) [pid: 9644]
2023-08-16T12:21:46.584+03:00  INFO 9644 --- [  restartedMain] c.p.cardatabase.CardatabaseApplication   : Ford Mustang
2023-08-16T12:21:46.584+03:00  INFO 9644 --- [  restartedMain] c.p.cardatabase.CardatabaseApplication   : Nissan Leaf
2023-08-16T12:21:46.585+03:00  INFO 9644 --- [  restartedMain] c.p.cardatabase.CardatabaseApplication   : Toyota Prius
Hibernate: select next value for app_user_seq
Hibernate: insert into app_user (password,role,username,id) values (?,?,?,?)
Hibernate: select next value for app_user_seq
Hibernate: insert into app_user (password,role,username,id) values (?,?,?,?)
```

图 17.13　控制台消息

现在有了正确的数据库设置，并且在将应用程序部署到 AWS 时，可以使用新构建的应用程序。

17.1.2　部署 Spring Boot 应用程序

将数据库部署到 Amazon RDS 后，就可以开始部署 Spring Boot 应用程序了。这里使用的 Amazon 服务是 Elastic Beanstalk，它可以在 AWS 中运行和管理 Web 应用程序。也有其他替代方案可供使用(例如 AWS Amplify)。Elastic Beanstalk 可用于 Free Tier，它还支持多种编程语言，例如 Java、Python、Node.js 和 PHP。

以下步骤带领读者将 Spring Boot 应用程序部署到 Elastic Beanstalk。

(1) 首先为应用程序部署创建一个新**角色**。需要这个角色来允许 Elastic Beanstalk 创建和管理环境。可以使用 Amazon IAM(Identity and Access Management)服务创建角色。使用 AWS 搜索栏导航到 IAM 服务。在 IAM 服务中，选择 Roles，单击 Create role 按钮以创建角色。选中 AWS Service 和 EC2，如图 17.14 所示，单击 Next 按钮。

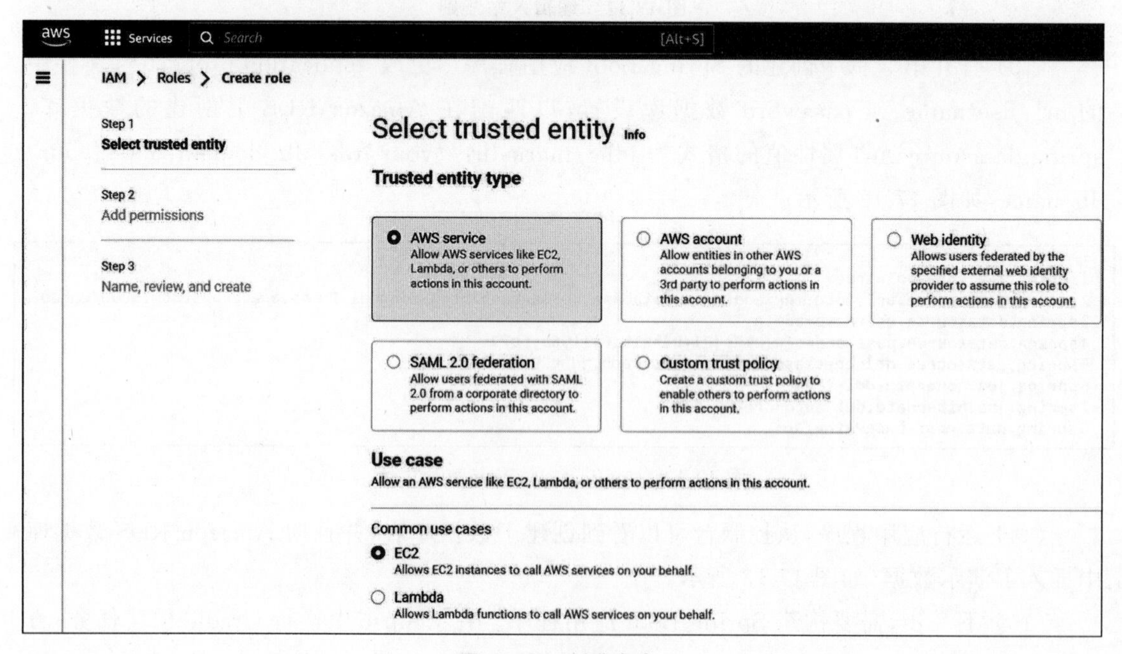

图 17.14　创建角色

(2) 在 Add Permissions 页面中，选中下面许可策略：AWSElasticBeanstalkWorkerTier、

AWSElasticBeanstalkWebTier 和 AWSElasticBeanstalkMulticontainerDocker，然后单击 Next 按钮。可以使用搜索栏查找正确的策略，如图 17.15 所示。

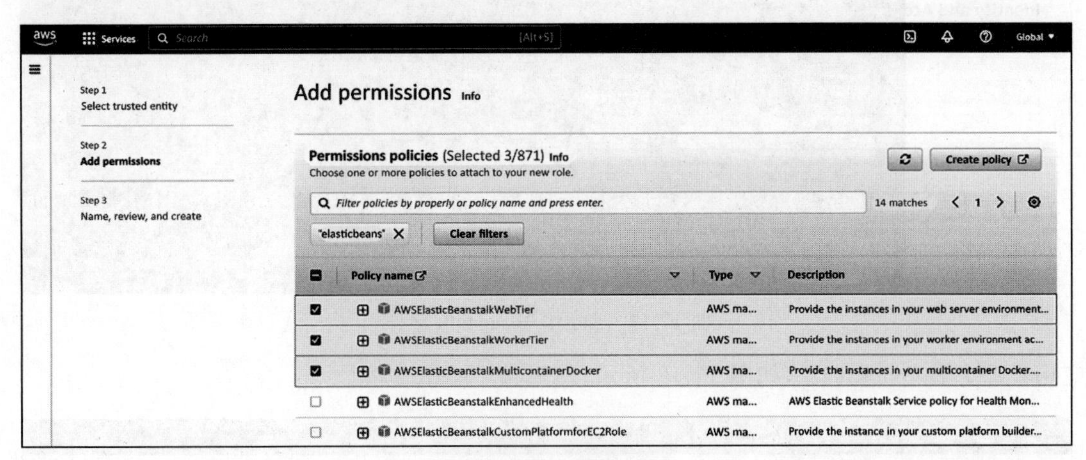

图 17.15　添加权限

可以在 https://docs.aws.amazon.com/elasticbeanstalk/latest/dg/iam-instanceprofile.html 上阅读有关管理 Elastic Beanstalk 实例配置文件和策略的更多信息。

(3) 接下来为角色指定一个名称，如图 17.16 所示，最后单击 Create role 按钮：

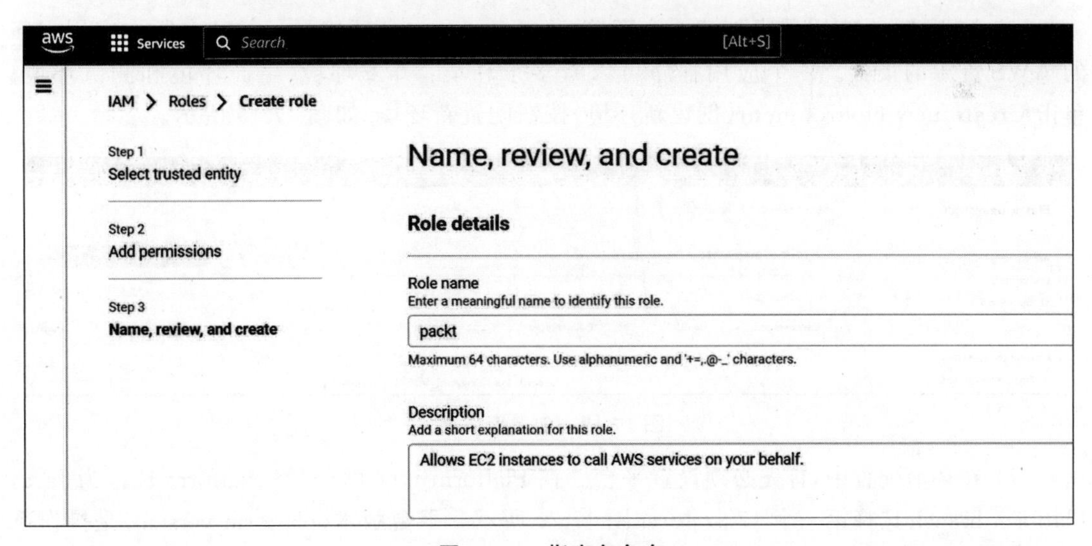

图 17.16　指定角色名

这里创建的新角色允许 Elastic Beanstalk 创建和管理我们的环境。现在，可以开始部署 Spring Boot 应用程序了。

(4) 使用 AWS 仪表板搜索栏查找 Elastic Beanstalk 服务。单击服务导航到 Elastic Beanstalk 页面，如图 17.17 所示。

(5) 单击左侧菜单中的 Applications，按 Create application 按钮创建新应用程序。输入

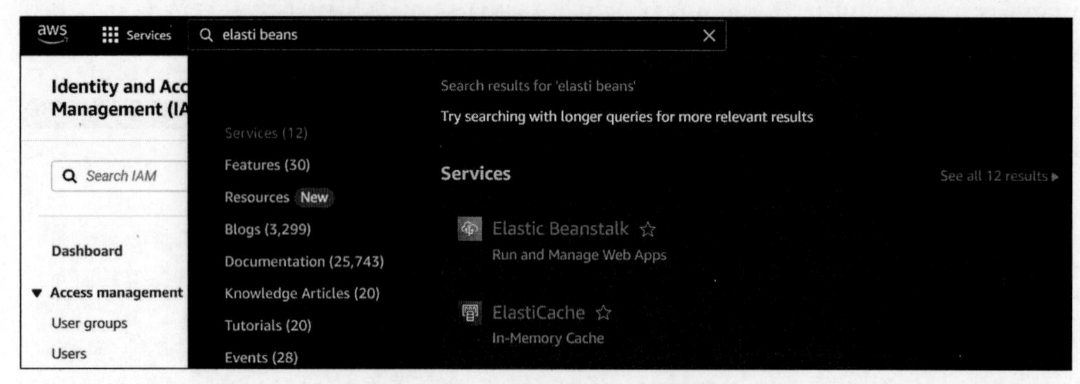

图 17.17　Elastic Beanstalk 服务

应用程序名称（packtcar），如图 17.18 所示，然后按 Create 按钮。

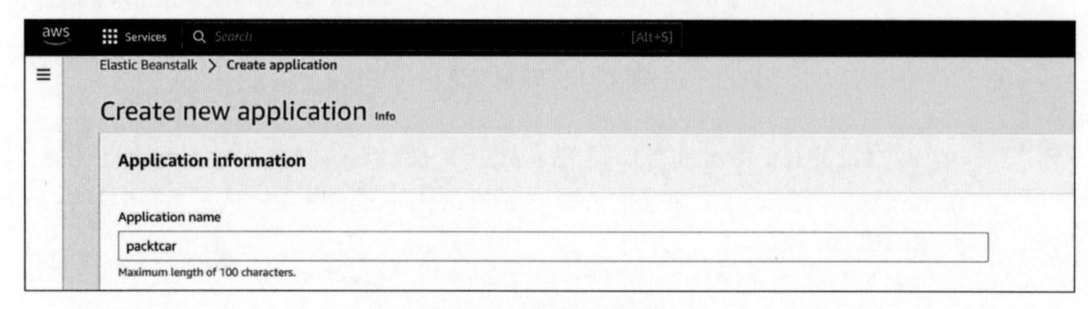

图 17.18　创建应用程序

（6）接下来，为应用程序创建一个**环境**（environment）。环境是运行某个版本应用程序的 AWS 资源的集合。一个应用程序可以有多个环境：开发环境、生产环境和测试环境。单击 Create new environment（创建新环境）按钮配置新环境，如图 17.19 所示。

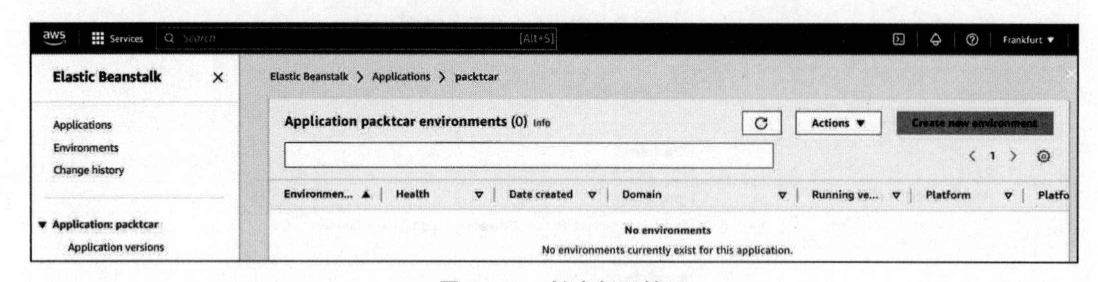

图 17.19　创建新环境

（7）在环境配置中，首先必须设置平台。在 Platform type 部分，将 Platform 选择为 Java，Platform branch 选择第一个 17 版本，如图 17.20 所示。**平台版本**（platform version）是操作系统、运行时、Web 服务器、应用服务器和 Elastic Beanstalk 组件的特定版本的组合。可以使用推荐的平台版本。

（8）接下来，转到配置页面中的 Application code 部分。选择 Upload your code 和 Local file。输入唯一的 Version label（版本标签）。单击 Choose file 按钮，选择之前构建的.jar 文件，如图 17.21 所示。最后，单击 Next 按钮。

（9）在 Configure service access 页面中，从 EC2 instance profile 下拉列表中选择前面

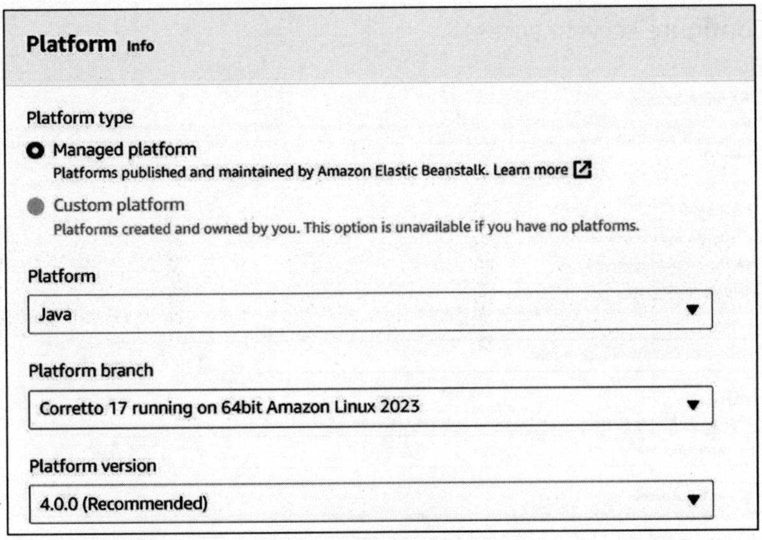

Platform Info

Platform type

Managed platform
Platforms published and maintained by Amazon Elastic Beanstalk. Learn more

Custom platform
Platforms created and owned by you. This option is unavailable if you have no platforms.

Platform

Java

Platform branch

Corretto 17 running on 64bit Amazon Linux 2023

Platform version

4.0.0 (Recommended)

图 17.20　设置平台

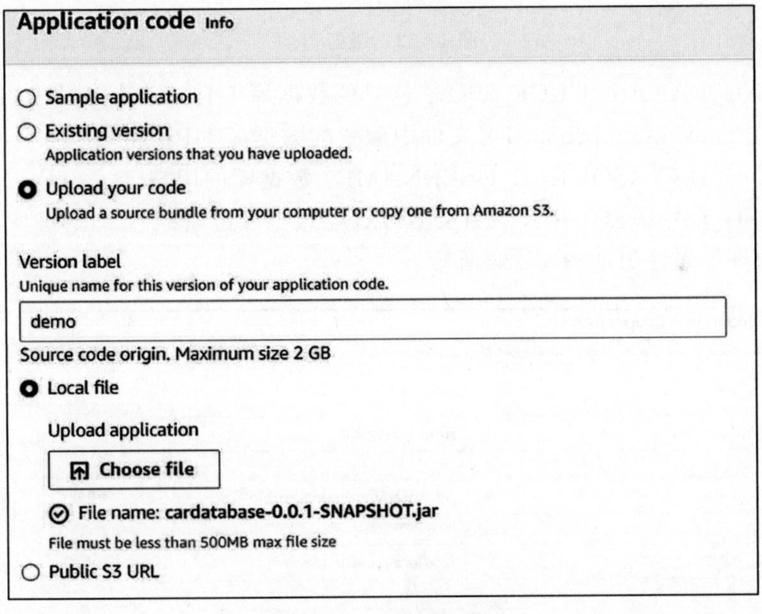

Application code Info

Sample application

Existing version
Application versions that you have uploaded.

Upload your code
Upload a source bundle from your computer or copy one from Amazon S3.

Version label
Unique name for this version of your application code.

demo

Source code origin. Maximum size 2 GB

Local file

Upload application

Choose file

File name: cardatabase-0.0.1-SNAPSHOT.jar
File must be less than 500MB max file size

Public S3 URL

图 17.21　创建新环境

创建的角色，如图 17.22 所示。然后，单击 Next 按钮。

(10) 可以跳过可选的 Set up networking(设置网络)、database(数据库)和 tags(标记)以及 Configure instance traffic and scaling(配置实例流量和伸缩)等步骤。

(11) 进入配置更新、监视和日志记录页面。在 Environment properties(环境属性)部分，添加以下环境属性。按页面底部的 Add environment property(添加环境属性)按钮添加新属性。有些预定义的属性不需要修改，如 GRADLE_HOME，M2 和 M2_HOME 等。

- SERVER_PORT：5000(Elastic beans 有一个 Nginx 反向代理，将传入请求转发到内部端口 5000)。

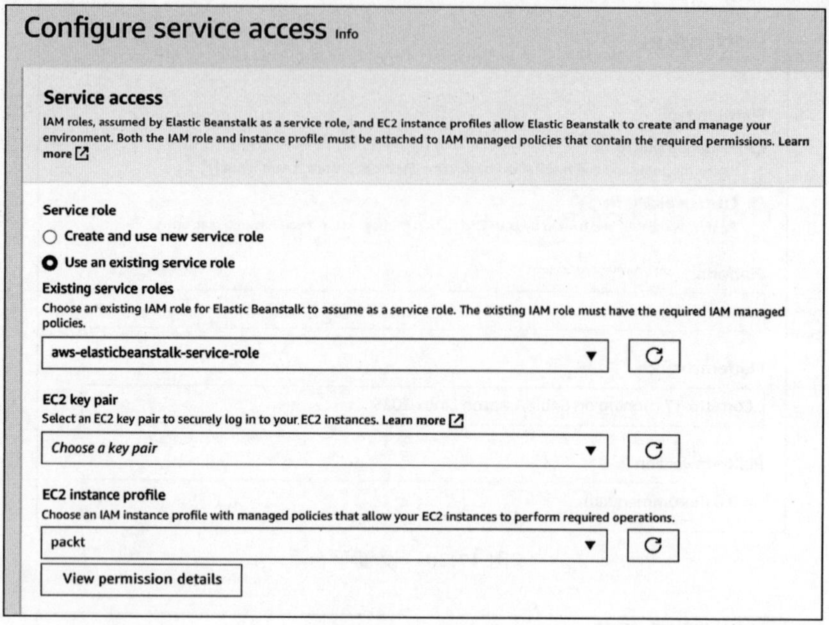

Configure service access Info

Service access

IAM roles, assumed by Elastic Beanstalk as a service role, and EC2 instance profiles allow Elastic Beanstalk to create and manage your environment. Both the IAM role and instance profile must be attached to IAM managed policies that contain the required permissions. Learn more

Service role

○ Create and use new service role

● Use an existing service role

Existing service roles

Choose an existing IAM role for Elastic Beanstalk to assume as a service role. The existing IAM role must have the required IAM managed policies.

aws-elasticbeanstalk-service-role

EC2 key pair

Select an EC2 key pair to securely log in to your EC2 instances. Learn more

Choose a key pair

EC2 instance profile

Choose an IAM instance profile with managed policies that allow your EC2 instances to perform required operations.

packt

View permission details

图 17.22　服务访问

- SPRING_DATASOURCE_URL：这里的数据库 URL 与最初测试 AWS 数据库集成时在 application.properties 文件中配置的数据库 URL 相同。
- SPRING_DATASOURCE_USERNAME：数据库的用户名。
- SPRING_DATASOURCE_PASSWORD：数据库的密码。

新配置的环境属性值如图 17.23 所示。

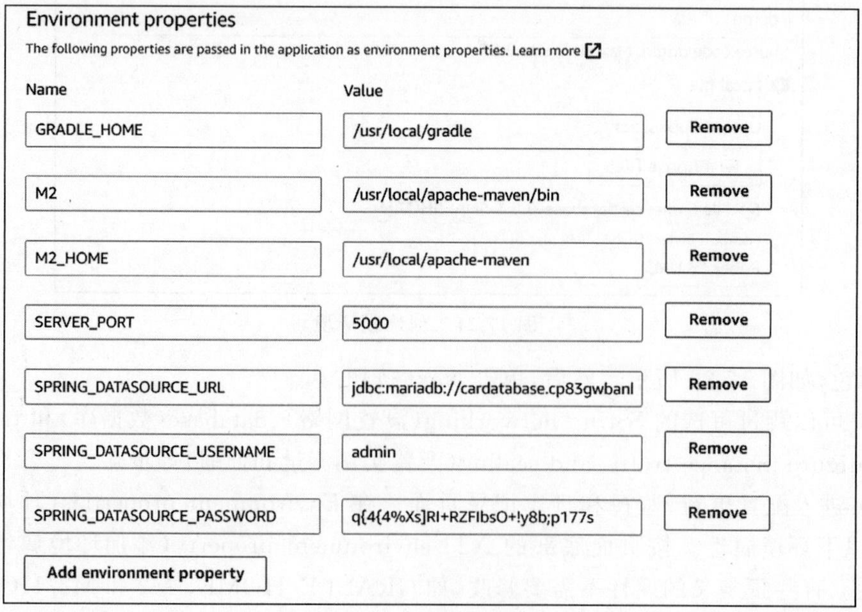

Environment properties

The following properties are passed in the application as environment properties. Learn more

Name	Value	
GRADLE_HOME	/usr/local/gradle	Remove
M2	/usr/local/apache-maven/bin	Remove
M2_HOME	/usr/local/apache-maven	Remove
SERVER_PORT	5000	Remove
SPRING_DATASOURCE_URL	jdbc:mariadb://cardatabase.cp83gwbanl	Remove
SPRING_DATASOURCE_USERNAME	admin	Remove
SPRING_DATASOURCE_PASSWORD	q{4{4%Xs]RI+RZFIbsO+!y8b;p177s	Remove

Add environment property

图 17.23　环境属性值

(12) 最后，在 Review 步骤中，单击 Submit 按钮，AWS 开始部署应用程序。需要等待直到环境成功启动,如图 17.24 所示。Environment overview 中的 Domain 是部署的 REST API 的 URL。

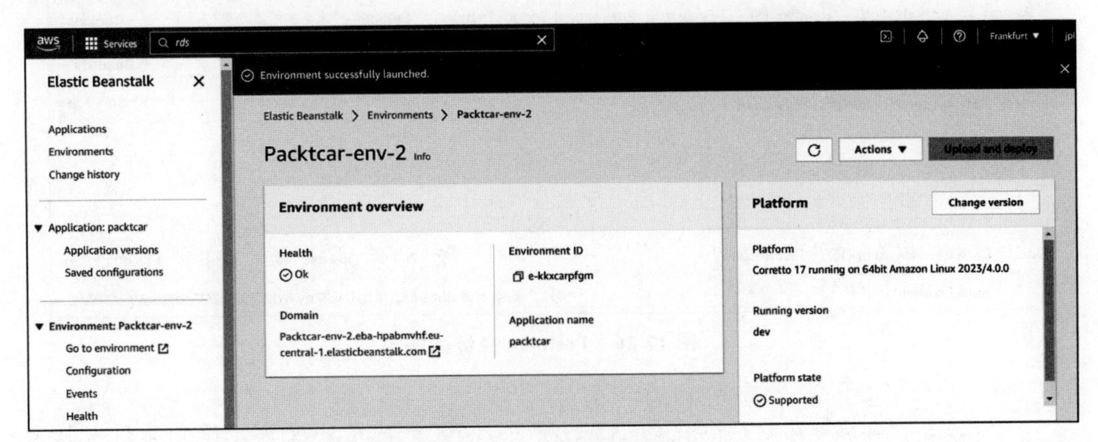

图 17.24　环境成功启动

(13) 以上部署了 Spring Boot 应用程序,该应用程序还不能访问 AWS 数据库。还必须允许应用程序访问数据库。为此,进入 Amazon RDS 并从 RDS 数据库列表中选择数据库。然后,单击 VPC security groups→Edit inbound rules(编辑入站规则)按钮,就像之前所做的那样。删除允许从本地 IP 地址访问的规则。

(14) 添加一个 Type 为 MySQL/Aurora 的新规则。在 Destination 字段中,输入 sg。这将打开一个环境列表,如图 17.25 所示。选择 Spring Boot 应用程序运行的环境(它以 awseb 文本开头,并有一个显示环境名称的副标题),然后单击 Save rules 按钮。

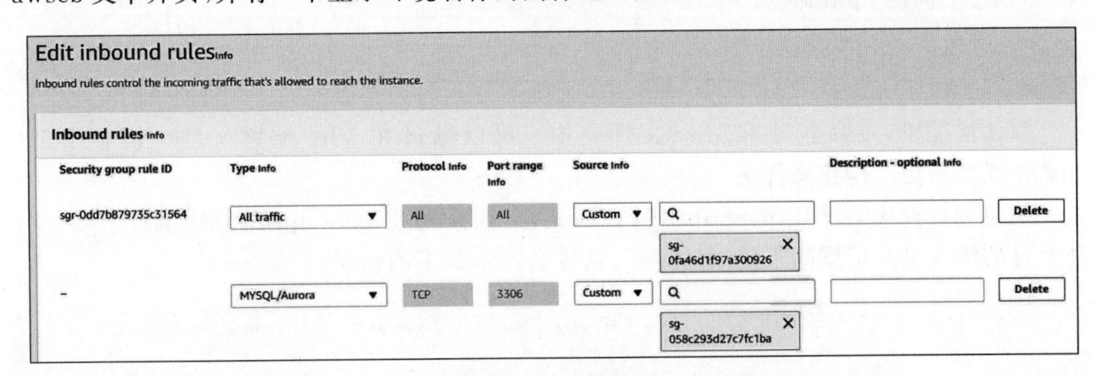

图 17.25　入站规则

(15) 现在,应用程序已经正确部署,可以使用 Postman 和在第 12 步中从 Domain 获得的 URL 登录到已部署的 REST API。图 17.26 显示了发送到"aws_domain_url/login"端点的 POST 请求。

可以为 Elastic Beanstalk 环境配置一个自定义域名,然后就可以让用户使用 HTTPS 安全地连接到你的网站。如果没有域名,仍然可以使用带有自签名证书的 HTTPS 进行开发和测试。可以在 AWS 文档中找到配置说明: https://docs.aws.amazon.com/elasticbeanstalk/latest/dg/configuring-https.html。

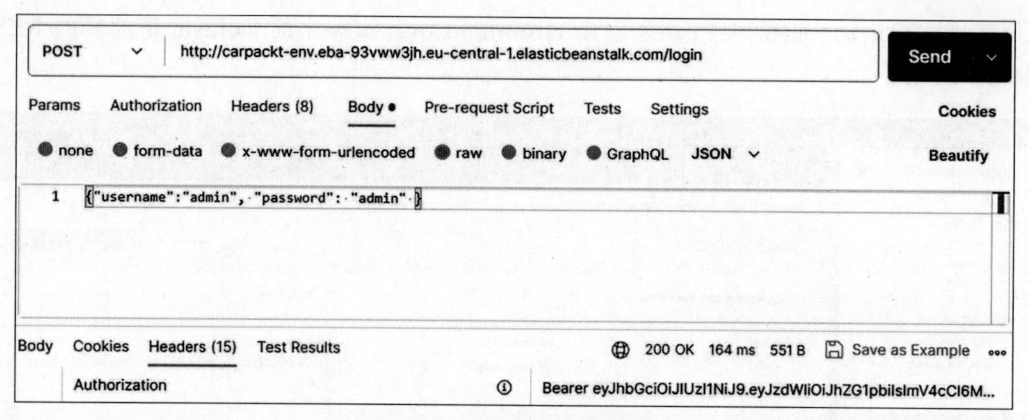

图 17.26　Postman 身份验证

注意：应及时删除已创建的 AWS 资源，以避免被意外收费。你会收到一封来自 AWS 的提醒电子邮件，要求在免费套餐期限结束前删除资源。

现在，后端已部署完毕，17.2 节学习前端部署。

17.2　使用 Netlify 部署前端

在使用 Netlify 进行部署之前，首先学习如何在本地构建 React 项目。进入前端项目文件夹，执行下面的 npm 命令。

```
npm run build
```

默认情况下，项目构建在/dist 文件夹中。可以通过在 Vite 配置文件中设置 build.outDir 属性来更改构建文件夹。

构建过程首先编译 TypeScript 代码，因此，必须修复 TypeScript 所有错误或警告。一种常见的错误是忘记删除未使用的导入，这样会产生如下的错误。

```
src/components/AddCar.tsx:10:1 -error TS6133: 'Snackbar' is declared but
its value is never read.
10 import Snackbar from '@mui/material/Snackbar';
```

这表明 AddCar.tsx 文件导入了 Snackbar 组件，但该组件实际上没有被使用。因此，应该删除这个未使用的导入。一旦修复了所有错误，就可以重新构建项目。

Vite 使用 Rollup 来打包代码。测试文件和开发工具并不包括在生产构建中。应用程序构建完后，可以使用下面的 npm 命令测试本地构建。

```
npm run preview
```

该命令启动一个本地静态 Web 服务器，为应用程序提供服务。也可以使用终端显示的 URL 在浏览器中测试应用程序。

可以将前端部署到 AWS，但这里使用 Netlify 部署前端。Netlify 是一个易用的现代 Web 开发平台。可以使用 Netlify 命令行界面(CLI)或 GitHub 部署项目。本节使用 Netlify 的 GitHub 集成部署前端。

(1) 修改 REST API URL。在 VS Code 中打开前端项目，在编辑器中打开.env 文件，修改 VITE_API_URL 变量以匹配后端的 URL，并保存更改，如下所示。

```
VITE_API_URL=https://carpackt-env.eba-whufxac5.eu-central-2.
    elasticbeanstalk.com
```

(2) 为前端项目创建一个 GitHub 存储库。在项目文件夹中使用命令行执行以下 Git 命令。这些 Git 命令创建一个新的 Git 存储库，进行初始提交，在 GitHub 上设置一个远程存储库，并将代码推送到远程存储库。

```
git init
git add .
git commit -m "first commit"
git branch -M main
git remote add origin <YOUR_GITHUB_REPO_URL>
git push -u origin main
```

(3) 注册并登录 Netlify。可以使用免费的入门(Starter)账户，但功能有限。使用此账户，可以免费构建一个并发构建，并且在带宽上有一些限制。

可以在 https://www.netlify.com/pricing/上阅读更多的有关 Netlify 免费账户特征的信息。

(4) 从左侧菜单打开 Sites，会看到 Import an existing project(导入现有项目)面板，如图 17.27 所示。

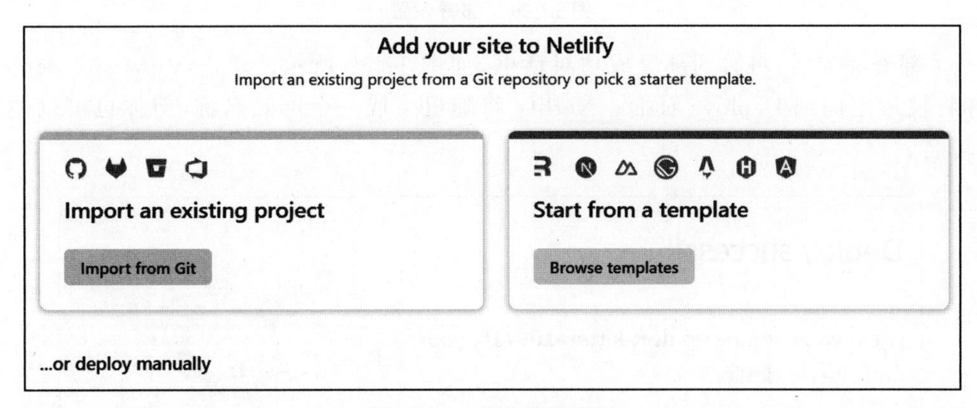

图 17.27　导入现有项目

(5) 单击 Import from Git 按钮并选择 Deploy with GitHub。在这个阶段，你必须授权你的 GitHub 访问存储库。授权成功后，应该看到 GitHub 用户名和存储库搜索字段，如图 17.28 所示。

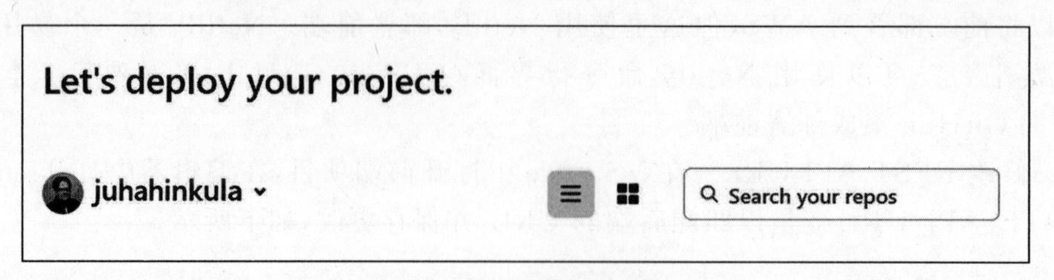

图 17.28　GitHub 存储库

(6) 搜索前端存储库并单击它。

(7) 接下来，将看到部署设置。通过单击 Deploy <your_repository_name>按钮继续默认设置，如图 17.29 所示。

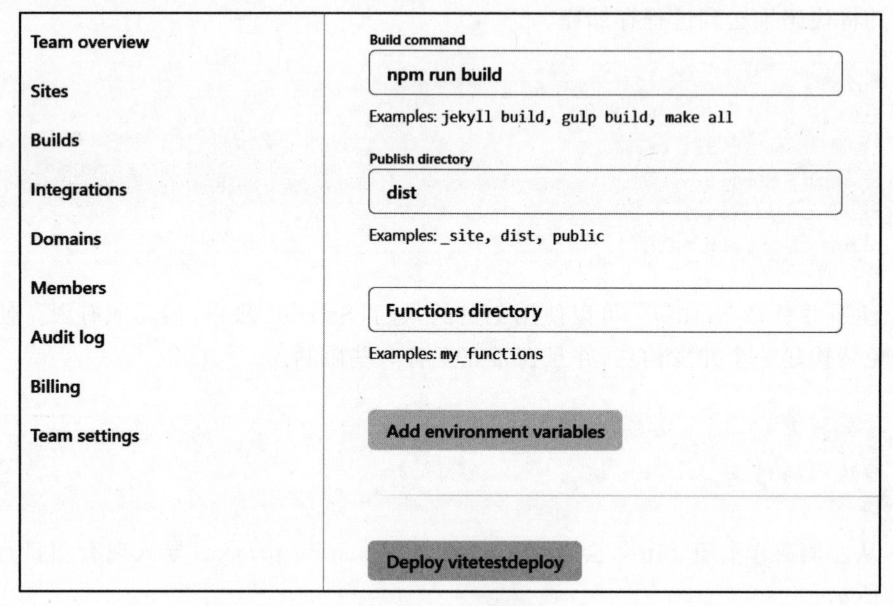

图 17.29　部署设置

(8) 部署完成后，将看到部署成功对话框，如图 17.30 所示。单击 View site deploy 按钮，你将被重定向到 Deploys 页面。Netlify 将随机生成一个网站名称，但你也可以使用自己的域名。

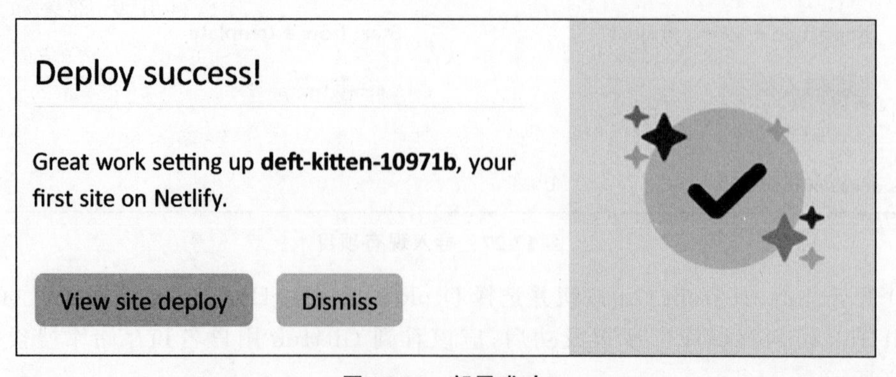

图 17.30　部署成功

(9) 在 Deploys 页面上，可看到已部署的站点，单击 Open production deploy 按钮访问前端，如图 17.31 所示。

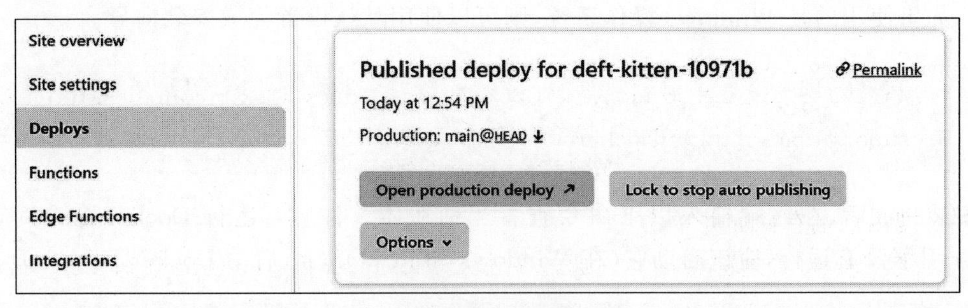

图 17.31　部署

(10) 现在应该可以看到登录界面，如图 17.32 所示。

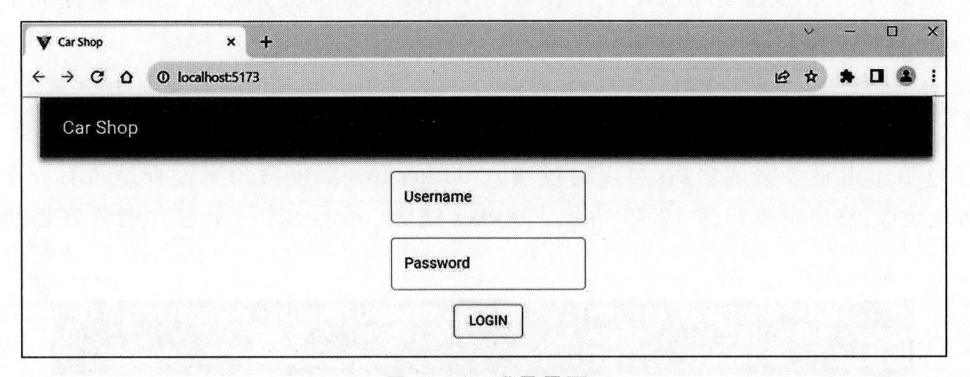

图 17.32　登录界面

可以从左侧菜单中的 Site configuration 中删除你的 Netlify 部署。

现在已经学习了部署前端，下面继续学习容器。

17.3　使用 Docker 容器

Docker(https://www.docker.com/)是一种容器平台，它使软件开发、部署和发布变得更加容易。容器是轻量级的可执行软件包，包含了运行软件所需的一切。容器可以部署到云服务，如 AWS、Azure 和 Netlify，它们为部署应用程序提供了诸多便利。

- 容器是隔离的，也就是每个容器独立于主机系统和其他容器运行。
- 容器是可移植的，因为它们包含了应用程序运行所需的一切。
- 容器还可确保开发环境和生产环境之间的一致性。

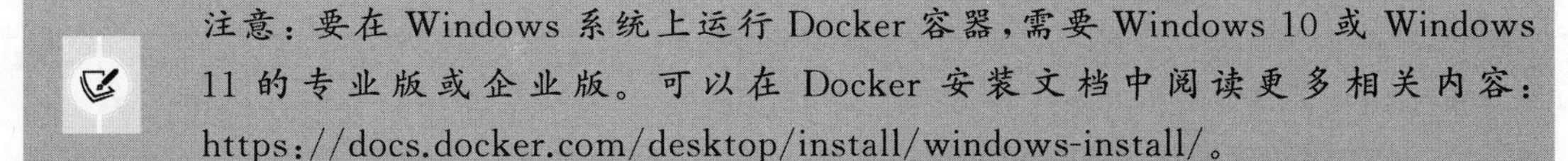

注意：要在 Windows 系统上运行 Docker 容器，需要 Windows 10 或 Windows 11 的专业版或企业版。可以在 Docker 安装文档中阅读更多相关内容：https://docs.docker.com/desktop/install/windows-install/。

本节为 MariaDB 数据库和 Spring Boot 应用程序创建一个容器，具体步骤如下。

(1) 在工作站上安装 Docker。可以到 https://www.docker.com/get-docker 上下载安装包。如果使用的是 Windows 操作系统，则可以使用默认设置完成安装向导。

如果在安装过程中遇到问题，可以在 https://docs.docker.com/desktop/troubleshoot/topics 上阅读 Docker 故障排除文档。

安装完成后，在终端输入以下命令查看当前版本。注意：运行 Docker 命令时，如果 Docker 引擎没有运行，应该启动它(在 Windows 和 macOS 上，启动 Docker Desktop)。

```
docker --version
```

(2) 为 MariaDB 数据库创建一个容器。使用以下命令从 Docker Hub 中提取最新的 MariaDB 数据库映像版本。

```
docker pull mariadb:latest
```

(3) 在 pull 命令完成之后，可以通过输入 docker image ls 命令来检查是否有一个新的 mariadb 镜像，输出应该如图 17.33 所示。**Docker 镜像**(image)是一个包含创建容器指令的模板。

```
PS C:\work\tmp\PacktTestCode\cardatabase_05c\build\libs> docker image ls
REPOSITORY   TAG      IMAGE ID       CREATED      SIZE
mariadb      latest   1a580bde192c   4 days ago   404MB
```

图 17.33　Docker 镜像

(4) 接下来，运行 mariadb 容器。docker run 命令基于给定的镜像创建并运行一个容器。下面的命令设置 root 用户密码，并创建一个名为 cardb 的新数据库，我们的 Spring Boot 应用程序需要这个数据库(注意：使用在 Spring Boot 应用程序中用的 MariaDB root 用户的密码)。

```
docker run --name cardb -e MYSQL_ROOT_PASSWORD=your_pwd -e MYSQL_
  DATABASE=cardb mariadb
```

(5) 前面创建了数据库容器，下面为 Spring Boot 应用程序创建容器。首先，修改 Spring Boot 应用程序的数据源 URL。打开 application.properties 文件，修改 spring.datasource.url 的值，如下所示。

```
spring.datasource.url=jdbc:mariadb://mariadb:3306/cardb
```

这是因为我们的数据库现在运行在 cardb 容器中，端口是 3306。

(6) 从 Spring Boot 应用程序创建一个可执行的 JAR 文件，就像本章开头所做的那样。也可以在 Eclipse 中运行 Gradle 任务，方法是选择 Window→Show View→Gradle 菜单，然后从列表中选择 Gradle Tasks，打开 Gradle 任务列表，双击 **build** 任务来启动构建过程。构建完成后，从项目文件夹的 build/libs 文件夹中找到可执行 JAR 文件。

(7) 容器是通过使用 **Dockerfiles** 定义的。使用 Eclipse,在项目(cardatabase)的根文件夹中创建一个新的 Dockerfile,并将其命名为 Dockerfile。下面几行代码显示了 Dockerfile 的内容。

```
FROM eclipse-temurin:17-jdk-alpine
VOLUME /tmp
EXPOSE 8080
COPY build/libs/cardatabase-0.0.1-SNAPSHOT.jar app.jar
ENTRYPOINT ["java","-jar","/app.jar"]
```

下面给出每一行的含义。

- FROM,定义 JDK 的版本,这里应该是与构建 JAR 文件相同的版本。我们使用的是 Eclipse Temurin,这是一个开源 JDK,版本 17 是开发 Spring Boot 应用程序时使用的。
- VOLUME,用于存储由 Docker 容器生成和使用的持久数据。
- EXPOSE,定义应该在容器外发布的端口。
- COPY,将 JAR 文件复制到容器的文件系统中,并将其重命名为 app.jar。
- ENTRYPOINT,定义 Docker 容器运行的命令行参数。

可以在 https://docs.docker.com/engine/reference/builder/上阅读更多关于 Dockerfile 语法的信息。

(8) 在 Dockerfile 所在的文件夹中使用以下命令构建镜像。使用-t 参数,我们可以给容器起一个好友的名字。

```
docker build -t carbackend .
```

(9) 在构建结束时,应该看到一条 Building [...] FINISHED 消息,如图 17.34 所示。

```
PS C:\work\cardatabase> docker build -t carbackend .
[+] Building 1.4s (7/7) FINISHED
 => [internal] load build definition from Dockerfile                                   0.0s
 => => transferring dockerfile: 32B                                                    0.0s
 => [internal] load .dockerignore                                                      0.0s
 => => transferring context: 2B                                                        0.0s
 => [internal] load metadata for docker.io/adoptopenjdk/openjdk11:latest               1.3s
 => [internal] load build context                                                      0.0s
 => => transferring context: 87B                                                       0.0s
 => [1/2] FROM docker.io/adoptopenjdk/openjdk11:latest@sha256:ec7b07fa180861542ae8af31fbdad43f2f133178b43d29204a4  0.0s
 => CACHED [2/2] COPY target/cardatabase-0.0.1-SNAPSHOT.jar app.jar                    0.0s
 => exporting to image                                                                 0.0s
 => => exporting layers                                                                0.0s
 => => writing image sha256:cc38e3bab5abdbd8c07f0d5e1012a444263ffcb98d75ef0682efedf277de535c  0.0s
 => => naming to docker.io/library/carbackend                                          0.0s
```

图 17.34 Docker 构建

(10) 使用 docker image ls 命令查看镜像列表。现在应该看到有 2 个镜像,如图 17.35 所示。

(11) 运行 Spring Boot 容器,并使用以下命令将 MariaDB 容器链接到它。这个命令指定 Spring Boot 容器可以通过 mariadb 名访问 MariaDB 容器。

```
PS C:\work\tmp\PacktTestCode\cardatabase_05c> docker image ls
REPOSITORY   TAG      IMAGE ID       CREATED          SIZE
carbackend   latest   f550cb07c922   5 minutes ago    356MB
mariadb      latest   1a580bde192c   4 days ago       404MB
```

图 17.35　2 个 Docker 镜像

```
docker run -p 8080:8080 --name carapp --link cardb:mariadb -d
  carbackend
```

(12) 当应用程序和数据库运行时,可以使用以下命令访问 Spring Boot 应用程序日志。

```
docker logs carapp
```

可以看到应用程序已经启动并运行,如图 17.36 所示。

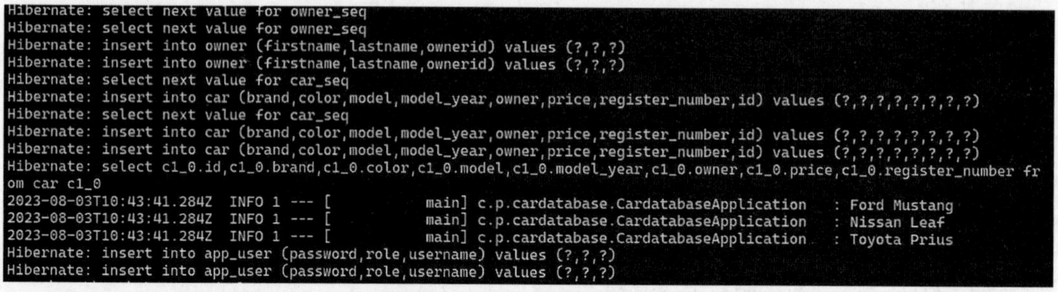

```
Hibernate: select next value for owner_seq
Hibernate: select next value for owner_seq
Hibernate: insert into owner (firstname,lastname,ownerid) values (?,?,?)
Hibernate: insert into owner (firstname,lastname,ownerid) values (?,?,?)
Hibernate: select next value for car_seq
Hibernate: insert into car (brand,color,model,model_year,owner,price,register_number,id) values (?,?,?,?,?,?,?,?)
Hibernate: select next value for car_seq
Hibernate: insert into car (brand,color,model,model_year,owner,price,register_number,id) values (?,?,?,?,?,?,?,?)
Hibernate: insert into car (brand,color,model,model_year,owner,price,register_number,id) values (?,?,?,?,?,?,?,?)
Hibernate: select c1_0.id,c1_0.brand,c1_0.color,c1_0.model,c1_0.model_year,c1_0.owner,c1_0.price,c1_0.register_number fr
om car c1_0
2023-08-03T10:43:41.284Z  INFO 1 --- [           main] c.p.cardatabase.CardatabaseApplication   : Ford Mustang
2023-08-03T10:43:41.284Z  INFO 1 --- [           main] c.p.cardatabase.CardatabaseApplication   : Nissan Leaf
2023-08-03T10:43:41.284Z  INFO 1 --- [           main] c.p.cardatabase.CardatabaseApplication   : Toyota Prius
Hibernate: insert into app_user (password,role,username) values (?,?,?)
Hibernate: insert into app_user (password,role,username) values (?,?,?)
```

图 17.36　应用程序日志

应用程序已经成功启动,演示数据已经插入 MariaDB 容器的数据库中。现在可以使用后端,如图 17.37 所示。

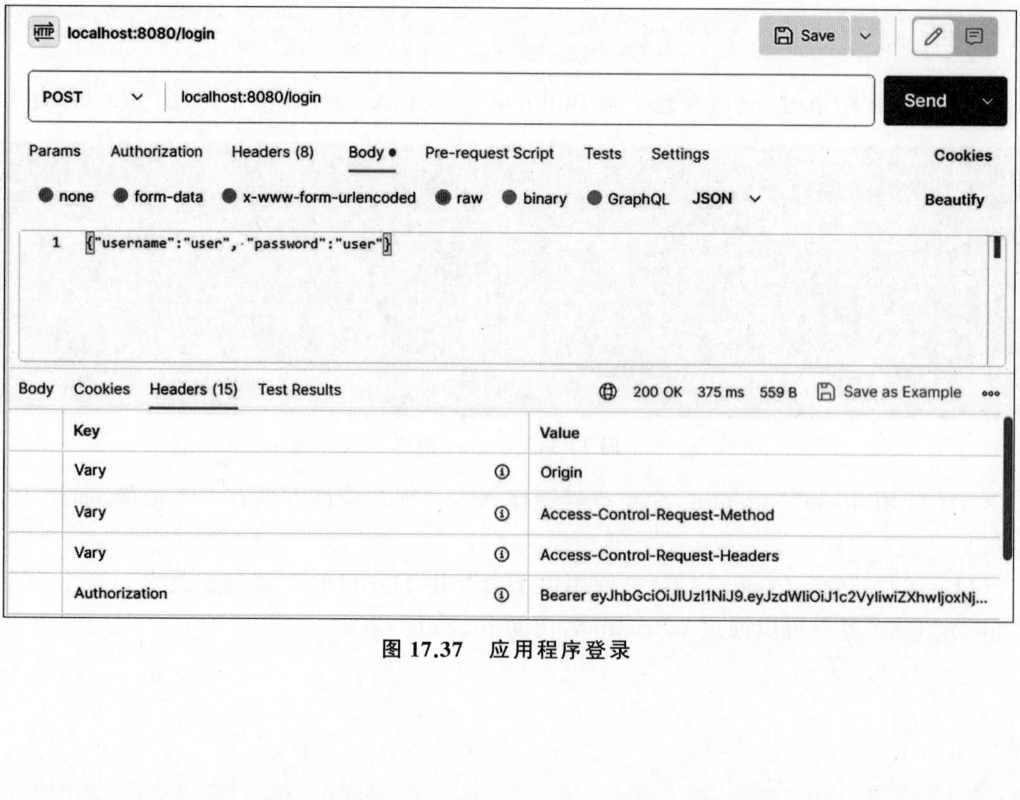

localhost:8080/login　Save

POST　localhost:8080/login　Send

Params　Authorization　Headers (8)　Body ●　Pre-request Script　Tests　Settings　Cookies

none　form-data　x-www-form-urlencoded　raw　binary　GraphQL　JSON　Beautify

```
1  {"username":"user", "password":"user"}
```

Body　Cookies　Headers (15)　Test Results　200 OK　375 ms　559 B　Save as Example

Key	Value
Vary	Origin
Vary	Access-Control-Request-Method
Vary	Access-Control-Request-Headers
Authorization	Bearer eyJhbGciOiJIUzI1NiJ9.eyJzdWIiOiJ1c2VyIiwiZXhwIjoxNj...

图 17.37　应用程序登录

至此，我们学习了几种不同的方法部署全栈应用程序，以及如何使用容器管理 Spring Boot 应用程序。下一步，读者可以学习如何部署 Docker 容器。AWS 有一个在 Amazon ECS 上部署容器的指南，读者可以参考，地址如下：https://aws.amazon.com/getting-started/hands-on/deploy-docker-containers/。

小结

本章学习了如何部署应用程序，学习了如何将 Spring Boot 应用程序部署到 AWS Elastic Beanstalk 上，还学习了使用 Netlify 部署 React 前端。最后，使用 Docker 为 Spring Boot 应用程序和 MariaDB 数据库创建容器。

当本书阅读到这里时，相信读者已经在 Spring Boot 和 React 的全栈开发领域中走过了一段激动人心的旅程。在继续你的全栈开发之旅时，切记技术处于不断发展中。对开发人员来说，生活其实就是不断学习和创新——所以请保持好奇心，继续努力。

思考题

1. 如何创建 Spring Boot 可执行 JAR 文件？
2. 使用哪些 AWS 服务将数据库和 Spring Boot 应用程序部署到 AWS？
3. 使用什么命令构建 Vite React 项目？
4. 什么是 Docker？
5. 如何创建 Spring Boot 应用程序容器？
6. 如何创建 MariaDB 容器？